Hans Gremmer

Vom Balsa-Gleiter zum Hochleistungs-Segler

Elementare Grundlagen und erfolgreiche
Weiterentwicklungen

Hans Gremmer

Vom Balsa-Gleiter zum Hochleistungs-Segler

Elementare Grundlagen und erfolgreiche
Weiterentwicklungen

Verlag für Technik und Handwerk GmbH
Fremersbergstraße 5 · 7570 Baden-Baden

ISBN 3-88180-010-7
© 1979 by Verlag für Technik und Handwerk GmbH

Alle Rechte, auch die der Übersetzung, des Nachdrucks und der fotomechanischen Wiedergabe im ganzen oder auszugsweise vorbehalten.
Printed in Germany by Druckerei F. W. Wesel, Baden-Baden

Vorwort

Was will das Buch?

Das Buch verfolgt ein Doppelziel:
Es will sowohl die Erstinteressenten ansprechen als auch diejenigen, die nach dem Anfangsstadium eine neue Basis für Weiterentwicklungsmöglichkeiten suchen.
Zu den Erstinteressenten zählen tausendmal mehr, als in Wirklichkeit auf Modellflugplätzen oder sonstigen Geländen in Erscheinung treten. Sie haben sicher alle schon einmal versucht, Zugang zum Modellflug zu finden, haben Modellbaukästen gekauft, Modellbaukataloge und auch einzelne Nummern von Fachzeitschriften studiert. Wenn am Ende doch die meisten auf der Strecke bleiben, liegt dies in der Regel daran, daß die Grundlagen fehlen oder übergangen werden, und zwar deshalb, weil sich die wenigsten eine Vorstellung davon machen können, was überhaupt die Grundlagen sind.
Wer das Anfangsstadium überwunden hat, verlangt nach Orientierung über Weiterentwicklungsmöglichkeiten. Nun ist gerade der Modellsegelflug ungeheuer vielseitig. Wer weiterentwickeln will, muß einen Überblick über die bisherigen Arbeiten haben. Doch diese sind soviel wie gar nicht zugänglich, da die Veröffentlichungen über eine internationale Literatur von Jahrzehnten verteilt sind. Wir haben deshalb Fachbeiträge aus aller Welt zusammengesucht und ausgewertet, die dem Interessenten viele Antworten auf oft gestellte Fragen geben. Dazu gelang es uns, aufgrund von zahlreichen Experimenten bisherige Erkenntnisse zu koordinieren und auch neue Türen aufzustoßen.
Die technische Entwicklung stand vor allem Pate bei der Stoffauswahl: Auf dem Markt werden nun neue RC-Anlagen von geringstem Gewicht und kleinsten Ausmaßen angebo-

ten. Noch aber fehlen die entsprechenden Modelle dafür, zumindest im Modellsegelflug. Es müssen hier die Bau- und Flugerfahrungen vom Freiflug übernommen werden – aber nirgends wurden diese bisher zusammengefaßt und mit dem RC-Flug koordiniert.

Noch ein Wort zur Darstellung: Es wird nicht theoretisch-systematisch vorgegangen, sondern in praxisbezogenen Problemkreisen, wobei als „Nebenprodukt" die wichtigsten Fachbegriffe wie von selbst hervorgehen, Fachbegriffe, die Voraussetzung für die Lektüre von Fachzeitschriften und weiteren Fachbüchern sind.

Abschließend gilt mein Dank dem Verlag sowie den Mitarbeitern, vor allem Dr.-Ing. *Eder*, Ing. *Händler*, Ing. *Schäffler* und Direktor *A. Schandel*.

Landshut, im Februar 1979   *Hans Gremmer*

Abb. 1:   Eine Aufnahme aus den 60er Jahren: Eine Jugendgruppe mit einfachen Hanggleitern beim Einfliegen. Aus dieser Gruppe gingen viele begeisterte Anhänger des Modellflugs hervor.

Geleitwort

Flugexperimente mit Modellen waren einst die Voraussetzung für die bemannte Fliegerei. Der Modellflug stellt heute eine selbständige Disziplin dar, die zu ihrer Weiterentwicklung wiederum das Experiment benötigt, da eine zuverlässige theoretische Behandlung in vielen Fällen nicht möglich ist. So gibt es z. B. heute noch kein Computerprogramm, mit dem eine ausreichend genaue Berechnung von Profilen im Bereich kleiner *Reynolds*zahlen möglich wäre.
Der Autor, *Hans Gremmer*, ist mir persönlich als Pionier und Experimentator der ersten Garde bekannt. Besonders die Entwicklung von Leistungsseglern im niedrigen Re-Zahl-Bereich hat er Zeit seines Lebens intensiv verfolgt und ist als „Vater des Magnetfluges" weit über die Grenzen dieses Landes hinaus bekannt geworden. Was seine Untersuchungen an Profilen anbelangt, so hat er durch praktische Versuche die grundlegende Bedeutung der laminaren Ablösevorgänge klar erkannt und versteht es als erster, Modellprofile als „blasenfreundlich" und „turbulatorfreundlich" zu differenzieren.

Das vorliegende Buch bringt eine Fülle von neuen Aspekten zum Modellsegelflug und seinen Randgebieten bis zur Modellflugmeteorologie und macht dieses Wissen durch hervorragende didaktische Darstellung jedem interessierten Laien zugänglich.

München, im Februar 1979   Dr.-Ing. H. Eder

Inhaltsverzeichnis

Die Modellaerodynamik beginnt beim Kleinsegler   14
So fängt es meistens an   14
Wie der Auftrieb entstehen soll   15
Warum sich bei Modellen die Oberseitenströmung leicht ablöst   18
Wir bringen die Oberseitenströmung zum Anliegen   22
Mehr Auftrieb mit einer hohlen Unterseite   26
Gleichlange Seiten – und trotzdem verschieden langer Strömungsweg   29
Luft strömt um die Nase herum   30
Können Langsamsegler mit „gewölbten Platten" auch schneller fliegen?   31
Fragen über die Grundlagen der Modell-Aerodynamik   33

Wir bauen und erproben Kleinsegler   35
Warum eignen sich die „Knickis" zur Einführung?   35
Kurz-Bauanleitung für den Schulgleiter „Knicki I"   38
„Knicki II" – aus zwei Brettern, Hochstarttrainer für leichten Wind oder Windstille, genannt auch „Thermikus"   47
Statt Propeller Hochstartschnur: – Auf Umwegen zum Hochstart   49
Hochstartmodelle müssen kreisen   51
Die Hochstartausrüstung und die Schleppkunst   55
„Knicki III" – aus drei Brettern, Hangtrainer für leichten Wind, genannt auch „Magneticus"   58
„Knicki III"-Flügel in Costrubo-Bauweise   60
Eine Geradeausflug-Steuerung für wenige Mark   64
Praktische Fragen zu den „Kleinseglern"   66

Zu den Kleinseglern gehören noch die Wurfgleiter   68
Modellflug mit Wurfgleitern – keineswegs kindisch   68
Bauanleitung zum Wufgleiter „Sturmi"   69

Genaueres über Balsaholz   72
Modelle ganz aus Holz – Balsaholz macht's möglich   72
Das leichteste Holz, aber mit großen Gewichtsunterschieden   72
Balsaholz für Biegeteile und Steifteile   72

Schneiden und Profilieren – verbesserte Methoden 76
Erfolge der „Verzugsforschung" 78
Zuerst gerade – später aber dennoch krumm 78
Fragen zum Balsaholz und seiner Verarbeitung 83

Wie beurteilt man die Leistungen eines Segelflugmodells? 84
Vergleichswerte: Sinkgeschwindigkeit, Gleitzahl 84
Woher kommen die verschiedenen Gleitzahlen? 85
Was sagen uns eigentlich die Auftriebsbeiwerte c_a und Widerstandsbeiwerte c_w? 87
Was bedeutet eigentlich eine Profilgleitzahl von 30? 89
Welche Sinkgeschwindigkeit würde bei einer Gleitzahl von 30 erreicht werden? 90
Vom Trainingsmodell zum Wettbewerbsmodell 90

Profile und Turbulenz bestimmen weitgehend auch die Leistung von größeren Seglern: Laminarprofile – Turbulenzprofile 92
Der Hauptunterschied zwischen Modell- und Großflug-Aerodynamik 92
Das richtige Maß an künstlicher Turbulenz: Eulenturbulator, Turbulenzdraht, Dreiecksturbulator, Trapezflügel, Störkanten, rauhe Oberflächen 96

Tubulenz ohne Turbulator? 103
Wissenschaftler entdeckten „Ablöseblase" als Turbulenzgeber 103
Hinter der Ablöseblase her 104
Vertragen „blasenfreundliche", flach gewölbte Profile einen besonders großen Anstellwinkel? 106
Sind flach gewölbte Profile „turbulatorfreundlich"? 107
Profile mit 8–10 % Oberseitenwölbung am leistungsfähigsten 108
Profile mit günstigen Druckverteilungen 111
Dr. Monson gegen „Saugspitzenprofile" 115
Welches Profil nehmen wir nun? 119
Zwei Haupttypen 120
RC-Achsen und Profile 125
Computer-Profile für RC-Segler – Wortmann-Profile 125
Skelettflügel mit Computer-Profilen für RC-Segler? 128

Der beste Arbeitsbereich eines Profils 129
Wenn der Auftrieb dem Widerstand davonläuft 129
Wie kann man ein Modell im besten Arbeitsbereich fliegen? 131
Fragen zum Komplex „Profile und Turbulenz" 133

Zum Profilwiderstand gesellt sich der „induzierte Widerstand" – Streckung und Umriß des Flügels 135
Verringern schlanke oder zugespitzte Flügel den Widerstand? 135
Schmaler oder breiter Flügel bei gleichem Auftrieb? 140
Nun kommt es auf den Flügelumriß an – neuere Erkenntnisse 142
Haben andere Umrisse gegenüber dem Rechteck noch eine Chance? 144
Aerodynamische Vorteile des ellipsenähnlich verjüngten Flügels 144
Vor- oder zurückgepfeilte Flügelenden? 149
Fragen zur Flügelstreckung und zum Flügelumriß 153
Amerikanische RC-Segelflieger testeten Randabschlüsse 154
Windkanalmessungen 155

Steuerbarkeit und Flugstabilität 156
Modelle können um drei Achsen gesteuert werden 156
Geringes Trägheitsmoment fördert Steuerungswirkung und Eigenstabilität 158
Modelle müssen zuerst längsstabil sein – Am Anfang war die EWD! 158
Wie die EWD wirkt 161
Die Druckpunktwanderung stört das Gleichgewicht 162
Wie berechnet man die Lage des Druckmittelpunktes 164
Weiche Flügel gefährden die Längsstabilität 165
Bestimmt die Druckpunktwanderung die Größe des Höhenleitwerks? 168
Höhenleitwerke mit bester Wirkung 168
Der „Auftriebsgradient" entscheidet 169
Was kann die Stabilisierungswirkung des Höhenleitwerks mindern? 171
Die Schwerpunktlage ist auch für die Stabilisierungswirkung maßgebend 173
Gute Querstabilität ohne Schaukeln – Das Modell muß wie ein Brett in der Luft liegen! 174

Ablösungen an Knicken	176
Auftriebsverluste durch V-Form	178
Kursstabilität – auch mit Automatiken: Warum fliegen Modelle nicht von selbst gegen den Wind?	179
Vordere Seitenflächen bringen Kursstabilität	181
Gefährdung der Kursstabilität durch Baufehler	183
Ungleiches Gewicht bringt Überraschungen	184
Kurvenstabilität: Warum Seitenruderausschlag + Höhenruder bei RC-Modellen?	185
In der Kurve ändert sich die EWD	186
Wie ändert sich die Einstellwinkeldifferenz bei verschiedenen Kurvenweiten und Geschwindigkeiten?	188
Kann man Kurven anders als durch EWD-Änderungen fliegen?	190
Lohnen sich überhaupt enge Kreise?	191
Fragen zur Steuerbarkeit und Flugstabilität	191

Besondere Flügel- und Leitwerkskonstruktionen 193

Die „Standardbauweise" – auch heute noch für RC-Segler zeitgemäß	193
Aerodynamischer Werdegang des „Standard-Profils"	194
Am leistungsfähigsten ist die „offene" Standardbauweise	197
Fragen zur Festigkeit	198
Streckung oder Re-Zahl vergrößern?	199
Standardflügel in Trapezform	200
Zum Standardflügel „gewölbte Platte" als Höhenleitwerk	202
Technische Details der „Standard"-Bauweise im Überblick	203

Standardflügel – selbst hergestellt 204

Andere Profilblöcke	207
Oberflächenversiegelung	207
Die Beseitigung von Verzügen bei Balsaflügeln	209

Feste Flügel für Leichtwindsegler mit geringstem Gewicht 211

Warum knickt ein Flügel an der Wurzel zuerst oben ein?	212
Was müssen die Holme an der Einspannstelle aushalten?	215
Welche Kräfte müßten vom oberen Holm über die Rippen auf Nasen- und Endleisten übertragen werden?	217
Wären hochkant stehende Holme nicht besser?	218
Wie soll man bei flachen Profilen die Holme anordnen?	220

Zusammenschau	221
Verdrehungssteife Leichtkonstruktionen mit dünnem Profil	223
Silberfolienbespannung – goldrichtig für superleichte Segler	225
Zungenbefestigung und Flügelknicke – die Angelpunkte beim Flügel	226
Baumgerechte Modelle	229
Noch andere Lösungen	232
Fragen zu den besonderen Flügel- und Leitwerksbauweisen	233

Natürliche Energien: Thermik und Hangaufwind 234
Entstehung des Aufwinds 234
Bodenthermik – kein Aufwindkamin vom Boden aus 236
Warum wirkt sich die Bodenthermik erst in der Höhe aus? 238
Thermikblase wird abgeschnürt 239
Warum bleibt ein Modell in der Thermikblase? 241
Bei Wind verlagern sich oft die Ablösungen 244
Abends kehrt sich die Thermik um 246
Noch andere Thermikquellen 247
Was die Wolken dem Modellflieger am Boden sagen 249
Kommen die Wolken vom Meer? 252
Was hält die Wolken oben? 253
Wolken am Boden = Nebel – Kann der Nebel steigen oder fallen? 254

Thermikortung 257
Warum Thermikflieger oft halb nackt herumlaufen 257
Warum Thermikflieger oft Fahnen im Gelände aufstellen 259
Thermikflieger beobachten den Himmel 262
Kräftesparende und sichere Thermikortung durch Kreisschlepp 264

Wesentliches über Freiflug-Thermikmodelle 269
Thermikgierige Modelle 270

Konstanter Aufwind am Hang – Ortung überflüssig 274
Von der Hand weg in die Thermik – am Hang 280

Modelle steuern sich selber gegen den Wind – am Steuer sitzt der Nordpol 283
Warum Hangflug mit selbstgesteuerten Modellen? 283
Mehr über Magnetmodelle 286

Verzüge – Erzfeinde des Magnetseglers 289
Raumsparende Segelflüge bei Wind 293
Raumsparen durch programmierte Kurvenflüge 295
Für windschwache Wetterlagen: Leichtwindsegler 298
Magnetmodell ,,F1E – Beginner" 300
Fragen zur Aufwindentstehung und zur Aufwindausnutzung 302

RC-Leichtwindsegler mit schweren Problemen 304
A 2 + R = ? 306

Absturzsicherheit bei Funkstörungen plus Leistung:
A 2 – Leistungsmodell ferngesteuert
Warum A 2 + RC? 310

Literaturverzeichnis 318

Sachregister 320

Bezugsquellenverzeichnis 324

Schöne Kleinsegler, aber . . .

Die Modellaerodynamik beginnt beim Kleinsegler

So fängt es meistens an . . .

Das Modell fliegt nicht . . . Dabei hat sich unser Freund – wir wollen ihn Klein nennen – die größte Mühe gegeben: Er hat seinen Kleinsegler nach dem Vorbild eines Großsegelflugzeuges gebaut, jedes Detail einschließlich des Cockpits maßstab- und naturgetreu nachgebildet und zum Schluß noch alles farbig hochglanzlackiert. Jedoch nach den ersten Flugversuchen ist unser Freund Klein wie am Boden zerstört: Trotz aller Bemühungen um das schöne Aussehen torkelt das Modell nur zu Boden! Was hat der Erbauer nur falsch gemacht? Es herrscht Windstille, also können nicht Luftwirbel am Taumeln des Modells schuld sein. Unser Freund Klein versucht auch verschiedene Trimmungen, macht das Modell einmal vorne leichter, einmal schwerer, wiegt den Flügel aus, ob jede Hälfte gleich schwer ist und so weiter. Vielleicht fehlt es an einem Motor, der das Modell durch die Luft zieht, denkt er, oder das Modell braucht Wind, damit es gehoben wird. Aber ein Großsegelflugzeug fliegt auch ohne Motor und bei Windstille, und größere Modelle hat unser Freund Klein auch schon fliegen sehen. Vielleicht hat dort die Fernsteuerung die Segelfähigkeit bewirkt? Aber für einen kurzen Handstart wird man doch nicht gleich eine Steuerung benötigen? Klein versteht die Welt nicht mehr. Er hat die Flugphysik genau studiert, wie sie in den Schulbüchern steht.

Wie der Auftrieb entstehen soll

Beim Profil muß die Luft einen weiteren Weg um die Oberseite zurücklegen als um die Unterseite. Sie muß also auf der Oberseite schneller fließen und erzeugt nach dem Lehrsatz von *Bernoulli** dadurch einen Sog.

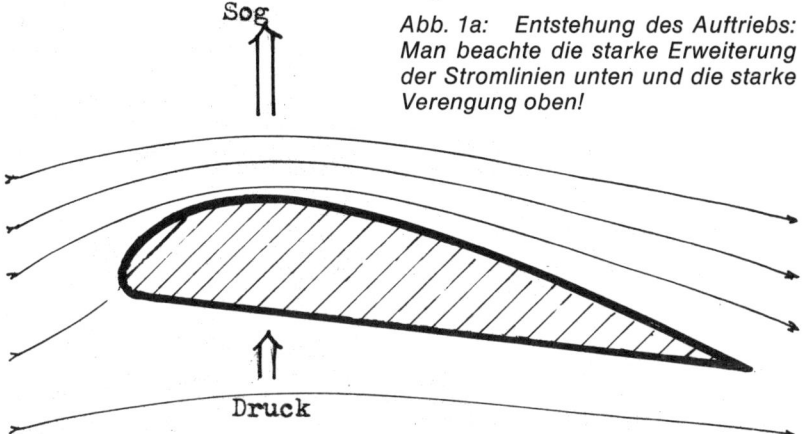

Abb. 1a: *Entstehung des Auftriebs: Man beachte die starke Erweiterung der Stromlinien unten und die starke Verengung oben!*

Unser Freund hat weder das Gesetz von *Bernoulli* noch die Darstellung mit dem Stromlinienbild so richtig begriffen. Er glaubt es eben. Aber ein einfaches „Handexperiment" im buchstäblichen Sinne des Wortes kann ihm die Wirkung zeigen: Man legt ein Blatt Papier auf den Handrücken und bläst

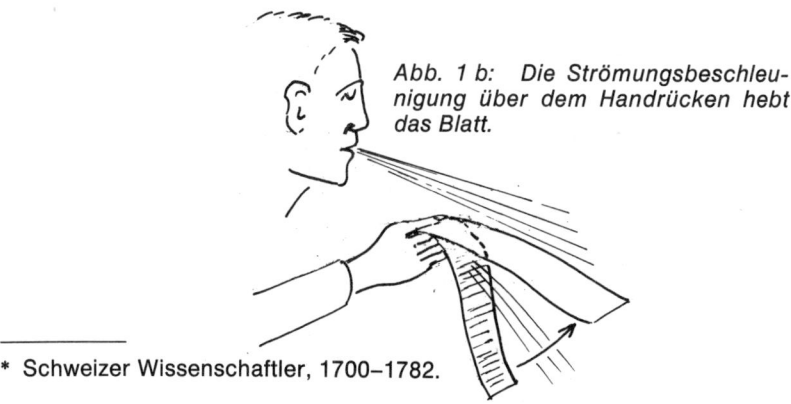

Abb. 1 b: *Die Strömungsbeschleunigung über dem Handrücken hebt das Blatt.*

---
* Schweizer Wissenschaftler, 1700–1782.

darüber. Das Blatt hebt sich dabei, obwohl man eigentlich von oben daraufbläst. Noch eindrucksvoller ist ein Versuch mit zwei gewölbten Postkarten, die man an Stricknadeln etc. aufhängt. Bläst man dazwischen durch, zieht es die Karten eng zusammen.

Abb. 1c

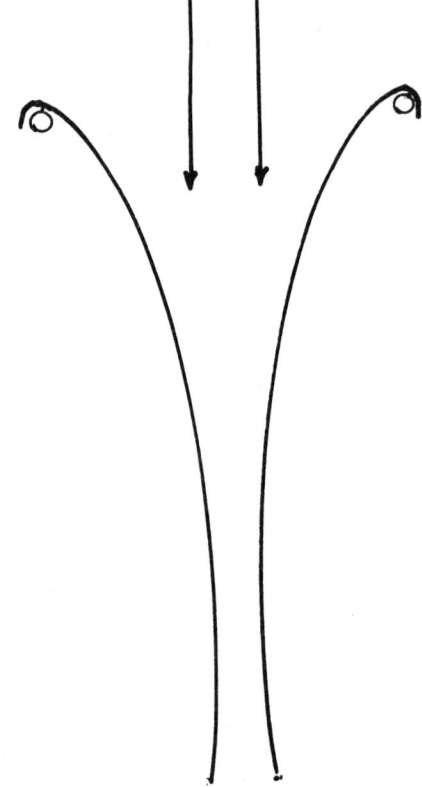

Was nun die Stromlinien angeht, so könnte man sich vorstellen, daß sie durch Wollfäden vertreten werden, die in der Strömung angebracht sind. Wo die Strömung beschleunigt wird, zieht es die Fäden aneinander. So sehen wir die Wirkung von Sog und Druck. Das Gesetz von *Bernoulli* stimmt also im Prinzip, und wenn unser Freund die Profiloberseite wie beim Großflugzeug stark gewölbt hat, müßte der Flügel eigentlich kräftigen Auftrieb liefern. Er tut es aber nicht!

Klein braucht sich nicht zu schämen: Tausende von Modellfliegern einer Generation erlebten dieselbe Enttäuschung, und erst in den Jahren des Zweiten Weltkrieges fand man des Rätsels ganze Lösung: Modelle gehorchen teilweise anderen aerodynamischen Zwängen als Großflugzeuge. Gerade wenn die Profiloberseite stark gewölbt und die Oberfläche glatt ist, legt sich bei kleinen Modellen die Strömung auf der Profilrückseite nicht mehr an, und der Auftrieb fällt ab. (Bei unseren Profilstreifen genügte ein Auftriebsrest für die Demonstration.)

Abb. 1d: Ein Stück „Umweltaerodynamik": Bei Sturm werden hauptsächlich die Dachziegel auf der „Luvseite" – d. i. auf der vom Wind angeblasenen Seite – abgehoben, obwohl man meinen könnte, hier müßten sie niedergedrückt werden, aber die größere Strömungsgeschwindigkeit erzeugt hier Sog.
Bäume als Windschutz bewahren in erster Linie vor Dachschäden. In baumlosen Gegenden beschwert man die Dächer.
Zeichnung: A. Schandel

Abb. 2: Strömungsablösung bei dicken Modellflugprofilen.

Warum sich bei Modellen die Oberseitenströmung leicht ablöst

Man sagt, die Strömungsenergie der Luft sei bei Modellen sehr gering. Dies hängt mit der Zähigkeit der Luft zusammen, was man sich nicht so ohne weiteres vorstellen kann. Wir kennen jedoch die Zähigkeit von Flüssigkeiten, wobei z. B. Honig oder Teer besonders hervorstechen, die man deshalb schon fast nicht mehr als Flüssigkeiten bezeichnet. Ist doch beispielsweise Teer so zähflüssig, daß man kaum eine Eisenstange bis auf den Boden eines gefüllten Teerfasses stoßen kann. Nicht ganz gefüllte Teerfässer lassen sich kaum rollen, dagegen ganz gefüllte leicht. Im ersten Fall dreht sich die Füllmasse nicht mit und verursacht einen größeren Reibungswiderstand an der weiterrollenden Außenwand des Fasses, im zweiten Fall dreht sie sich mit.

Abb. 3: Auswirkung der Zähigkeit von Teer in verschieden hoch gefüllten Fässern.

Man kann nun die *Zähigkeit* der Luft ebenfalls mit einer rotierenden Walze nachweisen: Selbst wenn sie ganz glatt ist, wird sie durch die umgebende Luft abgebremst, und zwar durch den „Reibungswiderstand". Nun müssen ja auch Großflugzeuge diesen Reibungswiderstand überwinden, und man fragt sich, warum Modelle damit nicht so leicht fertigwerden. Es kommt noch eine zweite Kraft hinzu, nämlich die der *Trägheit*. Diese darf nicht als Zähigkeit verstanden werden, sondern als *Beharrungsvermögen*, wie wir es bei Geschossen, Fahrzeugen und dergleichen kennen.

Diese zwei Kräfte, die der Zähigkeit und der Trägheit, haben nun je nach Geschwindigkeit verschiedene Größen. Dies können wir schon mit einem einfachen Zimmerexperiment beweisen:

Ein großes Blatt Papier soll die Flügeloberseite darstellen und wird so auf den Tisch gelegt, daß der Rand übersteht. Auf das Blatt Papier schichten wir einige Hefte, die die an der Flügeloberseite angrenzenden Luftschichten veranschaulichen sollen. *Die randnahe Schicht ist die sogenannte „Grenzschicht".*
– Zieht man nun langsam an der Papierunterlage, gleiten alle Hefte – d. h. alle Schichten – mit. Zieht man schneller, gleiten die oberen wenigstens infolge des Beharrungsvermögens nach hinten ab. Reißt man dagegen die Unterlage förmlich weg, dann gleitet auch das untere Heft – die randnahe „Grenzschicht" darstellend – ab.

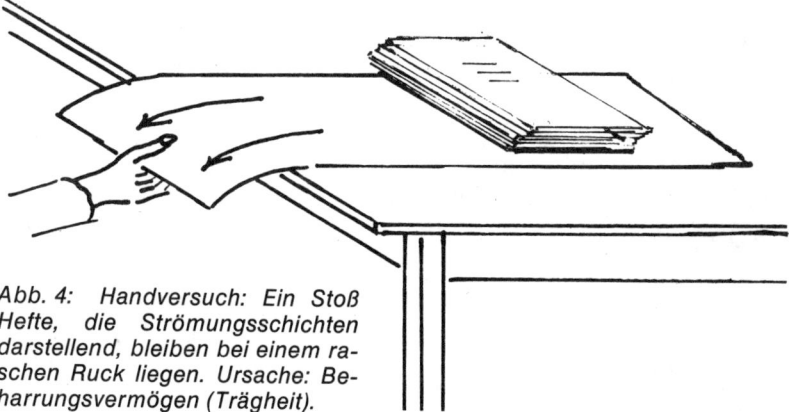

Abb. 4: Handversuch: Ein Stoß Hefte, die Strömungsschichten darstellend, bleiben bei einem raschen Ruck liegen. Ursache: Beharrungsvermögen (Trägheit).

Wir erkennen: Bei niedriger Geschwindigkeit überwiegt der Reibungswiderstand gegenüber den Trägheitskräften. Der Reibungswiderstand wird bei Luft durch die Zähigkeit hervorgerufen.

Trägheit und Zähigkeit der Luft nehmen je nach Geschwindigkeit ungleich zu. Dabei wird das Verhältnis der beiden Größen mit wachsender Geschwindigkeit günstiger. Es liegt der Schluß nahe, die Geschwindigkeit zu erhöhen. Das Merkwürdige ist nun, daß man statt dessen auch die Profiltiefe vergrößern kann, was wir am einfachsten anhand von fliegenden Modellen einsehen werden. Mit einer Fromel wird der ganze Sachverhalt einprägsamer erfaßt. Diese Formel stammt vom amerikanischen Physiker *Osborne Reynolds*, mit der er 1883 das Verhältnis zwischen Trägheit und Zähigkeit von strömenden Gasen und Flüssigkeiten ausdrückte. Auf die Luft angewendet hat sie folgende vereinfachte Form:

Reynoldssche Zahl (Re-Zahl) bei normalen Luftverhältnissen = *Geschwindigkeit (in m)* × *Flügeltiefe (in mm)* × *70.*

In dem Faktor 70 sind Dichte und Zähigkeit der Luft berücksichtigt. Diese vereinfachte Formel für die Berechnung der Re-Zahl ist die Hauptformel im Modellflug und sollte unbedingt gemerkt werden. Rechenbeispiel: Für ein mit 6 m/sec fliegendes Modell mit 200 mm Flügeltiefe beträgt die Re-Zahl:

$6 \times 200 \times 70 = 84\,000.$

Die *Reynolds*sche Zahl spielt auch bei Windkanaluntersuchungen eine bedeutende Rolle. Man kann Modelle von Großflugzeugen mit der gleichen Re-Zahl vermessen, indem man die Strömungsgeschwindigkeit als Ausgleich für die geringere Flügeltiefe entsprechend erhöht (Ähnlichkeitsgesetz). Man kann Modelle auch im Wasser vermessen, wobei die Re-Zahl 14mal größer als in der Luft ist.

Re-Zahl-Bereiche:

Kleinsegler	ca. 15 000– 30 000
Mittelgroße Segler	ca. 30 000– 60 000
Fernlenksegler	ca. 60 000–200 000
Landsegler unter den Vögeln	ca. 100 000–200 000
Großsegelflugzeuge	über 1 000 000

Modelle und Segelvögel fliegen im Bereich der sogenannten
„niederen" Re-Zahlen. Kleinsegler sind natürlich besonders
Re-Zahl-gefährdet.

Wir wissen jetzt, warum die Strömungsenergie bei niedrigen
Re-Zahlen so gering ist. Aber wir müssen noch erklären, warum sich die Strömung vorzugsweise auf der Oberseite des
Tragflügels ablöst. Hier wäre doch die Strömungsgeschwindigkeit größer als auf der Unterseite, also müßte auch die Anliegekraft der Strömung größer sein. Aber es ist gerade umgekehrt.

Es muß auf der Oberseite eine besondere strömungshemmende Kraft zusätzlich im Spiele sein, auf der Unterseite eine
strömungsfördernde.

Auf der Unterseite, der Druckseite, wird die Strömung nach
rückwärts beschleunigt und damit auch die Grenzschicht,
da der Druck in Strömungsrichtung abnimmt.

Auf der Oberseite, der Saugseite, wird die Strömung vorne
stark beschleunigt, rückwärts aber wieder verzögert, weil der
Druck wieder ansteigt.

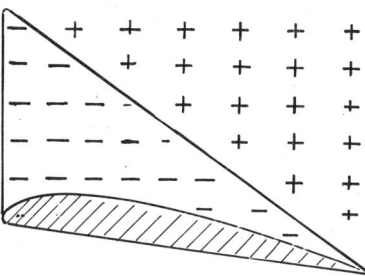

*Abb. 5: Begriff Druckanstieg: −
bedeutet Unterdruck (Sog), + bedeutet Druck. Mit der Abnahme
des Unterdrucks steigt der Druck
an. Druckanstieg ist ein äußerst
wichtiger Begriff und das Hauptproblem der Modellaerodynamik.
Anm.: In Schulen wird man sich
nicht allein mit einer Symbolerklärung zufriedengeben. Mit Manometern lassen sich die Drücke an
einzelnen Profilstellen messen −
ein kleiner Windkanal ist allerdings dazu auch noch notwendig.*

Nun, den Druckanstieg auf der Rückseite kann die „Grenzschicht" bei niedrigen Re-Zahlen nicht überwinden, sie
kommt also nicht gegen die Strömungsverzögerung an, es
fehlt ihr an „Durchschlagskraft" und wird von der Wandreibung förmlich erwürgt.

Denken wir unseren Schreibtischversuch weiter:
Liegen unsere Hefte oder Bücher auf einem langen Papierband und wir ziehen zuerst ruckartig, werden die Stücke zunächst nicht mitgleiten, aber durch die Reibung doch allmählich mitgenommen werden, vor allem, wenn wir die Geschwindigkeit verlangsamen. Dies entspricht der Strömungsverzögerung auf der Flügelrückseite. – Erhöhen wir aber die Geschwindigkeit weiter, so gleiten die Stücke, die die Luftschichten darstellen, weiter zum Ende hin ab.

Wir bringen die Oberseitenströmung zum Anliegen

Turbulatoren pflügen die Grenzschicht um!

Nun kommt die wichtigste Entdeckung in der Modellflugaerodynamik überhaupt: Es sind die Mittel, mit denen man eine vorzeitige Strömungsablösung verhindern kann!
Man fand heraus, daß man die „Grenzschicht" verwirbeln muß, um ihr neue Energien zuzuführen, damit sie den Druckanstieg an der Oberseite überwinden kann. *Die Überwindung des Druckanstiegs auf der Oberseite ist das Hauptproblem der Modelaerodynamik!* Bahnbrechendes leistete hier Ing. *F. W. Schmitz*, der seine Forschungsergebnisse in dem Buch „Aerodynamik des Flugmodells" niederlegte.([1]) Mit der Verwirbelung der Grenzschicht erreicht man, daß sie sich mit der Außenströmung vermischt und von ihr mitgeschleppt wird. Wenn eine Strömung gleichmäßig und ungestört dahinfließt, nennt man sie *„laminar"*. Wird sie verwirbelt, nennt man sie *„turbulent"*.
Wie macht man nun die Grenzschicht turbulent?
Es wurden im Laufe der Jahre zahlreiche „Turbulenzerreger" ausprobiert: An der Flügelnase wurden sogenannte „Stolperleisten" angebracht, man formte die Nasenkante eckig, rauhte die Flügelnase auf, spannte vor die Flügelnase eine Schnur. Nicht alle hatten die gleiche Wirkung: Lange Zeit

wurde die Vorspannschnur, auch „Turbulenzdraht" genannt, als wirksamster Turbulenzgeber betrachtet. Offensichtlich war sie besser als die Stolperleiste, die zwar die Grenzschicht turbulent macht, aber bei größeren Anstellwinkeln vorzeitig zum Abreißen bringt.

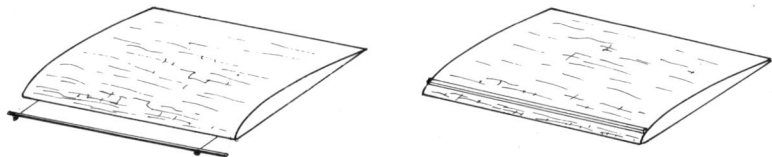

Abb. 6a: Stolperleiste und Vorspanndraht (Vorspannschnur, Turbulenzdraht). Die Stolperleiste – ca. 0,5 bis 1 mm hoch – wird bei etwa 5 % der Flügeltiefe angebracht; der Vorspanndraht – eine 0,8 mm dicke Perlonschnur – liegt etwa in einem Abstand von 10 % der Flügeltiefe vor der Profilnase, etwa in Höhe der Profilsehne.

„Nurflügel" mit vorgespanntem Turbulenzdraht, der die Stabilität erhöht. Wegen der schwierigen Stabilisierung werden heutzutage Nurflügel kaum mehr im Freiflug verwendet, jedoch im RC-Flug mit Erfolg.

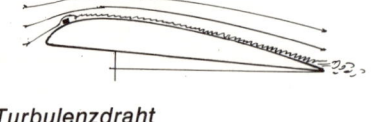

Turbulenzdraht

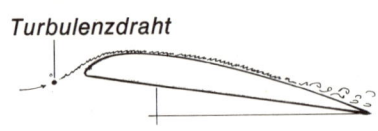

Abb. 6b: Unterschied in der Wirkungsweise einer Stolperleiste und eines Vorspanndrahtes (Turbulenzdrahtes): Der Vorspanndraht hält die Strömung länger anliegend.

Der in den USA lebende japanische Wissenschaftler *Hama* wartete dann mit einem neuen Turbulator auf, der aus Dreiecken bestand, die an der Flügelnase angebracht wurden. Der Turbulator wurde in die Gruppe der sogenannten „3-D-Turbulatoren" eingereiht, während man die zuerst aufgezählten als „2-D-Turbulatoren" bezeichnete. „D" bedeutet Dimension. Beim 2-D-Turbulator breitet sich die Turbulenz in 2 Dimensionen aus, beim 3-D-Turbulator in 3 Dimensionen.

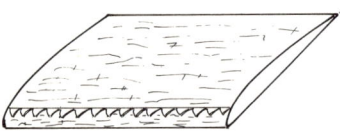

Abb. 6c: Flügel mit 3-D-Turbulator. Dreiecksstreifen entweder aus 0,3-mm-Aktendeckelkarton aufgeklebt oder aus 0,8–1-mm-Balsa – dabei aber Hinterkante in Profil eingelassen.

Beim 3-D-Turbulator wird die Strömung an den Einschnitten der Dreiecke zusammengedrängt, schwappt dort über und bildet dann sogenannte „axiale Wirbelpaare" – das sind Wirbel, die sich um eine Längsachse drehen, sich dabei auch seitlich ausbreiten und wesentlich wirksamer sind als die ungeordneten eines 2-D-Turbulators. Allein schon die schräggestellten Kanten des 3-D-Turbulators kann man wie Pflugscharen betrachten, die die Grenzschicht umpflügen und dadurch mit der Außenströmung vermischen. Durch die Kantentrichter entstehen zusätzlich noch die kräftigen Längswirbel, die Bohrern gleich die zähe Grenzschicht durchfressen und verwirbeln.

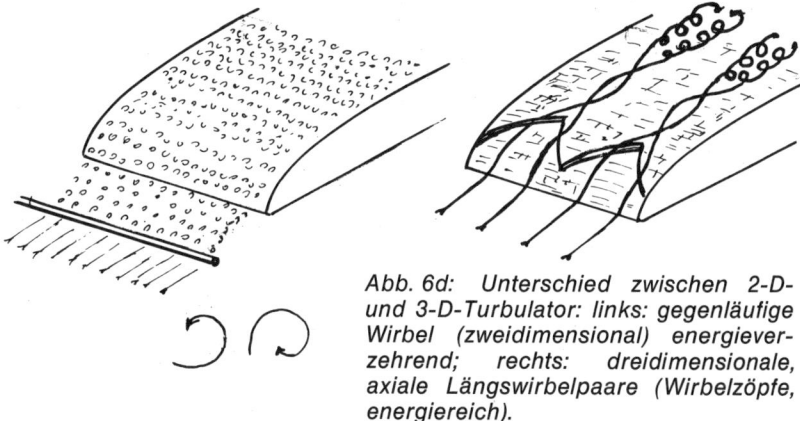

Abb. 6d: Unterschied zwischen 2-D- und 3-D-Turbulator: links: gegenläufige Wirbel (zweidimensional) energieverzehrend; rechts: dreidimensionale, axiale Längswirbelpaare (Wirbelzöpfe, energiereich).

Profile mit geeignetem Turbulator können steiler gegen die Strömung angestellt werden als ohne Turbulator und liefern dadurch erst einen nennenswerten Auftrieb. Die „künstliche Turbulenz" ermöglicht erst das Fliegen mit größerem Anstellwinkel. Dabei wird sogar noch der Formwiderstand kleiner als bei abgelöster Strömung ohne Turbulator.

Man möchte nun in Versuchung kommen, die Oberseitenwölbung so stark wie möglich auszubilden, um möglichst hohen Auftrieb zu erzielen. Hier gibt es jedoch eine Grenze: Man hat herausgefunden, daß die Oberseitenwölbung nicht mehr als 10 % der Flügeltiefe betragen sollte.

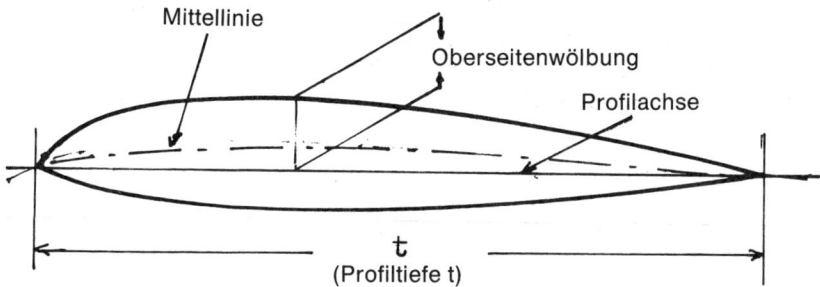

Abb. 7: Begriffe: Mittellinie, Oberseitenwölbung, Profilachse, Profiltiefe (t)
Die Oberseitenwölbung bezieht sich auf den senkrechten Abstand der Oberseite zur Profilachse – nicht mit der Mittellinie zu verwechseln. Die Profiltiefe (t) ist die Länge der Profilachse.

Ist die Oberseitenwölbung größer, wächst der Druckanstieg unverhältnismäßig stark, so daß ihn die Grenzschicht nicht mehr überwinden kann. Es nimmt dann nur mehr der Widerstand zu, aber nicht der Auftrieb.

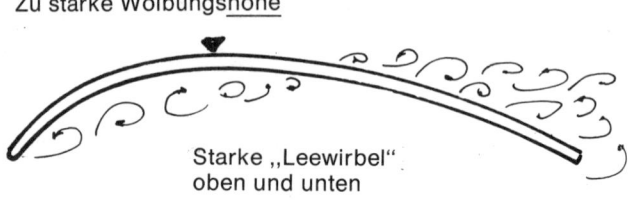

Abb. 8: *Gewölbte Platte mit zu starker Wölbungshöhe.*

Mehr Auftrieb mit einer hohlen Unterseite!

Es gibt nun einen Weg, den Auftrieb weiter zu vergrößern, ohne daß dabei der Widerstand zunimmt. Dieser Weg wurde den Vögeln abgeguckt, die aerodynamisch unsere Vorbilder sind und nicht die Großflugzeuge. Vogelflügel haben ein Profil mit stark ausgehöhlter Unterseite. Bei Kleinseglern bekommt man ein ähnliches Profil, das die aerodynamische Bezeichnung „gewölbte Platte" trägt, wenn man eine Balsaplatte wölbt. Wir können uns wiederum durch ein „Handexperiment" von der Auftriebsleistung solcher Profile überzeugen: Wir falten und wölben Zeichenkarton wie einen Tragflügel mit Vollprofil, so daß die Oberseite gewölbt, die Unterseite aber flach ist. Wenn wir die Unterseite eindrücken, haben wir eine „gewölbte Platte". Wenn wir unseren Flügel durch die Luft ziehen, merken wir je nach Wölbung der Unterseite einen bedeutenden Auftriebsunterschied. Die „gewölbte Platte" wird förmlich nach oben gedrückt!

Der Auftriebsunterschied kann natürlich nur von den verschiedenen Unterseiten kommen: Die hohle Unterseite muß den Auftrieb irgendwie vergrößern, wofür unser Schulwissen

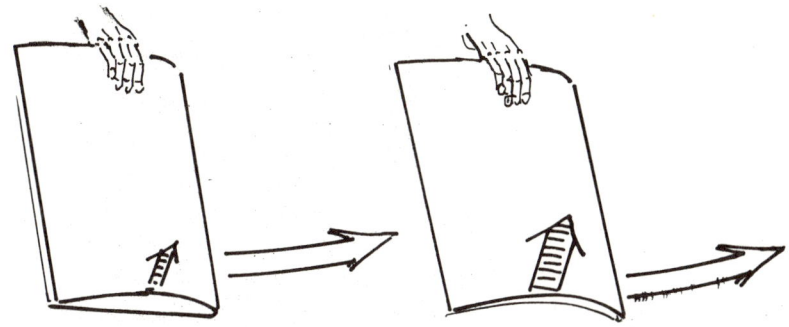

Abb. 9: Handexperiment zur Feststellung des Auftriebsunterschiedes von einem Profil mit ebener und einem mit ausgehöhlter Unterseite (gewölbte Platte).

keine Erklärung gibt. Haben wir doch gelernt, daß die Unterseite eine untergeordnete Rolle für die Auftriebserzeugung einnehme, weil der Auftrieb dadurch entstehe, daß die Luft um die Oberseite einen weiteren Weg zurücklegen müsse. Wie ist das nun bei der „gewölbten Platte"? Hier ist doch die Unterseite genau so lang wie die Oberseite!

Abb. 10: Ober- und Unterseitenlängen sind bei einer gewölbten Platte an sich gleich.

Und doch trägt die stark ausgehöhlte Unterseite wesentlich zum Auftrieb bei: Nach Abb. 11a stellen wir uns vor, die „ge-

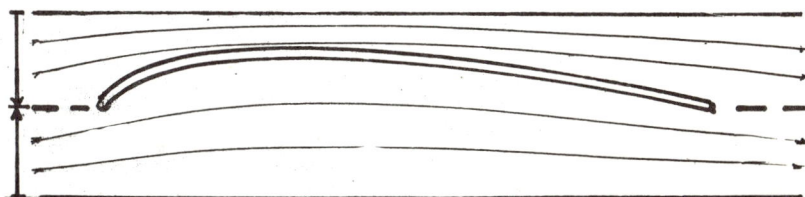

Abb. 11a: Trotz gleicher Ober- und Unterseitenlänge doppelte Auftriebsleistung der „gewölbten Platte" infolge verschiedener Strömungsgeschwindigkeit: Oben: Verengung, Beschleunigung, Sog; unten: Erweiterung, Verzögerung, Druck. Bei 0 Grad Anstellwinkel schon bedeutender Auftrieb!

wölbte Platte" sei in einem schmalen Kanal montiert, so daß Vorder- und Hinterkante sich genau auf halber Höhe befinden, wodurch oben und unten die gleiche Menge Luft durchströmt. Durch die Krümmung der „gewölbten Platte" wird aber dann die Strömung *oben* sehr verengt, muß deshalb schneller fließen und erzeugt Sog (Unterdruck). Auf der *Unterseite* wird die Strömung stark erweitert, fließt langsamer und erzeugt Druck. – In der freien Strömung fallen natürlich die Kanalwände weg, die wir uns vorstellten, um den Sachverhalt zu verdichten.

Wir können uns nunmehr denken, daß jedes Profil, dessen Oberseite stärker als die Unterseite gewölbt ist, bereits Auftrieb liefert, wenn die Profilachse mit 0° zur Strömung angestellt ist. Ganz besonders starker Auftrieb wird aber schon bei 0° Anstellwinkel mit der gewölbten Platte erzeugt, obwohl Ober- und Unterseite gleich lang sind. Im Gegensatz dazu liefert ein symmetrisches Profil, bei dem Ober- und Unterseite ebenfalls gleich lang sind, bei 0° Anstellwinkel keinen Auftrieb – hier haben wir ja zwei Sogseiten!

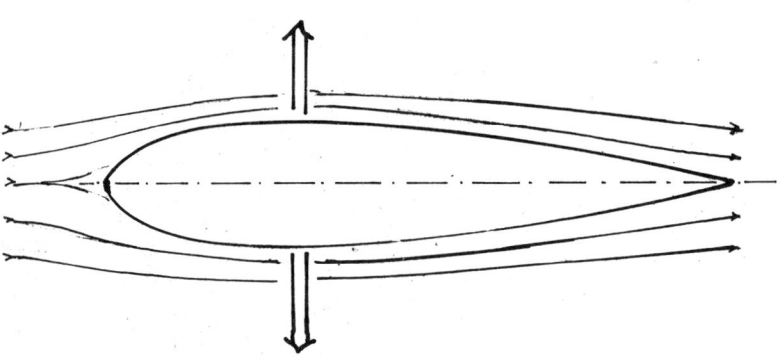

Abb. 11b: *Bei 0° Anstellwinkel liefert symmetrisches Profil keinen Auftrieb. Beide Seiten sind hier Sog-Seiten und heben sich in der Auftriebswirkung auf.*

Gleichlange Seiten – und trotzdem verschieden langer Strömungsweg!

Haben nun die Physikbücher mit der Theorie des weiteren Strömungsweges daneben gegriffen? Keinesfalls bei Profilen mit gerader Unterseite, und bei „gewölbten Platten" sollen sie auch noch recht behalten:

Wir wollen beweisen, daß sich die Strömung von selber einen weiteren Weg um die Oberseite sucht, auch wenn die Unterseite ursprünglich gleich lang ist!

Das beste Beispiel ist hier die „ebene Platte". Wir stellen uns vor, sie sei senkrecht gegen die Strömung gestellt. Diese teilt sich dann in der Mitte. Der Punkt, in dem sich die Strömung teilt, ist der sogenannte „Staupunkt". Wohin wandert nun dieser, wenn wir die Platte neigen? Er kann nur nach oben, also entgegen der Strömung wandern. Da sich die Luft auch bei kleinerem Anstellwinkel auf der Unterseite staut – hier herrscht ja Druck – bleibt der Staupunkt wenigstens unterhalb der Vorderkante. Erst beim Verschwinden des Auftriebs wandert er zur Mitte der Nasenkante.

Abb. 12: Entstehung der Staupunktwanderung: Neigt sich die ebene Platte nach vorne, dann wandert der Staupunkt nach vorne, bleibt aber unterhalb der Kante, solange Auftrieb erzeugt wird.

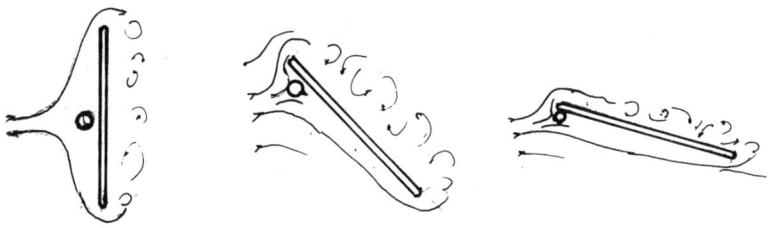

Luft strömt um die Nase herum

Wir sehen, daß bei Auftrieb um die Profilnase herum eine Zirkulation entsteht, wobei der Weg um die Oberseite länger als an der Unterseite ist. Wo aber der Weg länger ist, muß die Luft schneller fließen, was den Sog an der gekrümmten Oberseite noch verstärkt.

Die Kenntnis von der Staupunktwanderung bringt nun gleich den Schlüssel zum Verständnis eines bisher ausgeklammerten Turbulenzvorganges, nämlich den der *„Nasenturbulenz"*:

Lassen wir die Nase eckig oder spitzen sie zu, dann muß die Luft nach oben in scharfem Bogen um die Kanten beschleunigt werden: Die Luft wird dadurch verwirbelt. Diese Methode ist zwar eine Roßkur, wird aber häufig bei Kleinstseglern angewandt. Bei Re 20 000 haben wir die Kante einer gewölbten Platte einfach eckig gelassen und damit gute Erfolge erzielt, so beim Kleinsegler „Knicki I". Das Balsabrett darf dabei nicht dicker als 2 mm sein, sonst wird die Turbulenz wieder zu grob. Bei „Knicki II", einem etwas größeren Segler mit einem Flügel aus einem 3-mm-Balsabrett, verrunden wir die Kante und kleben oder leimen einen 3-D-Turbulator auf. Die Leistungsverbesserung läßt sich durch Vergleichsflüge mit und ohne Turbulator eindrucksvoll demonstrieren.

Die „Staupunktwanderung" wird in der Aerodynamik im Rahmen der sogenannten „Zirkulationstheorie" behandelt, auf die hier noch nicht eingegangen werden kann.

Abb. 13: Nasenturbulenz wegen Staupunktwanderung: Luft wird in scharfem Bogen um die Vorderkante herumgelenkt und verwirbelt sich. Bei runder Nase zwar noch etwas größere Staupunktwanderung, aber wirbelfreie Nasenumströmung.

Können Langsamsegler mit „gewölbten Platten" auch schneller fliegen?

Leichte Segler mit „gewölbten Platten" fallen durch ihren wunderbaren, langsamen Schwebeflug auf. Sie hängen dabei so „richtig drin", fliegen mit großem Anstellwinkel. Sollen sie nun schneller werden, macht man sie in der Regel kopflastig, indem man z. B. den *Rumpfkopf* durch Ballastzugabe schwerer macht. Dabei wird der Gleitflug allerdings immer steiler und steiler. Das Modell fliegt mit kleinem Anstellwinkel.

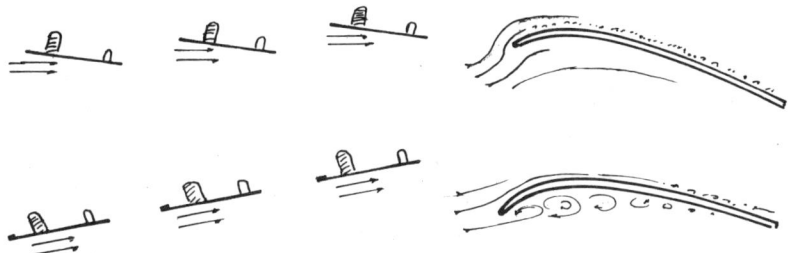

Abb. 14: Oben: Fliegen mit großem Anstellwinkel (= Zuströmwinkel), Strömung anliegend; unten: Fliegen mit kleinem Anstellwinkel, Strömung unten abgelöst, daher schlechter Gleitwinkel wegen großen Widerstandes.

Soll das Modell schneller werden und dabei aber flach fliegen, muß man Ballast *im Schwerpunkt* – d. i. etwa in Flügelmitte – anbringen. Es fliegt dann wieder mit größerem Anstellwinkel. *Warum kann ein Modell mit „gewölbter Platte" eigentlich nur mit größerem Anstellwinkel gut fliegen?* Die Erklärung ist: Bei kleinem Anstellwinkel reißt die Strömung auf der Unterseite ab, und zwar schon an der Vorderkante!

So ist es verständlich, daß das Anliegen der Strömung auf der *Oberseite* auch von wesentlicher Bedeutung für die Unterseite ist. Gelingt es, mit einem guten Turbulator die Oberseitenströmung bis zu einem möglichst hohen Anstellwinkel zum Anliegen zu bringen, dann wird die Unterseite laminar angeströmt! Es kommt hinzu, daß bei größerem Auftrieb infolge der Nasenzirkulation – siehe Staupunktwanderung –

die Strömung vor der Nase hochgesogen wird und damit sozusagen auch besser an die steile Aushöhlung der Unterseite gedrückt wird. Wir sehen: Das Fliegen mit hohem Anstellwinkel verbessert auch die Unterseitenströmung der „gewölbten Platte". Man soll also das Fliegen mit kleinem Anstellwinkel vermeiden, weil sich dann die Strömung auf der Unterseite vorne ablöst. Man kann diese Ablösung hinausschieben, wenn man die Unterseite vorne wie bei „Vogelprofilen" etwas auffüllt. Für böige Luft sind solche Profile vorteilhaft.

Abb. 15: Typ eines Vogelprofils: Stark ausgehöhltes Profil, jedoch vorne etwas verdickt, rückwärts dünn auslaufend.

Alle Hochleistungsprofile für Segelflugmodelle stammen von der gewölbten Platte ab!

Allen ist die auftriebssteigernde ausgehöhlte Unterseite gemeinsam. Im Verein mit einem leistungsfähigen Turbulator sind gewölbte Platten das bevorzugte Flügelprofil für Kleinsegler. Nur muß die Wölbung richtig gewählt sein: Die Oberseitenwölbung darf nicht mehr als 10 % der Flügeltiefe sein und die größte Wölbungshöhe soll bei etwa 33 % der Flügeltiefe liegen (siehe Abb. 16).

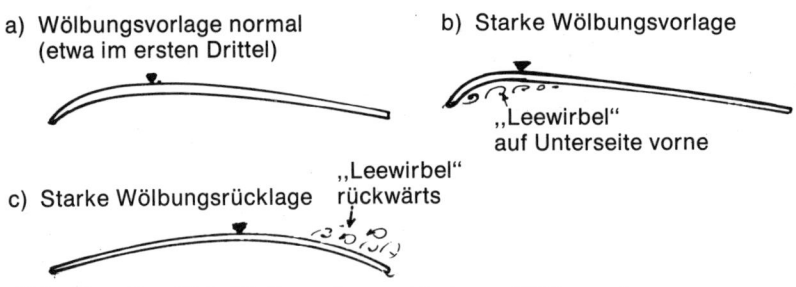

Abb. 16: Gewölbte Platten mit verschiedenen Wölbungslagen.

Fragen über die Grundlagen der Modell-Aerodynamik

1. Entsteht Sog oder Druck, wenn die Luft an einem Körper schneller als die Umgebungsluft fließt?
2. Worauf führt die Physik die Entstehung des Auftriebs an einem Profil zurück?
3. Wodurch entsteht der Reibungswiderstand der Luft?
4. Was versteht man unter Zähigkeit, was unter Trägheit der Luft?
5. Was versteht man unter *Reynolds*scher Zahl?
6. Was für ein Verhältnis drückt diese Zahl aus?
7. Warum ist die Strömungsenergie bei niedrigen Re-Zahlen gering?
8. Was ist unter Druckanstieg zu vertehen?
9. Auf welcher Profilseite herrscht Druckanstieg?
10. Was ist für die Grenzschicht günstiger: Beschleunigung oder Verzögerung der Strömung?
11. Warum löst sich die Strömung vorzugsweise auf der Profiloberseite ab?
12. Was ist das Hauptproblem der ,,Modell-Aerodynamik"?
13. Was versteht man unter ,,laminarer" und ,,turbulenter" Strömung?
14. Warum macht man die Grenzschicht an der Oberseite turbulent?
15. Worin besteht der Hauptunterschied in der Art der Wirbelbildung bei 2-D- und 3-D-Turbulatoren?
16. Warum darf man die Oberseite nicht zu stark wölben?
17. Warum kann die hohle Unterseite einer ,,gewölbten Platte" Auftrieb erzeugen?
18. Wieso sucht sich die Strömung einen weiteren Weg um die Ober- als um die Unterseite?
19. Warum liefert ein symmetrisches Profil bei 0° Anstellwinkel keinen Auftrieb, dagegen ein ,,unsymmetrisches" Profil, wie z. B. die ,,gewölbte Platte" einen beachtlichen?
20. Welche Nebenwirkung hat die Nasenumströmung bei eckigen oder zugespitzten Vorderkanten?

21. Worauf ist die Nasenumströmung zurückzuführen?
22. Warum sollen „gewölbte Platten" immer mit großem Anstellwinkel fliegen?
23. Welchen Nachteil können „gewölbte Platten" in böiger Luft haben?
24. Welchen aerodynamischen Zweck hat die Profilverdikkung vorne bei „Vogelprofilen"?
25. Was versteht man unter Höhe der „Oberseitenwölbung", „Profiltiefe", „Profildicke", „Wölbungsrücklage" der Oberseite, der Unterseite?

Eine „Knicki"-Schulgruppe an einer Hauptschule.
In einem Jahr wurden an dieser Schule an die 150 „Knickis" gebaut.

Wir bauen und erproben Kleinsegler

Warum eignen sich die „Knickis" zur Einführung?

Die „Knicki"-Familie besteht in drei Modellausführungen, und zwar dem „Knicki I", „II" und „III", wovon die erste einen Schulgleiter zur Einführung in den Modellflug darstellt, die zweite einen Hochstarttrainer und die dritte einen Hangtrainer.

Die „Knickis" haben allgemein *Flügelknicke* (Name!). Diese – auch Ohren genannt – bewirken, daß sich ein Modell nach Schräglage durch eine Böe wieder aufrichtet. Sie sind außen besonders wirksam (Hebelarm!). Das Besondere an den Modellen ist, daß „Knicki I" aus einem Balsabrett, „Knicki II" aus zwei und „Knicki III" aus drei Brettchen hergestellt werden kann, also mit einem minimalen Materialaufwand.

Des weiteren ist hervorzuheben, daß die Flugleistung infolge besonderer Zusammenstellung von Profil und Turbulator außergewöhnlich gut ist und über denen von Modellen gleicher Größenordnung liegt. Außerdem ist erwähnenswert, daß alle Modelle in größeren Innenräumen eingeflogen werden können, ein unschätzbarer Vorteil z. B. für Schulen mit Flugmodellbaukursen. Es wird also hier der Flugplatz gleichsam mitgeliefert (siehe Foto auf nächster Seite).

Bei allen drei Modellen handelt es sich um Balsagleiter, deren Flügel im Prinzip aus „gewölbten Platten" bestehen und die schon aus diesem Grund sehr leistungsfähig sind. Nun hatten die gewölbten Platten bisher den Nachteil, daß sie sich sehr bald verzogen und dadurch für den Flug unbrauchbar wurden. Nach zahllosen Versuchen wurden nun die Ursachen für derartiges Verziehen ausfindig gemacht, und es wurden Methoden entwickelt, wie gewölbte Platten weitge-

An großen Schulen wird der „Flugplatz" gleich mitgeliefert: Einfliegen von „Knickis" in großen Innenräumen.
Hier: Zielfliegen auf einen gegenüberstehenden Partner zu.

hend verzugsfrei gebaut werden können, wobei teilweise sogar eine bauliche Vereinfachung erzielt wurde.

Im Gegensatz zu der bisherigen Auffassung, daß Einführungsmodelle besonders robust sein müssen, wurde bei den „Knickis" sogar ein extremer Leichtbau angestrebt, wodurch eben das Einfliegen in Innenräumen sehr erleichtert wird und die Leistungen bei ruhigem Wetter im Freien unübertroffen sind. Bei grobem Wetter sollten Modelle ohnehin nicht geflogen werden, weil sie dabei zu weit abtreiben und dadurch die Zahl der möglichen Flüge rapide sinkt, von Flurschäden und Verlusten ganz abgesehen. Die Modelle stellen auch ausgezeichnete Studienobjekte für Experten dar: Mit keinen anderen Modellen kann die Auftriebsleistung der gewölbten Platte und die Wirkung von Turbulatoren besser verfolgt werden – und wir selbst haben immer wieder unseren Spaß daran.

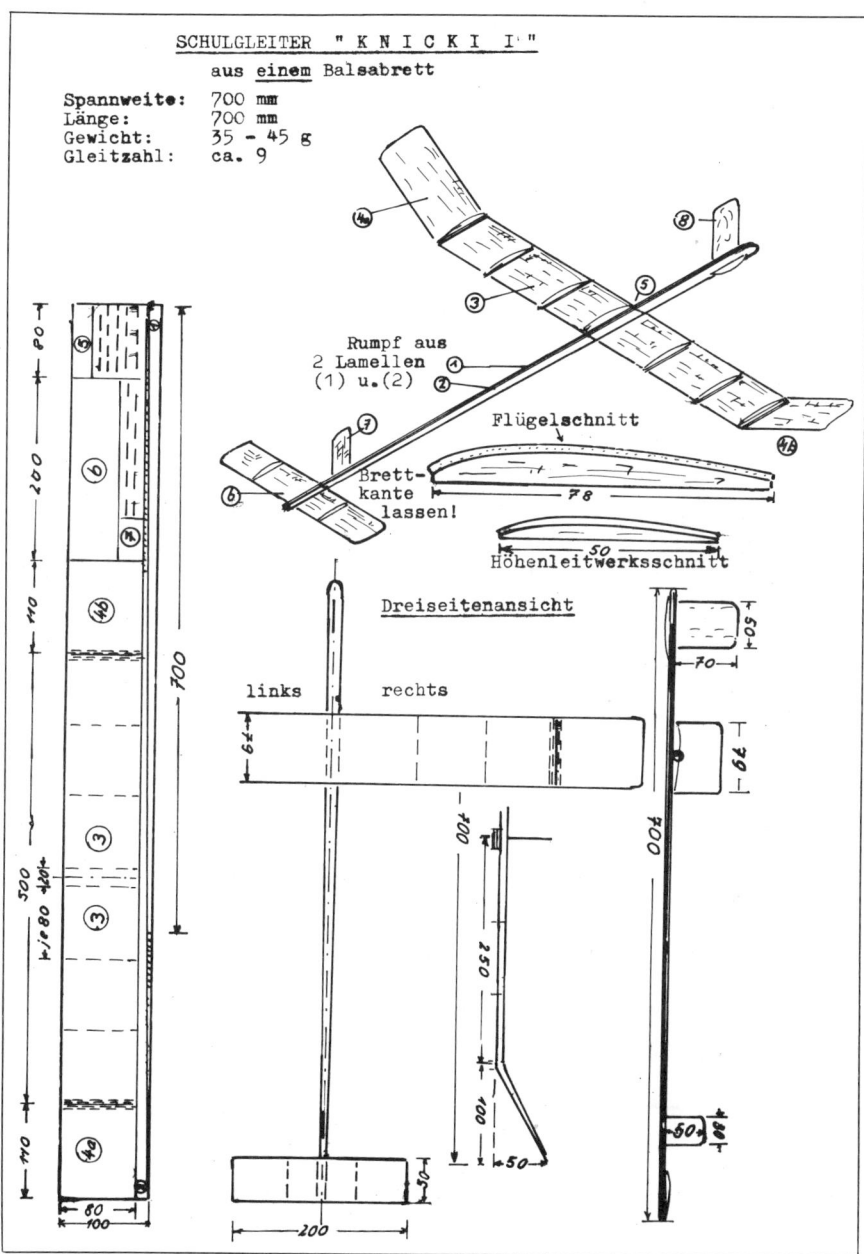

Kurz-Bauanleitung
für den Schulgleiter „Knicki I"

Besonders geeignet für Modellbaukurse und den Werkunterricht! Es besteht aus einem einzigen Balsabrett von 1 000 bzw. 1 075 mm Länge, 100 mm Breite und 2 mm Dicke. *Nur weiches, biegsames Balsa verwenden!* Damit die erwähnten Flugeigenschaften auch erreicht werden, ist genaue Befolgung der Anleitung erforderlich:

1. Die Balsabrett-Tiefe (links) *zeichnet* man am besten in natürlicher Größe auf einen langen Streifen Zeichen- oder Packpapier. Dann erst zeichnet man die Teile fein auf das Balsabrett.

2. *Zum Ausschneiden* nimmt man entweder eine Balsahobel-Klinge, ein Universalmesser mit Wechselklinge oder ein eigenes Balsamesser. Für die vielen langen Schnitte ist ein entsprechendes Lineal nötig. An Schulen u. U. Tafellineale zusammenholen. Sehr gut sind Tapezierlineale, das sind Stahlbänder von etwa 0,5 mm Dicke, 60 mm Breite und über 2 m Länge, in Farbgeschäften erhältlich. Man kann die Bänder mit einem Gaskocher ausglühen und dann auseinanderbrechen (siehe auch Abb. 47). Die Modellteile werden in der Reihenfolge der Nummern auseinandergeschnitten.

3. *Der Rumpf* wird aus zwei keilförmigen Leisten (Lamellen) zusammengeleimt. Die schrafflerten Teile sind Abfälle.

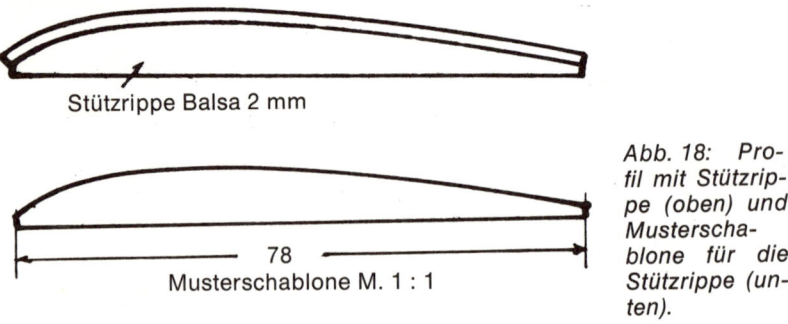

Stützrippe Balsa 2 mm

78
Musterschablone M. 1 : 1

Abb. 18: Profil mit Stützrippe (oben) und Musterschablone für die Stützrippe (unten).

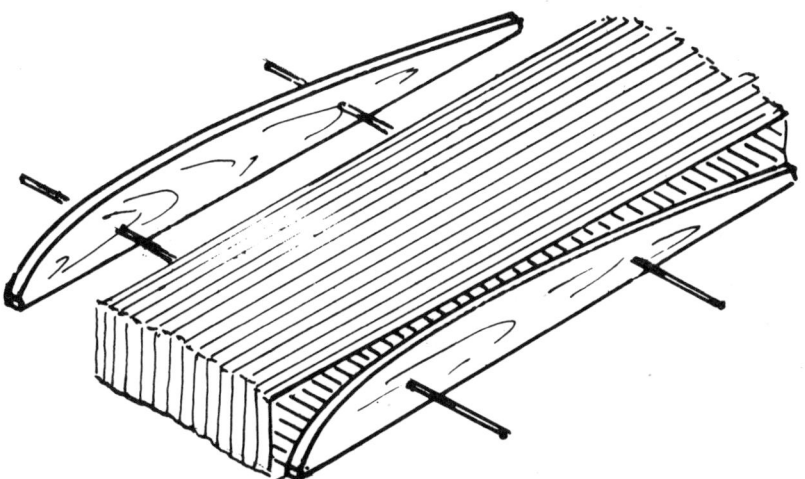

Abb. 19: Herstellung eines Rippenblocks: Rechteckige Streifen zwischen zwei Musterschablonen aus Sperrholz 2 mm spannen, überstehendes Material zuerst mit scharfem Messer bearbeiten, dann mit Sandpapierfeile.

4. *Der Flügel* besteht aus einer Mittelplatte (3) und den zwei Außenteilen (4a und 4b), dazu aus 14 Stützrippen und dem Mittelteil (5). Er wird mittels der Stützrippen aus 2-mm-Balsa gewölbt. Die Stützrippen werden aus dem gestrichelt gezeichneten Teil am rechten Rand hergestellt. Dabei werden zunächst rechteckige Streifen von 80 mm Länge und 9 mm Breite herausgearbeitet, die dann zwischen zwei *Sperrholzschablonen* zugeschnitten und zugefeilt werden. Eine Sandpapierfeile, d. i. ein zweiseitig mit verschieden rauhem Sandpapier beschichtetes Flachholz, leistet dabei gute Dienste.

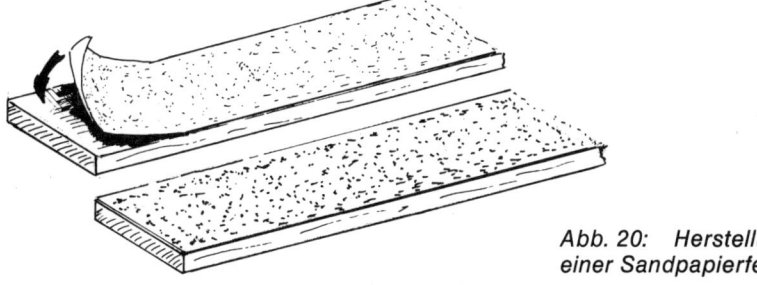

Abb. 20: Herstellung einer Sandpapierfeile.

Abb. 21:

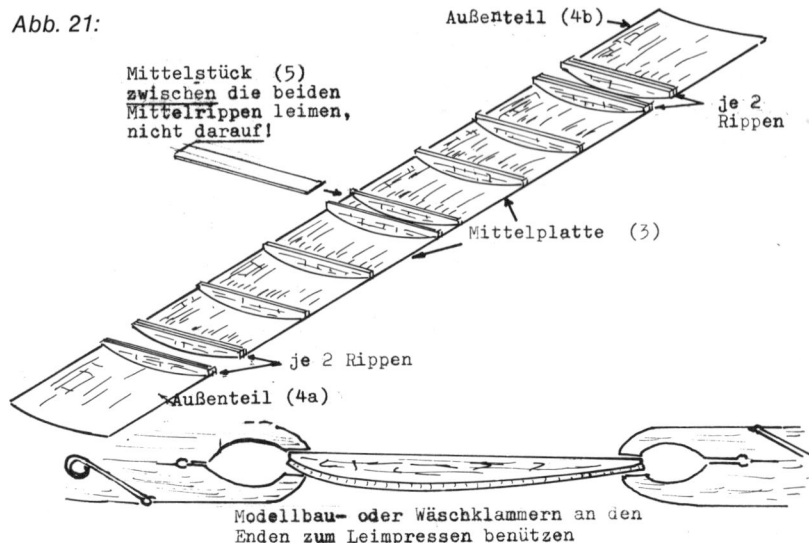

Die Rippen werden mittels Wäsche- oder besser Modellbauklammern (in Modellbaufachgeschäften fragen) angeleimt. Dabei keine Zelluloserkleber verwenden (z. B. UHU hart), da dieser schrumpft und Balsateile verzieht. Am besten nimmt man Weißleim. Die Abschrägung am Flügelknick kann man durch Schrägschleifen der Außenteile erzielen (siehe Abb. 22 und 23).

Abb. 22: Schematische Darstellung der Passung von Stoßstellen am Flügelknick von Balsaflügeln.

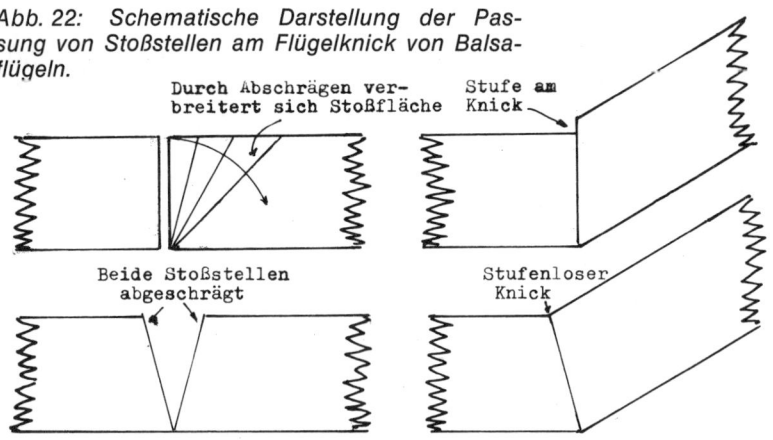

Abb. 23: Zur Vermeidung von Stufen am Knick beide „Stoßstellen" (also dort, wo Mittel- und Außenteil jeweils zusammenstoßen) schrägschleifen. Auf absolut geraden „Feilstrich" achten!

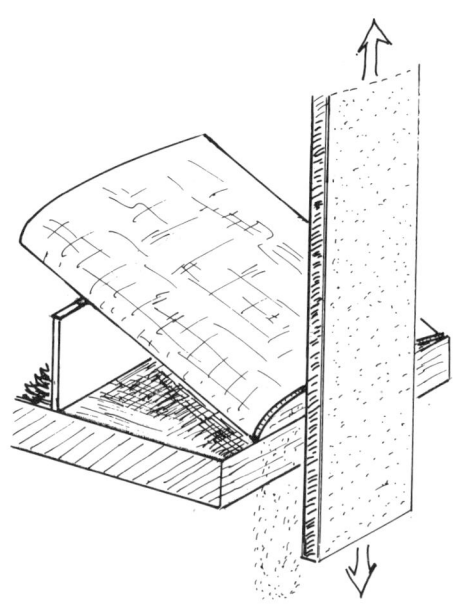

5. *Höhenleitwerk:* In der Mitte breitere Stützrippe aufleimen, dazu je eine Rippe 2 mm links und rechts.
6. *Restteile: Auflage* am Rumpfende anleimen, Hinterkante des Höhenleitwerks muß 3 bis 4 mm gehoben werden.

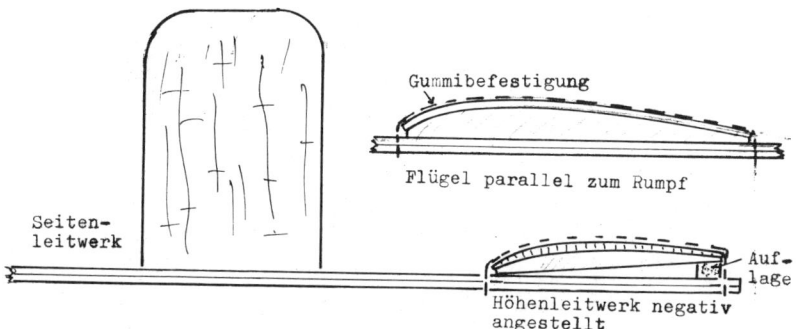

Abb. 24: *Einstellwinkeldifferenz: Während der Fügel parallel zum Rumpf aufliegt, ist die Hinterkante des Höhenleitwerks um ca. 4 mm gehoben. Das Höhenleitwert hat einen „negativen" Einstellwinkel. Weil Flügel und Höhenleitwerk verschieden eingestellt sind, spricht man von „Einstellwinkeldifferenz".*

Das *rückwärtige Seitenleitwerk* (7) besteht aus Balsa, evtl. aus biegbarem Karton, das *vordere* (8) aus Sperrholz 2 mm. Das vordere dient zugleich als Ballast und verhindert, daß das Modell nach einer Schräglage zu sehr in die Kurve geht.

Beherzigen: Modell nicht mit Farblack oder Ölfarben anstreichen!

Bei diesem Schulgleiter können wir vorerst überhaupt auf jeden Anstrich verzichten, also auch auf farblosen Lack und Wasserfarben! Lack bringt Gewicht, Wasser Verzug!

Flügelvorderkante eckig lassen!

„Knicki I" fliegt nur mit eckiger Vorderkante, die feine Wirbel macht. Wirbeln lohnt sich hier!

Flügel immer auf ebener Unterlage einspannen!

Das Modell hat ja deswegen einen geraden Mittelteil, damit man den Flügel auf einer ebenen Unterlage einspannen kann. Das ist wegen der Verzüge, der Erzfeinde des Modellflugs.

Montage

Alle lösbaren Teile (Kopfflosse, Flügel, Höhenleitwerk) werden mit Gummis befestigt. Den Flügel kann man so verschieben und dadurch das Modell leicht trimmen. Man verschiebt den Flügel solange, bis er bei 50 % der Tiefe das Gleichgewicht hält. Mit den Fingern Flügelmitte unterstützen. Wo sich das Modell im Gleichgewicht hält, ist der *Schwerpunkt*. Alle Teile müssen natürlich einen geraden Sitz haben. Der Flügel darf nicht verwunden sein.

Einfliegen

Entweder in großen Innenräumen oder bei Windstille im Freien, weitab von Hindernissen. Modell sanft geneigt in die Luft schieben. Es soll dann einen langsamen, gestreckten Gleitflug von etwa 18 bis 20 m ausführen. Bäumt sich das Modell auf, dann war entweder der Startschwung zu groß oder das Modell ist „schwanzlastig". Geht das Modell auf den Kopf, dann wurde entweder die Auflage an der Höhenleitwerkshinterkante vergessen oder der Flügel liegt zu weit zurück. Das Modell ist in beiden Fällen „kopflastig".

Modell „schwanzlastig" – Flügel zum Schwanz!
Modell „kopflastig" – Flügel zum Kopf!
Wenn möglich, Flugzeit von Anfang an mit einer Stoppuhr messen!
Nur dadurch hat man eine Kontrolle über die tatsächlichen Leistungen und über Fortschritte!
Wenn das Modell kurvt, dann ist in der Regel Flügelverzug schuld. Modell umdrehen, so daß Licht auf die Unterseite fällt. Modell dann von hinten kontrollieren, ob sich Flügenhinter- und Vorderkante decken!

Hier ein „Knicki" beim Flug.

„Knicki I" erfreut große . . .

... und kleine Modellflieger.

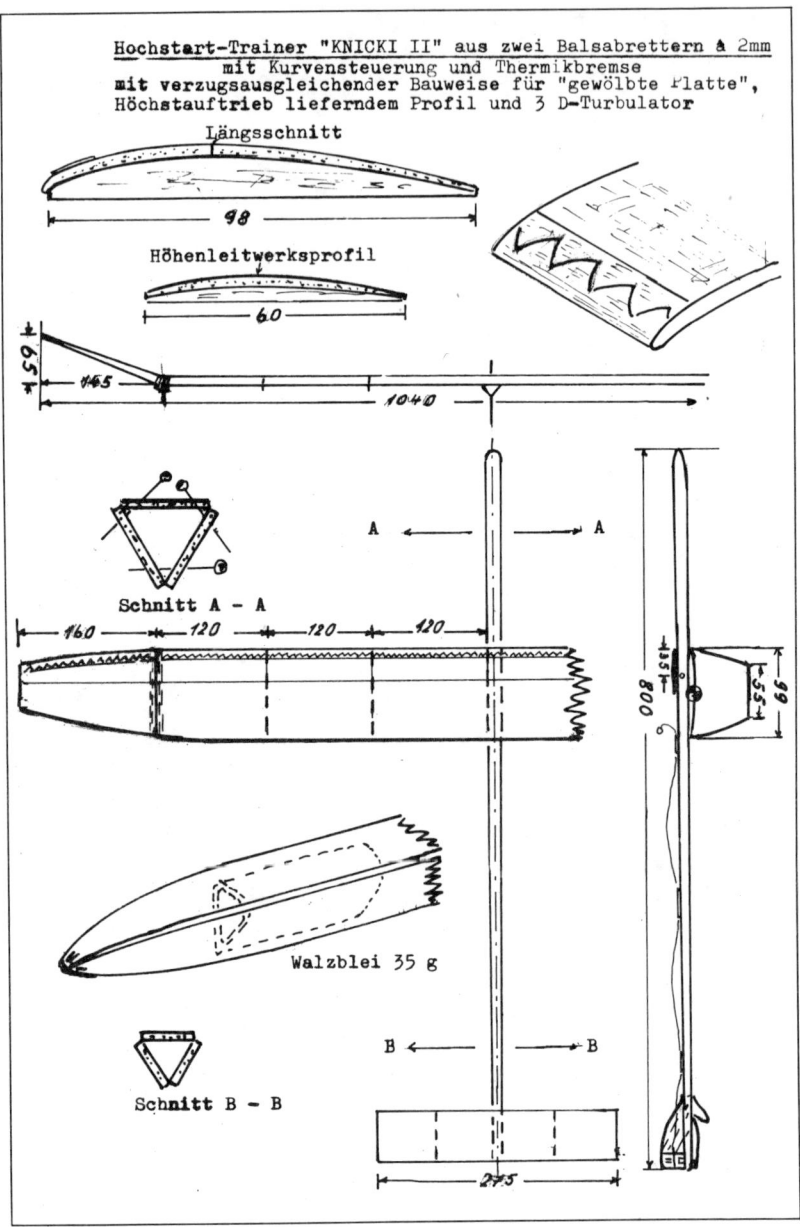

„Knicki II" – aus zwei Brettern, Hochstarttrainer für leichten Wind oder Windstille, genannt auch „Thermikus"

Wegen des geringen Gewichtes und der geringen Fluggeschwindigkeit läßt sich das Modell leicht schleppen, so daß der langsam laufende Starter beim Ziehen leicht die Blickverbindung zum steigenden Modell behalten und Korrekturmanöver vornehmen kann. Die äußerst geringe Sinkgeschwindigkeit des Modells in Verbindung mit engem Kreisen läßt schwächste Aufwindströme ausnützen.

Im Gegensatz zum „Knicki I" mit 800 mm Spannweite hat „Knicki II" etwas über 1 000 mm Spannweite. Die Kopfflosse entfällt, weil das Modell nach der Freigabe im Hochstart nicht geradeaus fliegen, sondern im Kreis ziehen soll, wodurch es die Thermik ausnützt. Für diese Zweck besitzt das Modell eine *Kurvensteuerung*, die sowohl auf Links- als auch auf Rechtskurve einstellbar ist und wodurch Flügelverzüge besser ausgeglichen werden können. Dazu kommt die *Thermikbremse*. *Der Rumpf* muß vorne Ballast in Form von Bleikugeln oder Walzblei aufnehmen können. Es ist deshalb hohl und besteht aus drei Balsabrettchen, die sich nach rückwärts gleichmäßig verjüngen. Dieser Dreikantrumpf ist trotz geringen Gewichtes sehr steif.

Der Flügel ähnelt im Umriß dem von „Knicki I", unterscheidet sich aber wesentlich durch *zwei Punkte*:
1. Da gewölbte Platten sich leicht verziehen, ist die Flügelplatte „*achsensymmetrisch*" verleimt, d. h. sie wird der Länge nach durchgeschnitten und der vordere Teil um 180° gewendet wieder verleimt. Man lese Genaueres darüber in dem betreffenden ausführlichen Artikel nach, ebenso, warum die Kanten nicht mit Kiefernleisten verstärkt sind. Dies hilft nämlich ebenfalls Verzüge vermeiden!
2. *Die Nase* ist rund und mit einem Zusatzturbulator versehen, einem Dreiecksband aus Aktendeckelkarton von 0,25 bis 0,3 mm Dicke. Der Turbulator hat sich ganz hervorragend bewährt. Zweckmäßigerweise läßt man das Modell zunächst

ohne Turbulator fliegen und wird dann merken, wie die Strömung sofort abreißt, sobald das Modell sich auch nur ein bißchen gegen die Strömung anstellt. Mit 3-D-Turbulator aber kann es plötzlich fast steil gegen die Strömung, d. h. mit großem Anstellwinkel und dadurch sehr langsam und flach fliegen. Über die Herstellung des 3-D-Turbulators siehe Skizze 26.

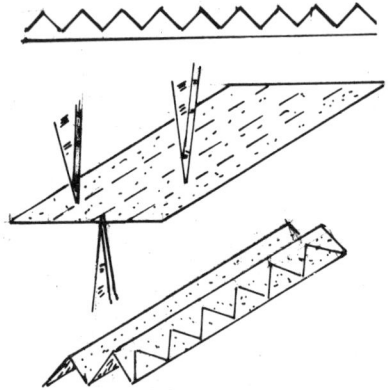

Abb. 26: 3-D-Tubulator aus Aktendeckelkarton 0,3 mm: Zuerst 4 cm breiten Streifen in Streifen von 1 cm falzen, dann alle Streifen zusammen mit Schere ausschneiden.

Man lackiert das Modell am besten vor Einziehen des Steuerzuges, um ein Verkleben zu vermeiden. Vorher mit Porenfüller grundieren, abschleifen; nur farblosen Überzugslack verwenden, keine gewichtbringenden farbigen und schwer deckenden Öllacke etc.!

Statt Propeller Hochstartschnur:
Auf Umwegen zum Hochstart

Die naheliegendste Art, Modelle in die Höhe zu bringen, ist eigentlich der *Hochstart*. Er ermöglicht den Segelflug in der Ebene, weil dabei ein Flugmodell auf ,,Thermikhöhe" gebracht werden kann. Wenn man allerdings die Geschichte des Modellsegelflugs betrachtet, dann fällt auf, daß man keineswegs den Hochstart als naheliegend empfand: Zuerst startete man von Hängen weg, aber weniger deshalb, um längere Segelflüge im Haugaufwind auszuführen, sondern man brauchte eine Abflughöhe, von der die Modelle mehr oder weniger kursstabil hangabwärts ins Tal flogen.

In England und Amerika versuchte man anfangs, die Modelle mit Gummi- oder Verbrennungsmotor in die Höhe zu bringen, zunächst nur aus Interesse am Motorflug. Dabei entdeckte man, daß die Modelle in größerer Höhe oft Thermikanschluß fanden. In den deutschsprachigen Ländern jedoch erzielten Motormodelle nur selten Thermikanschluß: Die meist größeren Modelle mit Gummimotorantrieb krebsten zumeist in niedriger Höhe über dem Boden, und erst als man nach ausländischem Vorbild die Modelle kleiner, aber die Gummimotoren sogar etwas kräftiger und die Luftschrauben größer machte, erreichte man tatsächlich Thermikhöhen. Kreisende Modelle blieben dann länger oben oder flogen davon.

Abb. 27: Hoch steigende Modelle können Thermikanschluß erhalten.

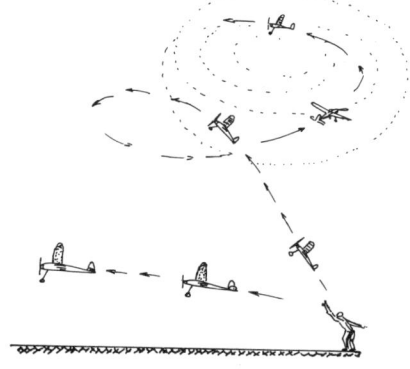

Hätte man es nur auf den Thermikflug abgesehen, so wäre man mit dem Hochstart einfacher zum Ziel gelangt. Doch dieser war bis 1931 unbekannt, bis der Modellflugpionier *Horst Winkler* die Hochstartmethode erfand. Er spannte vor die eigentliche Hochstartschnur ein *Gummiseil*, das zunächst das Modell in die Höhe katapultierte. Dadurch, daß der Hochstarthaken kurz vor dem Schwerpunkt angebracht war, stellte sich das Modell schräg zum Wind und hievte sich gleichsam selber hoch.

Bei Windstille allerdings stieg das Modell nur so hoch, bis die Zugkraft des Gummis nachließ. Um auch hier Modelle auf größere Höhe zu bringen, wandte man den Hochstart mit *Umlenkrollen* wie bei Flaschenzügen an: Der Starter brauchte dabei nur wenige Schritte zu laufen. Allerdings wurde die Schnur stark verkürzt.

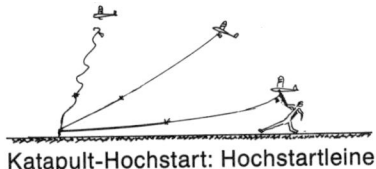

Katapult-Hochstart: Hochstartleine ist vorne mit Gummizug verlängert

Hochstart mit Umlenkrolle

Abb. 28: Katapult-Hochstart
Hochstart mit Umlenkrolle
Laufhochstart

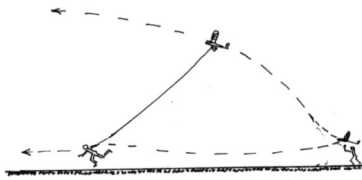

Laufhochstart

Thermikflüge gelangen aber damals nur äußerst selten. Man war heilfroh, wenn man die Modelle gerade hochschleppte, und sie flogen nach dem Ausklinken ohne gezielte Kurventechnik irgendwohin.

Hochstartmodelle müssen kreisen!

Erst der *Laufhochstart* mit leichten Modellen, die mit *Kurvenautomatik* ausgerüstet waren, leitete die Ära des Thermiksegelfluges ein: Es war nun möglich, im Laufhochstart mit dem Modell an der Leine Thermik zu erspüren, und die Kurvenautomatik sorgte nach dem Ausklinken für Dauerkreise in der Thermik.

Kurvenautomatik sorgt auch für geraden Schlepp

Neulinge meinen, ein von Natur aus kurvendes Modell müßte im Hochstartschlepp gerade fliegen, weil es ja nach vorne gezogen wird. Wäre der Hochstarthaken an der Rumpfspitze angebracht, dann könnten Kurven weitgehend „begradigt" werden, aber das Modell ließe sich nur flach dahinschleppen. Erst wenn der Haken knapp vor dem Schwerpunkt angebracht ist, richtet sich das Modell auf und steigt einem Drachen gleich in die Höhe.

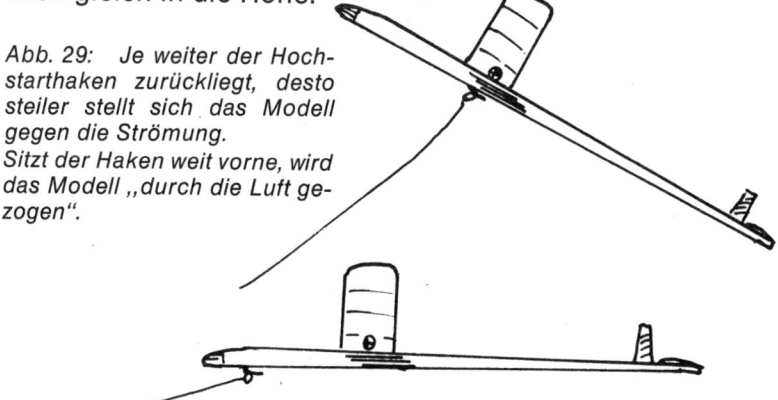

Abb. 29: Je weiter der Hochstarthaken zurückliegt, desto steiler stellt sich das Modell gegen die Strömung.
Sitzt der Haken weit vorne, wird das Modell „durch die Luft gezogen".

Die Kurvenautomatik kann nun dazu benützt werden, „angeborene" Kurven des Modells so auszugleichen, daß sich das Modell gerade hochschleppen läßt. Die meisten Modelle haben von Natur aus eine gewisse Kurventendenz, die meistens von unbemerkten Verzügen kommt. Diese können im Gelände oft nicht mehr korrigiert werden, so daß nur der Ausgleich mit dem Seitensteuer übrig bleibt.

Soll das Modell gegen die „angeborene" Kurve kreisen oder mit ihr? Das ist nun das große Geheimnis der Thermikflieger: Das Modell soll nach dem Ausklinken nach der Seite kurven, nach der es von Natur aus schon will. Warum? Kurven kommen hauptsächlich daher, daß ein Flügel einen größeren Anstellwinkel hat als der andere. In der Regel nun kurven Modelle nach der Seite mit dem größeren Anstellwinkel (siehe Abb. 30).

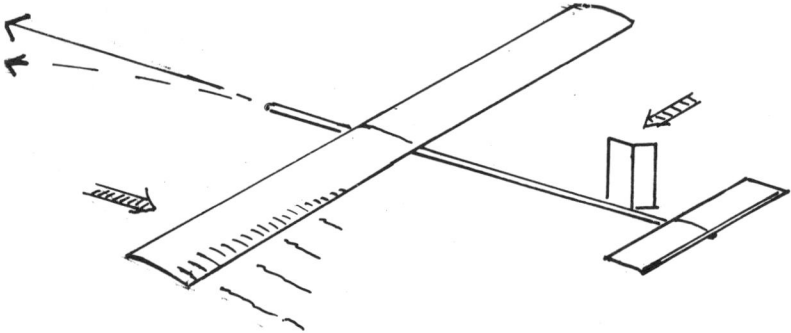

Abb. 30: Korrektur einer „Verzugskurve" durch Seitensteuerausschlag. Linke Flügelhälfte stärker herabgezogen = mehr Widerstand, Seitenruder ist auf Rechtskurve ausgeschlagen.

Der Widerstand ist hier größer, aber der Auftrieb nimmt nur sehr wenig zu. Aber Vorsicht: Bei Anfängermodellen mit flacher Unterseite des Flügelprofils kann es gerade umgekehrt sein, wie z. B. beim „Kleinen UHU". *Man muß also immer Verzug und Kurvenrichtung überprüfen.*

Warum aber stellt man den Kreisflug nicht entgegen der angeborenen Kurventendenz ein? Es würde dann die Kurvenaußenseite wegen des höheren Anstellwinkels schon größeren Auftrieb liefern, der sich beim Kreisen noch verstärkt, da ja der Außenflügel einen größeren Weg zurücklegt. Das Ende wäre der gefürchtete „Spiralsturz", bei dem sich das Modell immer steiler in die Kurve legt und dann in Spiralen abstürzt. Stellen wir aber den Kreisflug im Sinne der angeborenen Kurve ein, dann erzielen wir eine bessere Kurvenlage!

Abb. 31: Linke Flügelhälfte stärker angestellt gibt flache Linkskurve.

Rechte Flügelhälfte stärker angestellt gibt Spiral-Linkskurve (Modell müßte hier nach rechts kurven).

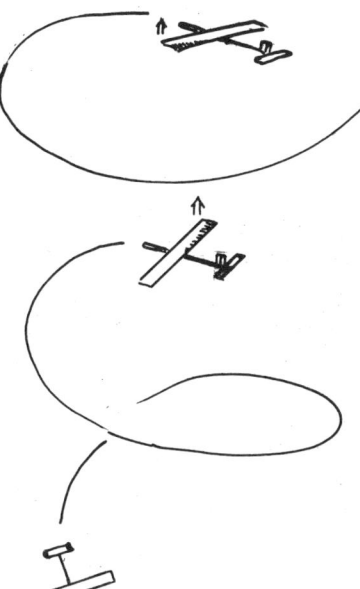

Kurvenautomatik auf Links- und Rechtskurve einstellbar!

Weil wir im voraus nicht wissen, wie sich der Flügel verwinden wird, sollte die Kurvensteuerung sowohl für Links- als auch für Rechtskurve einstellbar sein. Leider sind das die meisten Automatiken nicht – und daher geht im Durchschnitt jedes zweite Modell schon deswegen in Spiralsturz über.

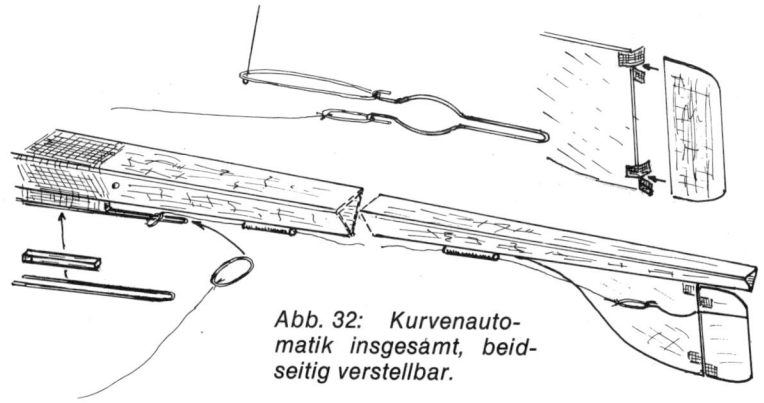

Abb. 32: Kurvenautomatik insgesamt, beidseitig verstellbar.

Abb. 32 zeigt eine beidseitig einstellbare Kurvenautomatik. Auf einer Seite befindet sich der Hochstartseilzug, auf der anderen der Rückstellzug. Beide Züge lassen sich leicht umstellen.

Im Kurvenflug kopflastig: EWD ändern!

Wer die Kurve sozusagen gegen die „Spiralsturzrichtung" eingestellt hat, also das Modell nach der stärker angestellten Flügelseite hin kreisen läßt, wird wenigstens vor dem Schlimmsten bewahrt bleiben, nämlich vor der gefürchteten „Friedhofsspirale". Aber trotzdem wird das Modell in der Kurve kopflastiger werden. Die Gründe hierfür werden in einem späteren Kapitel bei der Ruderbetätigung von RC-Modellen behandelt. Nun, diese Kopflastigkeit bekämpft man am besten durch Vergrößerung der Einstellwinkeldifferenz (= EWD) zwischen Tragflügel und Höhenleitwerk (s. Abb. 33).

Abb. 33: Höhenleitwerksmontage; hinten EWD-Klötzchen: Gummizug vorne muß Höhenleitwerk nach Durchschmoren des hinteren Gummis hochklappen. Der rückwärtige Gummi muß stark gespannt sein, damit er nach dem Anschmoren sicher durchreißt.

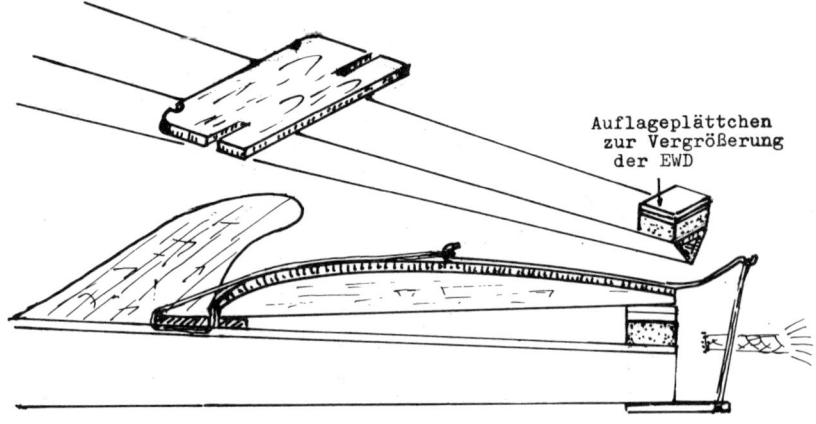

Man braucht nur die Hinterkante des Höhenleitwerks zu heben, und das um so mehr, je enger die Kurve ist. RC-Flieger ziehen beim Kreisen ja auch das Höhensteuer je nach Kurvenradius, vergrößern also auch die Einstellwinkeldifferenz entsprechend. Man muß also vor dem Hochstart das Modell auf zweierlei einfliegen: auf einen geraden Schleppflug und auf Kurvenflug ohne Kopflastigkeit!

Modell im Geradeausflug nicht schwanzlastig?

Lassen wir das auf Kreisflug getrimmte Modell einmal mit auf Geradeausflug gestelltem Ruder von einer kleinen Anhöhe herab fliegen, so wird es bald zu pumpen anfangen – wir haben ja die EWD vergrößert! Nun, für den Hochstart als solchen ist diese Schwanzlastigkeit nur von Vorteil: Es fliegt dann langsamer, läßt sich deshalb leichter schleppen, auf volle Ausklinkhöhe und durch Abwindgebiete bringen! Mit anderen Worten: Auf eine je engere Kurve das Modell für den Kreisflug getrimmt ist, desto schwanzlastiger wird es dann im Geradeausflug sein.

Damit aus dem Hochstart kein „Tiefstart" wird:

Die Hochstartausrüstung und die Schleppkunst

Im Anfang soll man für Modellflugausrüstungen nicht zuviel Geld ausgeben: Als *Hochstartleine* genügt für leichte Balsasegler eine Drachenschnur oder sogar ein starker Zwirnfaden mit Haspel. An das Ende kommt ein Gardinen- oder Schlüsselring, vor das Ende ein Wimpel. Letzterer hat die Aufgabe, das Abfallen der Schnur anzuzeigen, vor Augenverletzungen durch den Ring zu schützen und das Wiederauffinden der Schnur zu erleichtern.

Später kann man sich eine *Hochstartwinde* kaufen, die eine Aufspulvorrichtung mit Übersetzung aufweist, wobei man sogar die Schnur schon während des Herabfallens aufspulen kann, wenn die Fallbremsung durch den Wimpel genügend ist. – Zur Winde gehört auch eine richtige *Nylonschnur*, die bei Freiflugmodellen eine Länge von 50 m und 0,4 mm Durchmesser hat.

Zur Hochstartausrüstung zählen natürlich noch die *Gummiringe* für die „Thermikbremse" und *Glimmschnüre* (Zündschnüre). Die Gummiringe müssen einen kleinen Durchmesser haben – 10 mm sind die kleinsten im Handel erhältlichen. Sehr gut eignen sich auch Ringe, die man von Fahrradventilschläuchen abschneidet. Die Ringe brauchen eine stärkere Spannung, damit sie beim Anschmoren wegplatzen. – *Zündschnüre* kann man kaufen oder selbst herstellen: Es gibt Gardinenschnüre aus Baumwolle, die ohne Imprägnierung brennen. Sicherer geht man mit einer eigenen Imprägnierung: Man löst soviel Kalisalpeter in Wasser auf, bis die Sättigung erreicht ist, tränkt darin die Baumwollschnur etwa eine Stunde lang und trocknet sie (es genügt eine 3- bis 5 %ige Lösung).

Zur Schleppkunst sei gesagt, daß man gut 20 Jahre brauchte, um sichere Methoden und Regeln ausfindig zu machen.

Das Ziel ist, das Modell ohne seitliches Ausbrechen auf volle Schnurlängenhöhe zu bringen und womöglich sogar noch in der Thermik auszuhängen. Wir begnügen uns zuerst einmal mit der vollen Schlepphöhe.

Die volle Schlepphöhe wird nur erreicht, wenn das Modell steil in die Höhe geht, und dazu muß der Haken genügend weit zurück liegen. Ein Erfahrungsgrundsatz ist, daß die durch den Schwerpunkt gehende Senkrechte mit der Verbindungslinie zum Hochstarthaken einen Winkel von 30° einschließen soll. Ist er zu weit zurück, überzieht das Modell und bricht seitlich aus. Ist er zu weit vorne, steigt das Modell zu flach und schwänzelt sogar unter Umständen.

Vor jedem Hochstart müssen sowohl der Geradeausflug als auch der Kurvenflug überprüft werden. *Kurven nach Verzugsseite!* Man beginnt mit dem Hochstart bei schwächstem Wind. Wenn der Helfer das schräg nach oben gehaltene Modell nach ein paar Metern Mitlaufen freigibt, muß man zunächst schnell anziehen. Sobald aber das Modell auf „Steighöhe" kommt und sich dabei steil gegen die Strömung stellt, muß man das Lauftempo drosseln. Bevor das Modell aber die volle Ausklinkhöhe erreicht, fliegt es wieder flacher und man muß meistens wieder etwas schneller werden. – *Der gröbste Schleppfehler besteht darin, daß in der Steilflugphase in der Regel das Lauftempo gesteigert wird!* Geht nun etwas mehr Wind, läuft man nur, bis das Modell in den Steilflug übergeht und paßt die Schleppgeschwindigkeit dem Seilzug an. Manchmal muß man sogar wieder zurückgehen! *Wichtig ist die ständige Blickverbindung mit dem Modell*, auch beim Laufen. Bricht das Modell seitlich aus, langsamer und entgegen der Ausbruchsrichtung ziehen, u. U. Modell sogar freigeben! Meistens gehen Modelle in S-Bahnen hoch, was wir beim Ausklinken zu unserem Vorteil ausnützen: *Man klinkt nach der Seite aus, nach der das Modell kurven soll!*

Merken: Kurven und Ausklinken nach Verzugsseite; in Steilflugphase und beim Ausbrechen Seilzug drosseln, vor allem bei Wind; Modell in Gegenrichtung wieder aufrichten! Trimmung nochmals studieren!

Ein junger Modellflieger mit seinem „Freivogel", einem Ableger von „Knikki I".

„Knicki III" – aus drei Brettern
Hangtrainer für leichten Wind; genannt auch „Magneticus"

Das Modell hat nämlich eine einfache Kurssteuerung, die für einen beständigen Flug gegen den Wind sorgt. Dadurch bleibt das Modell länger im Bereich eines Hangaufwindes und fliegt auch nicht zu weit, richtige Einstellung vorausgesetzt. Wer die Arbeit für die Kurssteuerung vermeiden will, kann natürlich an ganz kleinen Hängen auch nette Flüge erzielen, wenn er vorne eine Kopfflosse wie beim „Knicki I" anbringt. Aber für Hänge ab 15 m etwa bringt doch eine Kurssteuerung mehr Leistung; denn ohne Kurssteuerung dreht das Modell zumindest in weitem Bogen aus dem Wind und seitlich weit entfernt gegen den Hang zurück.

Während man in der Ebene im Hochstart oft länger nach Aufwind suchen muß, ist man am Hang gleich darin: Die auf den Hang zuströmende Luft muß bergan fließen und hebt so das Modell mit. Man kann so die erste Startüberhöhung erleben, ein Traum, dem *Otto Lilienthal* sein Leben opferte. Er hat es mit seinen Hängegleitern nie erlebt. Bevor wir an die Beschreibung der Steuerung gehen, ein paar Worte zur Modellkonstruktion selber.

Abb. 35:   Knicki III „Magneticus".

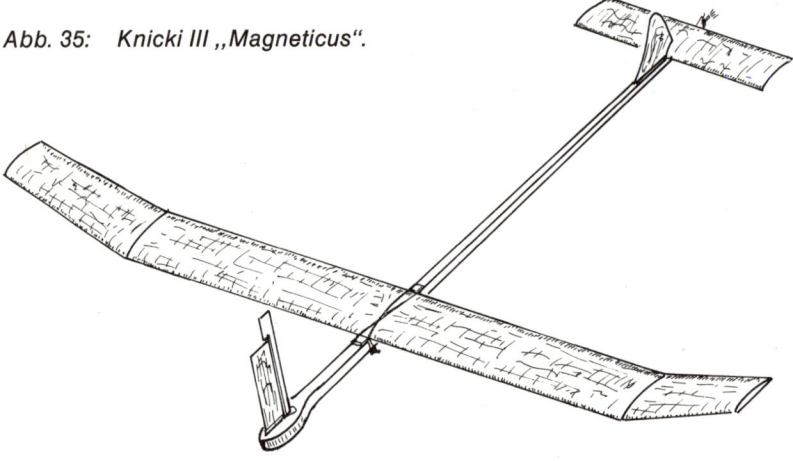

Der Rumpf besteht aus vier Brettchen Balsa 2 mm. Vorne weitet man den Rumpf zur Aufnahme der Steuerung entsprechend aus. Diese kann man später noch einbauen, ähnlich wie man bei Hochstartmodellen meistens erst nach ausreichender Hochstartübung die Kurvensteuerung einbaut. – Vorerst genügt die sogenannte „Kopfflosse".

Als Flügel könnte auch der von „Knicki II" verwendet werden. Doch ist der von „Knicki III" hanggünstiger, weil er durch besondere Versteifungen verzugsfest gemacht wird und dadurch auch eine etwas größere Spannweite – nämlich etwa 1 200 mm erhalten kann. Die Versteifungen sind nach einer Idee von *Boltshauser*, Rorschach/Schweiz, herzustellen: Es werden dabei Balsarechtecke vorne in die Unterseite zwischen die Stützrippen geschoben (siehe Abb. 36). Herr *Boltshauser* nannte diese Bauweise „Costrubo-Bauweise". Sie ist enorm leicht und hat für den Flug am Hang einen besonderen Vorteil: Will man einen Verzug beseitigen, trennt man ein Fülleck an der Hinterkante auf, verdreht den Flügel und verklebt die Stelle wieder.

Wer vorhat, sein Modell stärker zu strapazieren, der zieht noch eine Kieferleiste von 2 × 4 mm in Spannweitenrichtung ein – Einschnitte punktiert angegeben. Diese Verstärkung wirkt gegen das Eindrücken der Beplankung von oben und gegen das Splittern der Füllrechtecke unten.

Für größere Modellbaugruppen empfiehlt sich auch der Bezug fertiger Profilbretter aus Vollbalsa, Größe 6 × 50 mm (Querschnitt). Siehe Lieferfirmenverzeichnis am Schluß!

Mit den Profilbrettern kann man „Standardflügel" herstellen, wie sie auf Seite 193 und Seite 204 gezeigt werden. Auf Seite 204 wird auch die Selbstherstellung von Profilbrettern beschrieben. Die „Standardbauweise" eignet sich auch hervorragend für kleinere Modelle.

„Knicki-III"-Flügel in Costrubo-Bauweise

Der Name der Bauweise kommt daher, weil hier eine gewölbte Platte durch einen Profilblock versteift wird, dessen Unterseite mit Rechteckfüllstücken konstruiert wird, die zwischen die Stützrippen geleimt werden.

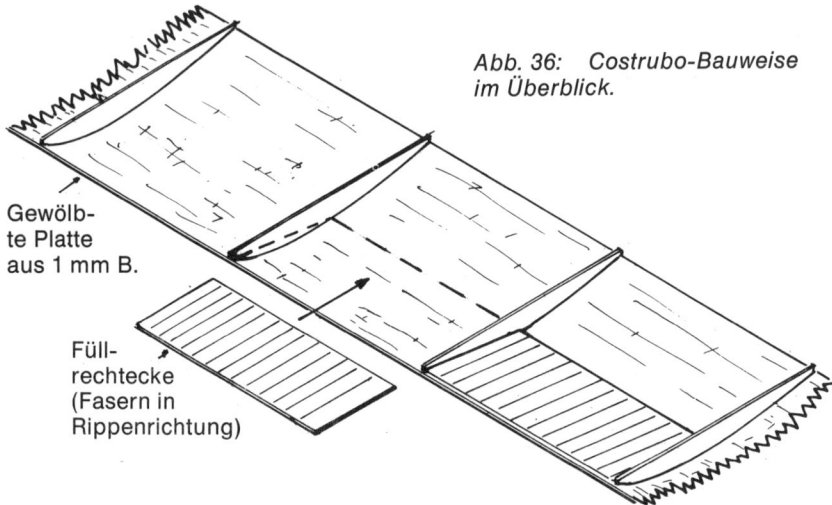

Abb. 36: Costrubo-Bauweise im Überblick.

Gewölbte Platte aus 1 mm B.

Füllrechtecke (Fasern in Rippenrichtung)

Für den Flügel brauchen wir zwei mittelharte Balsabretter von je 1 mm Dicke. für unsere Konstruktion haben wir 1 075 mm lange Bretter vorgesehen.

Bei der ganzen Konstruktion müssen wir ganz besonders darauf Rücksicht nehmen, daß die Rippenabstände genau 100 mm sein müssen, weil die Rechteckfüllstücke genau die Breite des Balsabrettes von 100 mm haben. Wir „konstruieren" also von den Füllstücken her:

Konstruktionsgänge

1. *Vom ersten Brett* schneiden wir den 844 mm langen Mittelteil herunter: 8 Füllräume zu je 100 mm, dazu 12 Rippen zu 2 mm = 24 mm und das Mittelstück zwischen den zwei Mittel-

Abb. 37: Costrubo-Flügel im Detail.

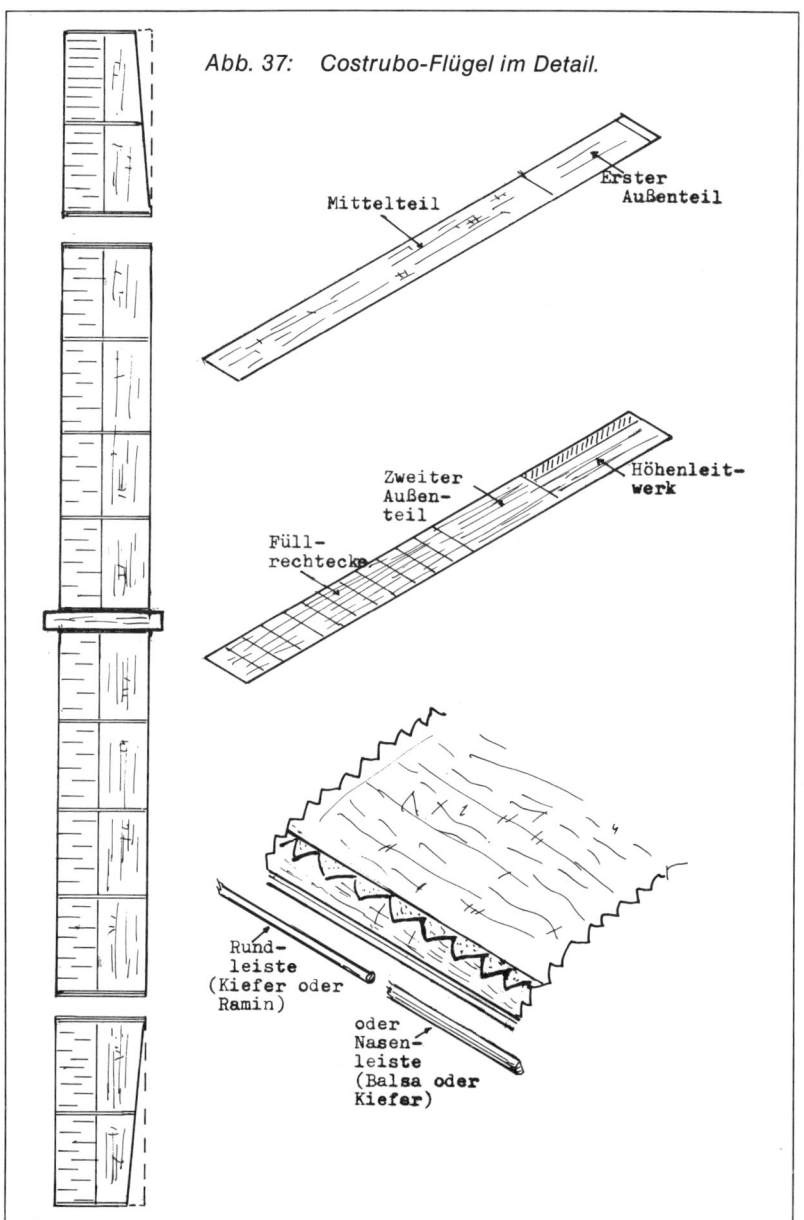

rippen = 20 mm, zusammen 844 mm. Den Rest von 231 mm nehmen wir für einen Außenteil mit 208 mm (2 Füllräume = 200 mm + 4 Rippen à 2 mm = 8 mm, zusammen 208 mm).

2. *Vom zweiten Brett* schneiden wir 12 Füllrechtecke von 100 mm Breite und 50 mm Länge ab, also quer zur Faserrichtung. Dies gibt ein 600 mm langes Brettstück. Vom Rest von 475 mm schneiden wir zunächst den zweiten Flügelaußenteil mit 208 mm ab, den Rest können wir für das Höhenleitwerk verwenden, dessen Abmessungen dann 267 × 75 mm = 2 dm² betragen.

3. Wir stellen die *Stützrippen* her, wobei wir viermal je zwei Rippen miteinander verleimen. Diese Doppelrippen sind für die Knickstellen bestimmt.

4. *Wir markieren genau die Rippenstellen* und nehmen dabei die Füllrechtecke als Abstandsmaß.

5. *Wir verleimen die Stützrippen* genau senkrecht, wobei wir die Abstände genau mit einem Rechteckfüllstück kontrollieren. *Beim Verleimen ist unbedingt darauf zu achten, daß die Verarbeitungstemperatur hoch ist!* Bei höherer Temperatur schrumpft nämlich das Balsa, bei niederer dehnt es sich aus. Verarbeitet man bei niederer Temperatur, dann würde die Beplankung bei größerer Wärme zwischen den Rippen einfallen!

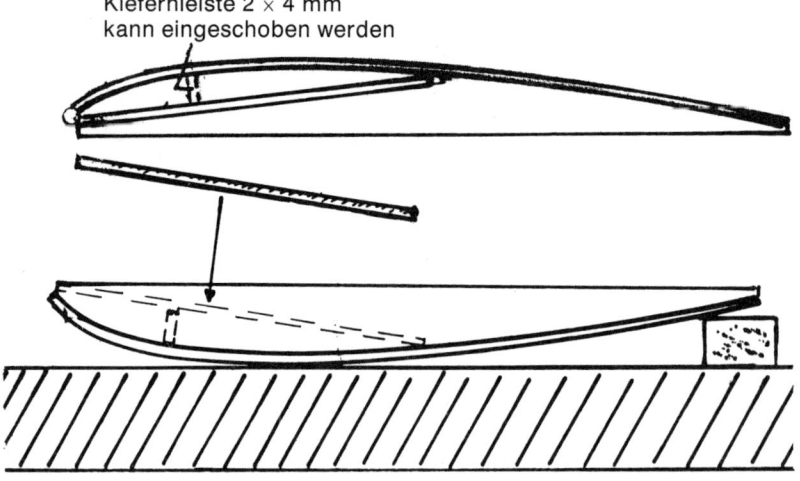

Kiefernleiste 2 × 4 mm kann eingeschoben werden

6. Wir fügen die Rechtecke ein. Man kann die Hinterkante vorher etwas schräg schleifen, damit keine eckige Kante entsteht.
7. Wir leimen später noch eine Nasenleiste aus Balsa oder evtl. Kiefer auf — dabei wieder auf höhere Raumtemperatur achten!
8. Mittelstück zwischen den beiden Mittelrippen und Auflage einleimen!

Ein Bespannen der Ober- und Unterseite mit dünnem Bespannpapier ist zur Vermeidung von Aufsplittern und Welligwerden sowie zur Erhöhung der Steifigkeit zu empfehlen. Betreffs Oberflächenbehandlung sei auf die einschlägigen Kapitel auf Seite 207 und 208 verwiesen.

Zum Abschluß wird noch ein 3-D-Turbulator auf der Profilnase angebracht.

Der Flügel soll immer auf eine gerade Unterlage gespannt werden.

links, Abb. 38:   Herstellung eines Flügels in Costrubo-Bauweise: Zur Unterseitenfüllung Flügel auf Rücken legen. Nach dem Trocknen der Füllung Vorderkante etwas zuschleifen und Nasenleiste aufleimen, für die sich auch Rundleiste aus Kiefer oder Ramin eignet.

Eine Geradeausflugsteuerung für wenige Mark

An sich wird der Modellflugneuling gleich an eine Fernsteuerung denken, denn man kann mit ihr die Wirkungsweise von Rudern ausprobieren. Nun wäre es aber ein Unfug, in ein Modell von wenigen DM Kosten eine Anlage für mehrere hundert DM einzubauen.

Die Modellflieger wollen wissen, wie lange ein Modell fliegt, und deshalb nehmen sie immer die Stoppuhr zum Fliegen mit. Mit Hilfe eines Magneten kann ein Modell lange am Hang segeln, und es macht Spaß, an kleinen Hügeln immer längere Zeiten zu erfliegen.

Wie kann ein Magnet ein Modell steuern? Dies ist eines von den Phänomen im Modellflug, die wie Magie aussehen, eine Art Zauberei. Ein Magnetstab, der als Kompaß wirkt und sich in Nord-Süd-Richtung einstellt, hat an sich nur eine geringe Richtkraft. Man braucht nur so einen Magneten an einen Bindfaden zu hängen: *Er pendelt sich gleich in N-S-Richtung ein.*

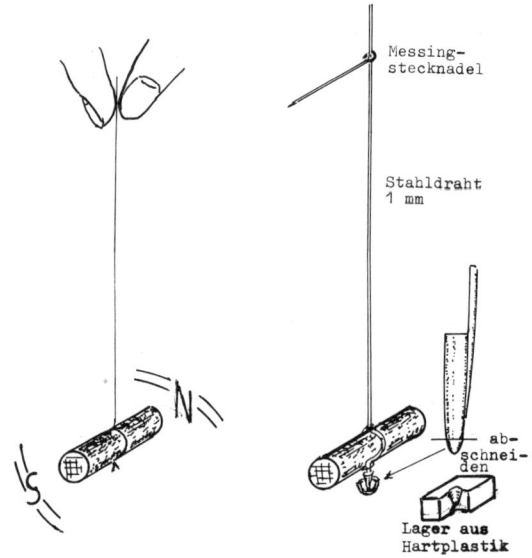

Abb. 39

Betupfen wir ihn aber, dann läßt er sich leicht aus der Richtung bringen. Am stärksten ist sein Widerstand gegen Richtungsänderungen, wenn wir ihn nahe an der Achse drücken. Wo gibt es solche Magnete? Vielleicht haben Sie sogar einen zu Hause. Für unser kleines Modell genügt ein sogenannter *Schaltmagnet für Modelleisenbahnen*. Die größten haben 23 mm Länge und 8 mm Durchmesser.

Wir funktionieren nun diesen Magnetstab zu einer regelrechten Steuerung um. Dazu braucht er eine lange Achse: Wir nehmen einen Stahldraht von 15 cm Länge und 1 mm Durchmesser, den wir unten um den Magnetstab biegen, nach Abb. 40 auswuchten, unten mit einer Kugelschreiberspitze ver-

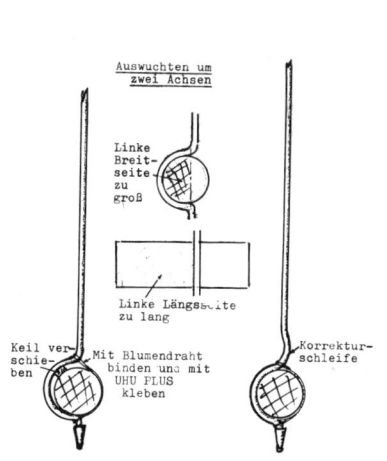

Abb. 40: Auswuchten des Magneten: Achse aus 1-mm-Stahldraht wird halbrund um Magnetstab gebogen. Nach dem Auswuchten des Magneten wird die Achse mit Blumendraht befestigt und mit UHU-plus verklebt.

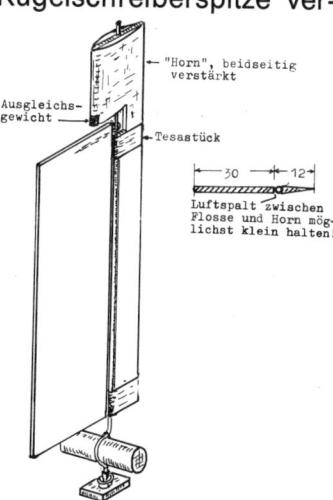

Abb. 41: Prinzip der Magnetsteuerung: Bei Richtungsänderung hält der Magnetstab seine N-S-Lage bei (Kompaß), dadurch bekommt das Ruderblatt einen Ausschlag, das Modell dreht wieder in die ursprüngliche Richtung ein.

sehen und entweder in einer abgeschnittenen Kugelschreiberkappe (Plastik) oder in einem ausgebohrten Hartplastikstück lagern. Als oberes Lager dient eine Messingstecknadel, deren Ende zu einer Öse gebogen wird. Hält der Magnet in jeder Lage seine N-S-Richtung bei und eiert er nicht, wenn er in rasche Drehung versetzt wird, dann kann man das Ganze nach Abb. 41 zusammenbauen.

Natürlich wären etwas größere Magnete – etwa 30 bis 40 mm Länge und 8–10 mm ⌀ – wesentlich wirksamer, und statt die Achse um den Stab halbrund herumzubiegen, verwendet man besser Ringe oder Muttern aus Aluminium oder Messing. Allerdings braucht man dann eine spezielle Werkstatteinrichtung. Es gibt auch Fertigsteuerungen*.

Magneteinstellung: Modell gegen den Wind halten und Magnet in N-S-Richtung drehen.

Bei etwas stärkerem Wind sofort Blei im Schwerpunkt – etwa 100 g – anbringen.

Modell immer auf Verzüge überprüfen. Modell muß bei Windstille ohne Steuerung längere Zeit geradeaus fliegen!

Praktische Fragen zu den Kleinseglern

1. Wozu dienen die geknickten Außenteile (Ohren)?
2. Woher kommt wohl der Name „Knicki"?
3. Wie stellt man die Knicke ohne Stufenübergang her?
4. Welchen Sinn hat die eckige Flügelvorderkante?
5. Wozu dient die „Kopfflosse"?
6. Was versteht man unter „Schwerpunkt" des Modells?
7. Was versteht man unter „kopflastig" „schwanzlastig"?
8. Was kann an einem Kurvenflug schuld sein?
9. Warum ist beim „Knicki" der Flügelmittelteil gerade?
10. Was ist beim „Knicki I" wichtiger: Kurven- oder Geradeausflug?
11. Wie wird bei „Knicki II" die Oberseitenturbulenz erzeugt?
12. Warum ist bei diesem Modell die Vorderkante rund?

---

* Siehe eigenes Bezugsquellen-Verzeichnis!

13. Wie kann man innere Spannungen in einer gewölbten Platte mindern?
14. Was ist der Hauptzweck des Hochstarts?
15. Welche Vorteile haben Gummiseilstarts und Umlenkrolle, welche Nachteile?
16. Welchen besonderen Vorteil hat der Laufhochstart?
17. Warum bringt man den Hochstarthaken nicht an der Rumpfspitze an?
18. Warum muß eine Kurvensteuerung auch für Geradeausflug einstellbar sein?
19. Warum soll ein Modell nach dem Ausklinken kreisen?
20. Warum ist eine Kreisrichtung gefährlich, bei der der Außenflügel einen größeren Anstellwinkel als der Innenflügel hat?
21. Warum soll eine Kurvensteuerung sowohl auf Links- als auch auf Rechtskreise einstellbar sein?
22. Warum soll man beim Laufhochstart Blickverbindung mit dem Modell haben?
23. Was tut man, wenn das Modell schwänzelt? Wenn es seitlich ausbricht?
24. Nach welcher Seite bricht ein Modell bei Links-, bei Rechtsverzug des Flügels aus?
25. Was tut man, wenn das Modell in der Kurve kopflastiger wird, obwohl Kurvenrichtung mit Verzug abgestimmt ist?
26. Wie merkt man, wenn das Modell „Thermikanschluß" gefunden hat?
27. Welchen Vorteil bietet der Start im Hangaufwind?
28. Soll ein Modell langsam oder schnell den Hangaufwind durchfliegen und warum?
29. Was tut man, wenn man ein Modell schneller machen will?
30. Zur Steuerung: Was muß man beim Auswuchten des Magneten beachten? Welche Aufgabe hat das „Horn"? Was ist günstiger, ein schmales oder breites Ruderblatt und warum? Warum soll man den Luftspalt zwischen Flosse und Ruderblatt möglichst eng halten?

Anm.: Die Fragen sind nicht genau in der Reihenfolge der Textabschnitte, damit die Antworten nicht zu sehr abgeguckt werden können!

Zu den Kleinseglern gehören noch die Wurfgleiter:
Modellflug mit Wurfgleitern – keineswegs kindisch

Wurfgleiter sind kleine Balsamodelle mit etwa 50 cm Spannweite. Sie werden mit der Hand in Höhen bis über 20 m geschleudert, wobei sie nicht nur ganz ansehnliche Gleitflugzeiten erreichen, sondern nach Thermikanschluß oft mehrere Minuten lang fliegen. Der eine sportliche Aspekt ist also, große Wurfhöhen zu erzielen, der andere, den günstigsten Startzeitpunkt für Thermikanschluß zu erspüren.
Die erreichbare Höhe hängt nicht nur von der Wurfkraft des Starters ab, sondern auch vom Luftwiderstand des Gleiters. Dieser hat deshalb ein sehr widerstandsarmes Profil mit flacher Unterseite.
In vielen Ländern gibt es eigene Wettbewerbsklassen für Wurfgleiter. Die deutschen Wettbewerbsbestimmungen sind dem nachfolgenden Beitrag von *H. Eder* zu entnehmen.
Beim Training startet man in der Regel bei windschwachem Thermikwetter, so daß man mit kleinen Plätzen auskommt und in den Genuß vieler Flüge kommt. Der technische Aufwand ist gegenüber dem Hochstart null, und man braucht auch keinen Starthelfer. Wurfgleiterflüge sind ein dankbares Studienobjekt für Thermikortung im Gelände, von der in diesem Buch noch ausführlich die Rede sein wird. Interessenten mögen das Kapitel vorwegnehmen. Im nachfolgenden wird ein Wurfgleiter von *H. Eder*, München, vorgestellt. Es handelt sich um einen praxiserprobten Entwurf. Es sei auch auf das MT-Bauplan- und Modellbauprogramm hingewiesen, das zwei Wurfgleiter von *F. K. Ries* enthält, die in Fernsehsendungen über Modellflug vorgestellt wurden. Best.-Nr. MT 274/275. Dazu gibt es noch drei Wettbewerbswurfgleiter unter Best.-Nr. MT 584.

Bauanleitung zum Wurfgleiter „Sturmi"

Der Wurfgleiter stellt ein echtes Sportgerät dar, das in relativ kurzer Zeit hergestellt werden kann. Bei Wettbewerben werden von 8 Flügen die 5 besten gewertet, wobei die Maximalflugzeit pro Start 90 sec beträgt. Gestartet wird ausschließlich von Hand, Wurfrichtung etwas schräg gegen den Wind, senkrecht nach oben.

Herstellung: Alle Teile aus leichtem Balsaholz aussägen. Nasenleiste 3 x 3 mm Kiefer aufleimen. Tragflügelprofil mit Balsahobel groß zuhobeln, anschließend mit Schleifklotz (Körnung 120) bearbeiten. Als Leim wird 5-min.-Epoxy oder Polyesterharz verwendet. Beim Schleifen der Tragflügel-V-Form wird der Schleifklotz in der nötigen Schräge gehalten und an einer geraden Brettkante entlanggeführt. Die zwei Hälften werden mit Tesafilm auf der Unterseite zusammengeklebt und nach Leimzugabe solange unterlegt, bis sich die Fuge schließt (siehe Abb.). Zum Schluß werden 3 Anstriche mit Zaponlack aufgebracht (zwischendurch jeweils schleifen).

Einfliegen: Für die Flugleistung sind Einstellwinkeldifferenz (EWD) und Schwerpunktlage entscheidend. Um eine möglichst große Wurfhöhe zu erreichen, muß die EWD so gering wie möglich gehalten werden. Eine EWD von ca. 1° hat sich als günstig erwiesen. Bei großer Wurfkraft kann man die EWD u. U. verringern. Unterschneidet der Wurfsegler im Kurvenflug, so muß die EWD vergrößert oder die Kurve weiter gestellt werden. Der gewünschte Kurvenradius wird jeweils durch leichtes Verbiegen des Seitenruders eingestellt. Mit enger Kurve werden Thermikblasen und Hangaufwinde optimal ausgenutzt. Einige „Sturmis" sind bereits in den Wolken verschwunden!

Die gewünschte EWD wird durch Anschrägen des Rumpfes auf der Unterseite erreicht. Der Schwerpunkt wird durch Verrutschen eines Bleistreifens an der Rumpfspitze solange variiert, bis die beste Flugleistung (ca. 40–50 sec) erreicht ist.

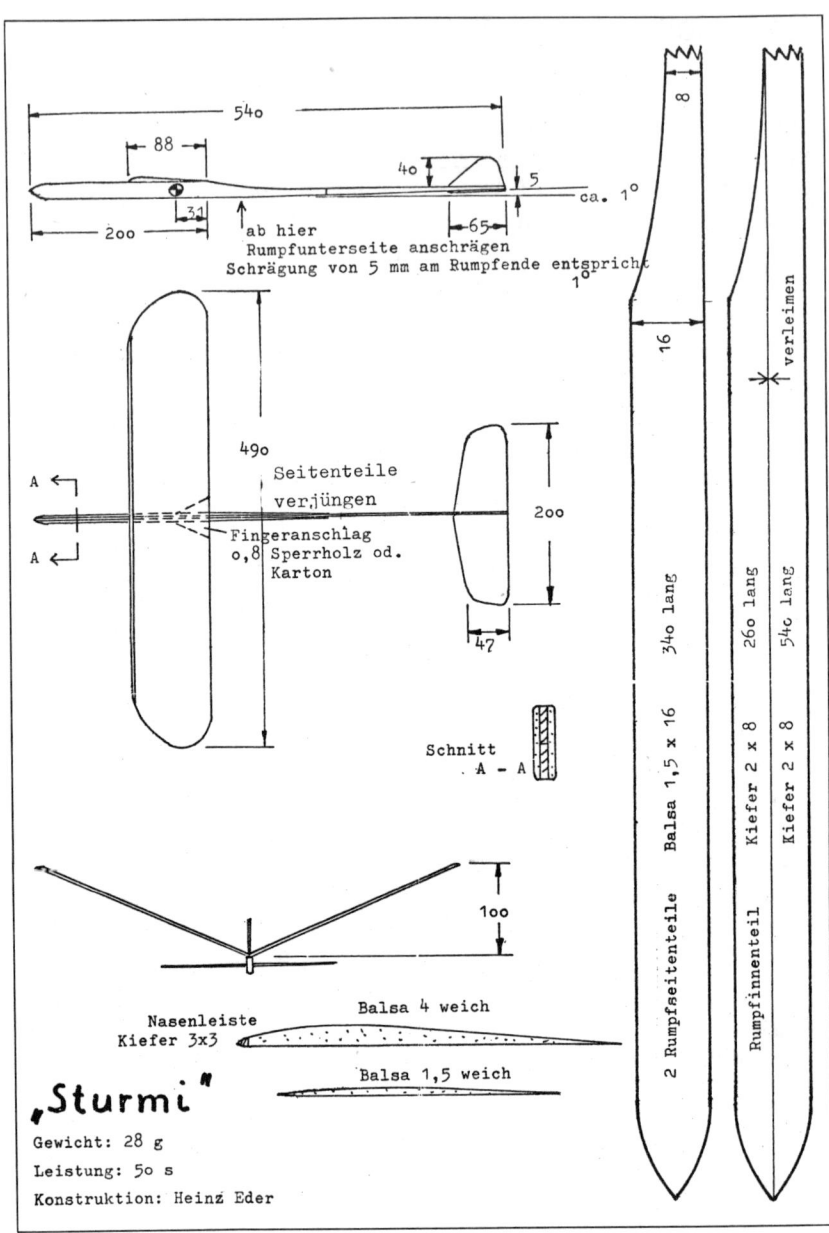

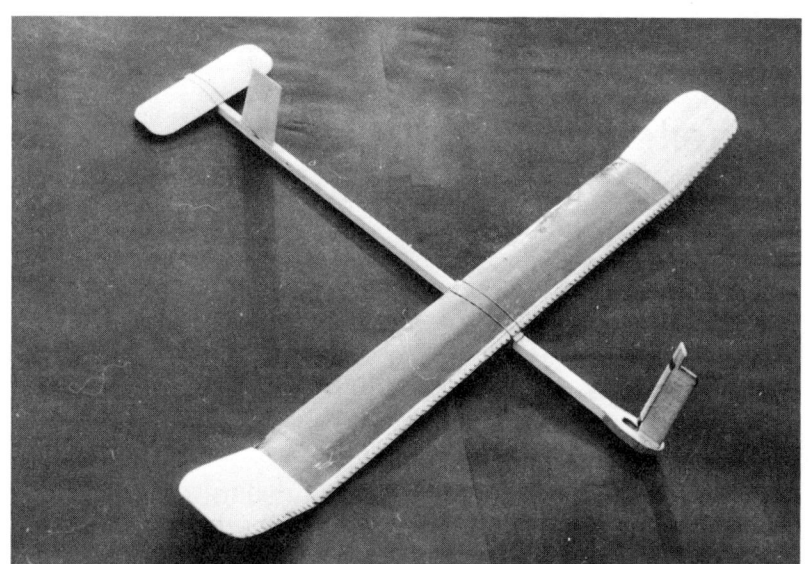

Ein Klein-Magnetsegler mit 3-D-Turbulator.

Genaueres über Balsaholz:

Modelle ganz aus Holz – Balsaholz macht's möglich!

Das leichteste Holz, aber mit großen Gewichtsunterschieden

Balsaholz, aus Mittelamerika eingeführt und früher dort für Flöße verwendet, ist das leichteste Holz überhaupt. Es gibt jedoch bei keiner anderen Holzart soviel Gewichtsunterschiede: Das spezifische Gewicht schwankt zwischen 0,07 und 0,35. Deshalb teilt man es in die Sorten ein: weich, mittelhart und hart. *Weiches* Balsa verwendet man vorwiegend für Füllstücke und Vollbalsaflügel, zu denen auch gewölbte Platten zählen.
Mittelhartes nimmt man für Beplankungen wie z. B. bei der Costrubo-Bauweise. *Hartes* Balsa wird hauptsächlich für Leisten verwendet. Bei Baubeschreibungen wird in der Regel auf den Härtegrad hingewiesen.

Balsaholz für Biegeteile und Steifteile

Es sind dies nicht Hölzer verschiedenen Gewichtes, sondern verschiedener Schnittart. Je nachdem, wie Balsaholz geschnitten wird, bekommt man eine weiche, lange Faserung oder eine härtere mit fleckig schillernder Oberfläche, den „Spiegeln".

Lange, weiche Faserung

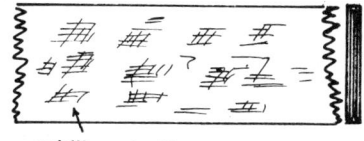
schillernde Flecke
= „Spiegel"

Abb. 42: Biegeweiches und biegesteifes Balsa.

Das erste läßt sich je nach Härte bzw. Gewicht verhältnismäßig leicht biegen, das zweite ist steif. Das erste verwendet man deshalb mehr für Wölbteile wie Flügelbeplankungen und gewölbte Platten, das zweite für Steifteile wie Rippen und Endleisten. Die Schnittart für Steifteile trägt die Bezeichnung „quarter-grain", was soviel wie „Viertelfaserung" bedeutet, während die Schnittart für Biegeteile die Bezeichnung „non-grain" trägt, was soviel wie keine besondere bzw. eine normale Faserung bedeutet. Was hat die Schnittart „quarter-grain" mit *Viertelfaserung* zu tun? Man erhält diese Faserung, wenn man einen Stamm viertelt und zwar „radial" wie Holzscheite. Der „quarter-grain"-Schnitt wird deshalb auch Radialschnitt genannt. Man bezeichnet ihn auch als Spiegelschnitt, weil bei dieser Faserung spiegelige Flecke – eben die „Spiegel" – entstehen.

Abb. 43: „quarter-grain" = Viertelfaserung, wie sie bei Vierteilung eines Stammes entsteht. „quarter-grain"-Schichten sind Markstrahlenschichten und laufen durch die Mitte = radial, ganz im Gegensatz zu den Jahresringen.
Die Jahresringe können bei Balsa bis zu 60 mm auseinanderliegen, die Markstrahlen dagegen haben nur Abstände von wenigen Zehntel Millimeter und sind fast unsichtbar.

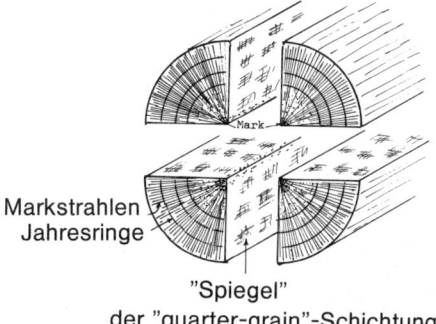

Markstrahlen
Jahresringe

"Spiegel"
der "quarter-grain"-Schichtung

Der „non-grain"-Schnitt heißt auch Tangential- oder Sehnenschnitt, was keiner weiteren Erklärung bedarf.

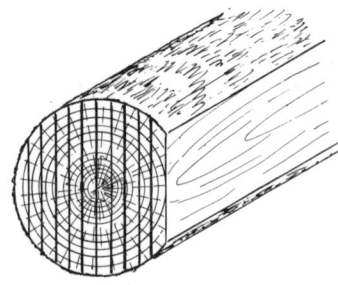

Abb. 44: „non-grain" = Sehnen- oder Tangentialschnitt wie bei Schnitt mit Gattersäge. Der Mitte zu nähert sich die Faserung dem „quarter-grain"-Schnitt.

Im Modellbau sind allerdings meist die Begriffe „quarter-grain" und auch „non-quarter" bzw. Normalschnitt geläufig. In Geschäften sucht man sich die entsprechenden Balsasorten am besten selbst heraus.

Man kann aus jedem beliebigen Balsaklotz kleine „quarter-grain"-Schnittflächen zur Veranschaulichung herstellen: Mit einer scharfen Rasierklinge schneidet man von einem Klötzchen die Stirnseite zu, bis die feine Faserung ganz deutlich zutage tritt. Es sind dies die feinen Markstrahlen. Schneidet man nun das Klötzchen bei einem Faserverlauf wie in der Zeichnung zu, hat man die zwei Schnitte schön vor sich.

Abb. 45: Wenn man Stirnfläche mit scharfer Rasierklinge zuschneidet, werden die feinen Markstrahlen sichtbar. Der Längsschnitt parallel dazu ergibt „quarter-grain".

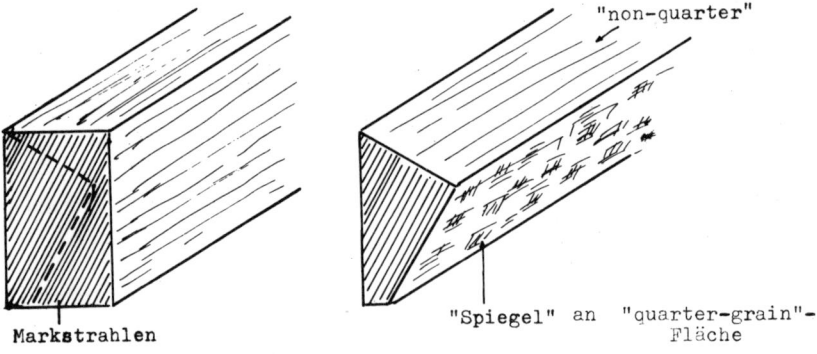

Wer werkstattmäßig gut eingerichtet ist, kann z. B. nach dieser Methode aus dicken Balsabrettern „quarter-grain"-Stücke herausschneiden, aus denen sich nach Wiederverleimen „quarter-grain"-Vollbalsaflächen herstellen lassen. Man greift zu solchen Methoden, weil „quarter-grain"-Bretter rar sind. Man kann ja mit der Gattersäge an sich nur Bretter im „non-grain" = Sehnenschnitt herstellen, wobei nur die durch die Mitte gehenden radial verlaufen, also „quarter-grain"-Faserung haben (siehe Abb. 44). In Zeichnungen wird die Schnittart meistens gekennzeichnet, sowohl im Querschnitt als auch in der Draufsicht. Dazu wird oft die Härte angegeben.

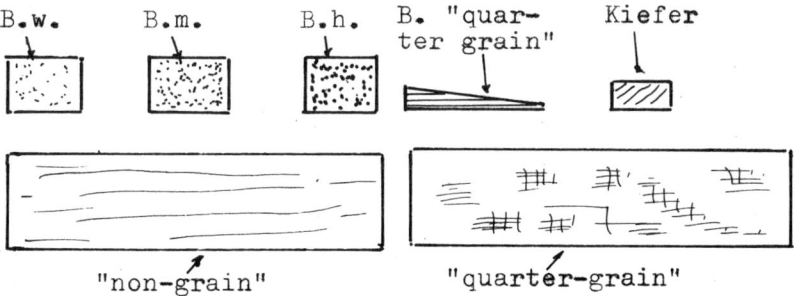

Abb. 46: *Holzkennzeichnung. Oben Balsa- und Kiefernholz im Querschnitt, unten Balsa in Draufsicht.*

Schneiden und Profilieren – verbesserte Methoden

Für lange, gerade Schnitte sowie für das Profilieren von Endleisten, Platten und Blöcken leistet ein geteiltes Tapeziererlineal beste Dienste. Es ist in Farbgeschäften relativ preiswert zu erstehen. Bei einer Breite von 60 mm und einer Dicke von etwa 0,5 mm gibt es Längen von 2,25 bis 4,5 m. Man nimmt eines mit 2,25 m Länge und glüht es in der Mitte mit einem Gaskocher aus, worauf es dann in zwei Teile gebrochen werden kann.

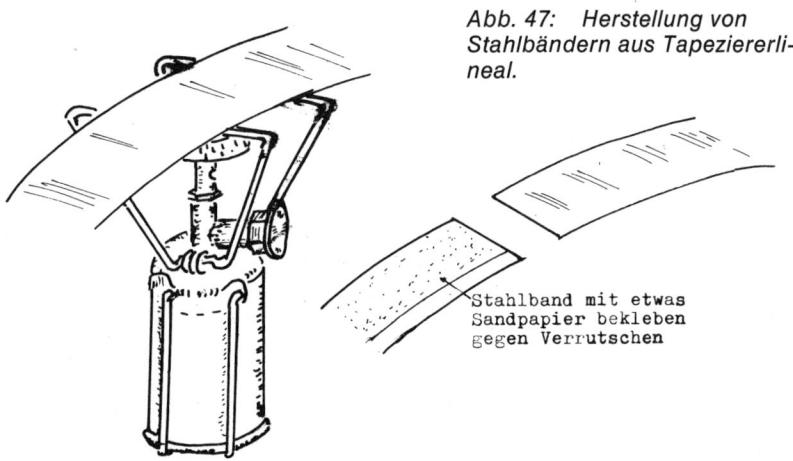

Abb. 47: Herstellung von Stahlbändern aus Tapeziererlineal.

Stahlband mit etwas Sandpapier bekleben gegen Verrutschen

Die Stahlbänder haben gegenüber den üblicherweise verwendeten Stahllinealen den Vorteil, daß sie nicht nur zum Schneiden, sondern auch als Schleifbegrenzung bei Endleisten und Profilplatten genommen werden können: Man begrenzt sowohl die vordere als auch die rückwärtige Schleifkante mit je einem Stahlband – eines oben, eines unten – und hobelt bzw. schleift zwischen den beiden Kanten das Abfallmaterial weg. Stahlbänder gegen Verrutschen mit Sandpapier beschichten!

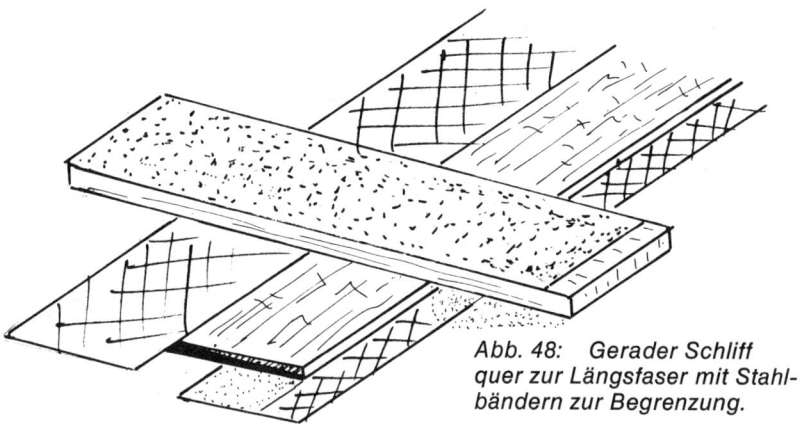

Abb. 48: Gerader Schliff quer zur Längsfaser mit Stahlbändern zur Begrenzung.

Für das Schleifen gekrümmter Flächen in Spannweitenrichtung wie zum Beispiel bei Profilen braucht man jedoch zur Begrenzung Rippenschablonen und zum Profilschliff eine sehr lange Sandpapierfeile. Statt der früher verwendeten langen Schleiflatten aus Holz nimmt man viel besser ein mit Sandpapier beklebtes Alu-Vierkantrohr mit etwa 25 mm Durchmesser, das genauesten Schliff ermöglicht, sofern die Unterlage für das Profil ebenfalls ganz gerade ist.

Abb. 49: Längsschliff gekrümmter Flächen. Das Brett wird zuerst grob mit dem Messer etc. vorgearbeitet und dann fein verschliffen.

Wer werkstattmäßig sehr gut eingerichtet ist, wird natürlich Profile herausfräsen. Doch wer ist dies schon? Das Schleifen hat jedoch demgegenüber den Vorteil, daß man verjüngte Flügel herstellen kann.

Erfolge der „Verzugsforschung"

Nunmehr ist der Bau von weitgehend verzugsfreien, gewölbten Platten möglich!
Wir haben in den Bauanleitungen zu den „Knickis" uns mit kurzen Hinweisen über die Vermeidung von Verzügen begnügt. Hier sollen nun auch die näheren Ursachen für Verzüge bei Balsaflächen beschrieben werden. Langwierige Experimente waren notwendig, um diese Ursachen ausfindig zu machen, aber sie waren unumgänglich, wollte man nicht auf die unübertroffenen Leistungen gewölbter Platten bei Kleinseglern verzichten.
Es war nämlich bis vor kurzem sehr schwierig oder besser gesagt soviel wie unmöglich, *verzugsfreie* gewölbte Platten, geschweige denn erst *verzugsfeste* herzustellen. Was ist denn zunächst der Unterschied zwischen verzugsfrei und verzugsfest? *Verzugsfrei* ist ein Flügel, wenn sich innere Spannungen im Holz nicht bemerkbar machen oder ausgleichen, *verzugsfest* ist er, wenn er äußeren Verdrehungskräften Widerstand entgegensetzt. Bei gewölbten Platten geht es vorläufig darum, daß sie von Natur aus ohne äußere Belastungen verzugsfrei sind. Bei größeren Seitenverhältnissen – das ist bei schlankeren Flügeln – kommt das Problem der größeren Verdrehungssteifigkeit hinzu, was in einem eigenen Abschnitt behandelt wird.

Zuerst gerade – später aber dennoch krumm!

So kann es gehen: Beim Balsaeinkauf hat man die Balsabretter genau auf Verzug geprüft, indem man die Brettkanten auf ebenen Verlauf und Deckungsgleichheit kontrolliert hat.

Abb. 50: Kontrolle des Kantenverlaufs.

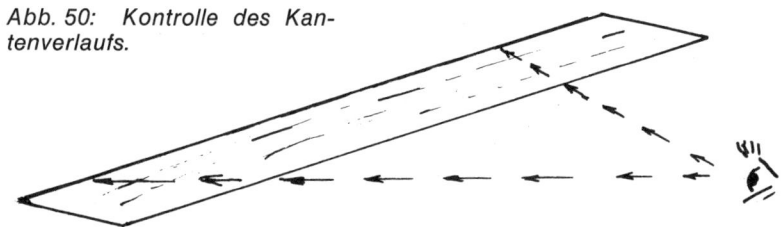

Wenn man nun glaubt, daß damit auch verzugsfreie Flügel zustandekommen, ist man auf dem Holzweg: Solange Bretter nur gelagert werden, bleiben sie in der Regel gerade, und selbst wenn sie achtlos in einem Stapel eingekeilt werden. Sobald aber Flügel daraus werden, verdrehen sie sich meistens. Man muß also beim Bau Spannungen ausgelöst haben.

Woher kommen diese Spannungen?

Balsaholz schrumpft bei Wärme oder Trockenheit, schwillt aber bei niedriger Temperatur oder Feuchtigkeit. Dieses Arbeiten des Holzes ist der Ausgangspunkt für die Spannungen. Dabei ist auffallend, daß die Ausdehnung bzw. Schrumpfung entgegen der allgemeinen physikalischen Regel erfolgt, nach der sich Körper bei Wärme ausdehnen und bei Kälte zusammenziehen. Nun kann das Holz im Stapel auch geschwollen oder geschrumpft sein, aber trotzdem unverzogen geblieben sein. Was führte zur Drehung?

1. Gewölbte Flächen verdrehen sich bei schrägem Faserverlauf

Man sieht Bretter, bei denen die Fasern aus dem Brett „herauslaufen", beim Stapeln aber noch gerade bleiben. Sobald sie gewölbt werden, beginnt die Verdrehung, und zwar je nach Temperatur: bei Wärme und Trockenheit entweicht Feuchtigkeit aus den Poren, das Holz schrumpft. Dabei ändern sich die Abstände zwischen den Längsfasern. Gewölbte Platten verdrehen sich dabei, weil sich dadurch die Faserabstände rascher ändern. Man kann dies an einem aufgeschlitzten Papierrohr veranschaulichen, wobei man eine gewölbte Platte als Teil eines Rohrmantels ansehen kann.

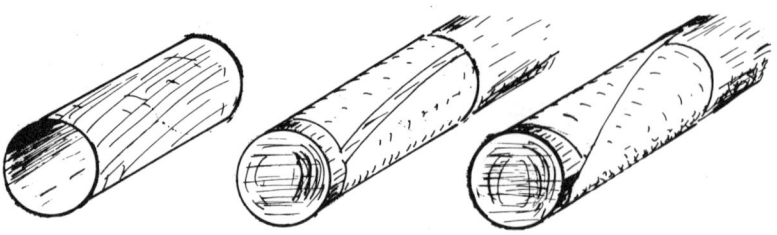

Abb. 51: Links Balsarohr mit schrägem Faserverlauf, Mitte aufgeschlitztes Papierrohr, rechts Schließen des Schlitzes durch Verdrehung.

Die Regel ist nun, daß sich ein Rohr oder Flügel bei Wärme zu einem schrägeren Faserverlauf hin verdreht, bei niedriger Temperatur zu einem geraderen.

Gegen schrägen Faserverlauf: Achsensymmetrische Verleimung!

Man schneidet Bretter mit schrägen Fasern der Länge nach am vorgesehenen Profilscheitel durch und leimt sie dann wieder achsenspiegelig zusammen, wobei man entweder den schmalen oder breiten Streifen wendet. Diese Methode empfiehlt sich im übrigen bei allen Brettern, auch wenn sie geradefaserig zu sein scheinen. Ein leichter Drehwuchs ist

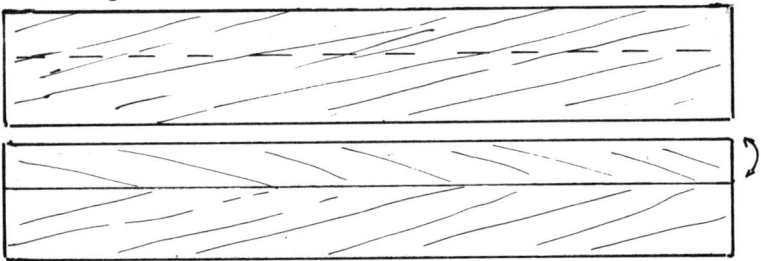

Abb. 52: Achsensymmetrische Verleimung.

fast bei jedem Brett vorhanden oder auch ungleiche Materialdichte, die Spannungen ergibt. Man braucht ja nur anscheinend gerades Balsa auseinanderzuschneiden und muß dann gewahr werden, daß sich schmale Bretter sofort krümmen. Diese muß man wieder gerade zuschneiden und schleifen, bevor man sie weiterverarbeitet. Ungleiche Materialdichte kann man bei dünnen Brettern feststellen, indem man sie gegen eine Lichtquelle hält.

2. Kiefernleisten können Balsaflügel verkrümmen

Hölzer verschiedener Dichte arbeiten wie Bi-Metall: das dichtere Holz dehnt sich weniger und schrumpft weniger. Nachstehender Versuch ist sehr aufschlußreich: Leimt man auf einen langen Balsastreifen eine Kiefernleiste, so kann man folgende Erscheinung beobachten: Auch wenn dieses „Bi-Holz" während der Leimtrockenzeit gerade eingespannt war, krümmt sich das Ganze nach dem Ausspannen je nach Temperatur und Feuchtigkeit (siehe Abb. 53).

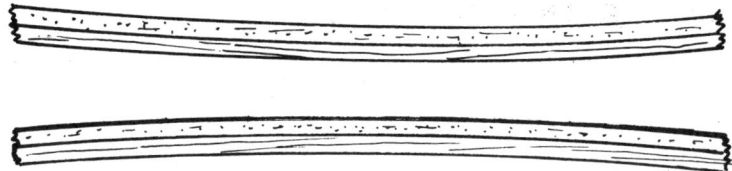

Abb. 53: *Verhalten von Kiefernholz-Balsa-Verbund bei verschiedener Temperatur und Feuchtigkeit.*

Man muß also vorsichtig sein bei Verbindung von Hölzern verschiedener Porendichte, und wenn man schon Kieferverstärkungen für unumgänglich hält, dann muß man für entsprechenden Spannungsausgleich sorgen.

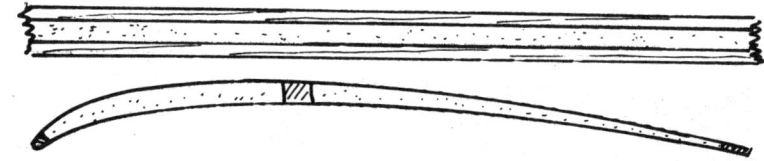

Abb. 54: *Spannungsausgleich bei Balsa-Kiefer-Verbund.*

Bei unseren Balsaseglern haben wir die bauliche Schwierigkeit des Spannungsausgleichs einfach umgangen und haben die Verstärkungen weggelassen. Hier geht man das geringste Risiko ein. Solche Modelle dürfen nur nicht auf einem Gelände mit grober Oberfläche herumgeworfen werden.

3. Spannungen zwischen Flügelplatte und Rippen verziehen

Schwellung und Schrumpfung gehen zwischen den Längsfasern vor sich. Diese aber liegen quer zu den Rippen, die nicht dieselbe Längenausdehnung bzw. Schrumpfung mitmachen.

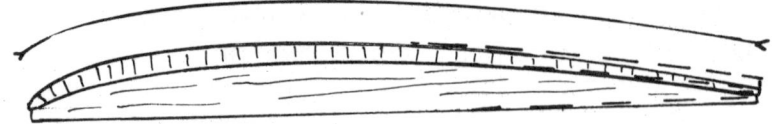

Abb. 55: Verschiedenes Arbeiten des Balsaholzes quer und längs zur Faserrichtung.

Diesen auftretenden Spannungen kann man vorbeugen, wenn die Verarbeitungstemperatur auf jeden Fall größer ist als die spätere Betriebstemperatur. Ist sie kleiner, dann schrumpft die Platte bei Wärme und die Rippen verbiegen sich nach oben – je nach Dichte des Holzes. Dünne Beplankungen zieht es zwischen den Rippen ein, z. B. bei der Costrubo-Bauweise.

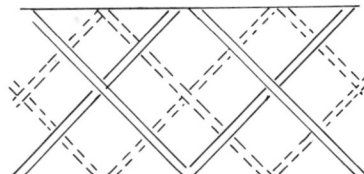

Abb. 56: Auskreuzen mit Kohlenstoffasern. Unterseite gestrichelt.

Mit Kohlenstoffasern „gefesselter" Magnetsegler.

Fragen zum Balsaholz und seiner Verarbeitung

1. Welchen Spielraum hat das spezifische Gewicht?
2. Welche Härtegrade gibt es?
3. Was bedeuten die Bezeichnungen ,,quarter-grain" und ,,non-grain"?
4. Welche Bezeichnung gibt es sonst noch für die beiden Schnitte?
5. Wie bekommt man die ,,Viertelfaserung" bei ,,quarter-grain"?
6. Warum ergeben sich beim Schneiden mit der Gattersäge so wenige ,,quarter-grain"-Brettchen?
7. Worin unterscheidet sich der Verlauf der Markstrahlen und der Jahresringe?
8. Wie kann man zeichnerisch den Querschnitt von Balsa- und Kiefernleisten darstellen?
9. Was ist der Unterschied zwischen verzugsfrei und verzugsfest?
10. Wie verhält sich Holz und besonders Balsaholz bei Temperatur- und Feuchtigkeitsschwankungen?
11. Warum verdrehen sich gewölbte Platten bei schrägem Faserverlauf?
12. Warum ergeben Kiefer-Balsa-Verbindungen Verbiegungen bei Temperatur- und Feuchtigkeitsänderungen?
13. Wie kann man diese Spannungen ausgleichen?
14. Warum ergibt die Verbindung von gewölbten Platten mit Rippen Spannungen bei Temperatur- und Feuchtigkeitsänderungen?
15. Wie kann man ein Einsinken der Beplankung verhindern?

Wie beurteilt man die Leistungen eines Segelflugmodells?

Vergleichswerte notwendig!
Stoppuhr unentbehrlich!

Interessenten stellen in der Regel als eine der ersten Fragen, worauf es beim Fliegen ankomme, ob die Flugzeit oder die Flugstrecke zähle oder Ähnliches.

Beim Segelflugmodell spielt die Flugzeit die Hauptrolle, und deshalb braucht man hier einen Vergleichswert, aus dem man die voraussichtliche Flugdauer ab einer bestimmten Höhe ohne Aufwindeinfluß errechnen kann. Dieser Vergleichswert ist die sogenannte Sinkgeschwindigkeit in cm/sec, also wieviel cm ein Modell in einer Sekunde sinkt. Bei Hochleistungsmodellen liegt sie unter 30 cm/sec, wodurch die Chancen für die Ausnutzung schwacher Aufwinde sehr gut sind.

Wie mißt man nun die Sinkgeschwindigkeit? Annähernd kann man sie im Handstart ermitteln, wenn man das Modell ohne Überfahrt von der Hand aus über ebenes Gelände gleiten läßt und die Flugzeit stoppt. Doch sind hier einige Ungenauigkeiten im Spiel: z. B. schwebt das Modell wegen der ,,Luftkissenwirkung" etwas länger über dem Boden aus. – Genauere Ergebnisse bekommt man, wenn man das Modell von einer größeren Abflughöhe wie z. B. von einem Damm gleiten läßt, doch muß man hier erst die Böschungshöhe berechnen. – Am einfachsten fast sind Meßflüge mit 20 m Hochstartschnur.

Geringe Sinkgeschwindigkeit und gute Gleitzahl

Eine geringe Sinkgeschwindigkeit ist ein immer erstrebenswertes Ziel. Natürlich wird man zunächst an ein langsam fliegendes Modell denken: Wenn dieses genau so flach wie ein schnell fliegendes segelt, dann muß es selbstverständlich weniger Sinkgeschwindigkeit haben. Man wird also zunächst versuchen, das Fluggewicht so gering wie möglich zu halten. Doch stehen diesem Bemühen verschiedene Schwierigkeiten entgegen: Da sind einmal Wettbewerbsbestimmungen, die ein Mindestgewicht oder eine Mindestflächenbelastung pro dm² verlangen, oder man wählt selber eine höhere Flächenbelastung, weil Modelle oft gegen eine größere Windgeschwindigkeit ankommen müssen wie z. B. am Hang. Weil also der Flächenbelastung nach unten Grenzen gesetzt sind, versucht man durch Verbesserungen der *Gleitzahl* die Sinkgeschwindigkeit zu verkleinern. Die Gleitzahl sagt aus, wie weit ein Fluggerät bei einem Meter Höhenverlust gleitet. Unsere Kleinsegler mit etwa 1 m Spannweite haben Gleitzahlen von 10 bis 12, d. h. sie gleiten bei 1 m Höhenverlust 10 bis 12 m weit. Mittlere Segler erreichen Gleitzahlen von 14 bis 16.

Woher kommen die verschiedenen Gleitzahlen?

Ganz einfach: Sie sagen vorerst etwas über das Verhältnis von Auftrieb zu Widerstand aus. Bei einer Gleitzahl 10 ist eben der Auftrieb das Zehnfache des Widerstandes.

Die nächste Frage wäre jetzt natürlich, woher der Widerstand kommt. Da sind einmal nichttragende Teile wie Rumpf, Seitenleitwerk und evtl. Kopfflosse, dann Gummiringe, Drahthaken usw. Den größten Widerstand verursachen aber die tragenden Teile, vor allem der Flügel. Hier haben wir schon den *Profilwiderstand* kennengelernt, der durch die Reibung der Luft an der Oberfläche, aber auch durch Strömungsablösungen entsteht. Der erste Widerstand wird deshalb *Reibungs-*

oder Oberflächenwiderstand genannt, der zweite *Druck- oder Formwiderstand.* So haben sehr dicke Profile bei niedrigen Re-Zahlen einen besonders großen Druck- oder Formwiderstand. Wir denken da auch z. B. an eine Kugel, bei der dieser Widerstand überwiegt.

Nun gibt es aber einen weiteren unerwünschten Widerstand, der durch den Auftrieb selber erzeugt oder besser gesagt „induziert" wird, den sogenannnten *„induzierten" oder Randwiderstand.* Wir wissen, daß auf der Flügelunterseite Druck, auf der Oberseite Sog herrscht, und die Luft fließt von der Druckseite um die Ränder außen herum zur Sogseite, ähnlich wie wir vom Wetter wissen, daß Luft von Hochdruckgebieten in Tiefdruckgebiete fließt. Beim Tragflügel nun hat dieser Druckaustausch um die Ränder eine Wirbelbildung zur Folge, die sogenannten *„Randwirbel".* Sie verursachen einen erheblichen Widerstand. Das einzig Beruhigende ist, daß er sich bei Modellen und Großflugzeugen gleichermaßen berechnen läßt und also kein spezielles Modellproblem darstellt, weshalb er auch später erst ausführlicher behandelt werden soll. Nun hat ein Modellentwurf nur dann einen tieferen Sinn, wenn man im voraus Auftrieb und Widerstand kalkulieren kann. Dabei sind der Auftrieb und der Profilwiderstand am schwierigsten zu bestimmen. Um hier im Modellflug einige Richtwerte zu vermitteln, hat Ing. *F. W. Schmitz* als erster Windkanalmessungen bei kleinen Re-Zahlen vorgenommen. *Dabei stellte sich die „gewölbte Platte" als günstigstes Profil heraus.* Das Profil trägt die Bezelchnung Gö (Göttingen) 417a. – Bei solchen Profilvermessungen werden Auftrieb und Widerstand bei verschiedenen Anstellwinkeln ermittelt, und das Ganze wird dann in einem sogenannten *„Polardiagramm"* aufgetragen. Auf der *vertikalen Achse (y-Achse, Ordinate)* werden die Auftriebsbeiwerte eingetragen, auf der *horizontalen (x-Achse, Abszisse)* die Widerstandsbeiwerte, wobei der Übersichtlichkeit halber der Abstand der Widerstandsbeiwerte verzehnfacht wird. Die Auftriebsbeiwerte tragen die Bezeichnung c_a (Coeffizient des *Auftriebs*), die Widerstandsbeiwerte die Bezeichnung c_w (Coeffizient des *Widerstandes*).

Nachwuchs im Magnetflug.

Was sagen uns eigentlich die Auftriebsbeiwerte c_a und die Widerstandsbeiwerte c_w?

Die Werte von c_a und c_w helfen zum Beispiel verschiedene Profile hinsichtlich ihres Auftriebs und Widerstandes zu vergleichen, sie sind also wichtige Vergleichswerte. Betrachtet man ein einziges Profil genauer, dann kann man aus den Werten für c_a und c_w das Verhältnis von Auftrieb zu Widerstand bei verschiedenen Anstellwinkeln oder die sogenannte *„Profilgleitzahl"* ermitteln. Wenn wie bei unserem Polardiagramm für Gö 417a einem c_a von 0,9 ein c_w von etwa 0,03 gegenübersteht, dann bedeutet dies eine Profilgleitzahl von etwa 30. Dies ist natürlich ein ganz günstiger Wert. Wenn wir die übrigen c_a- und c_w-Größen miteinander vergleichen, stellen wir fest, daß sowohl bei höheren als auch bei kleineren c_a-Werten die c_w-Werte ansteigen. Wir ersehen also den Bestbereich.

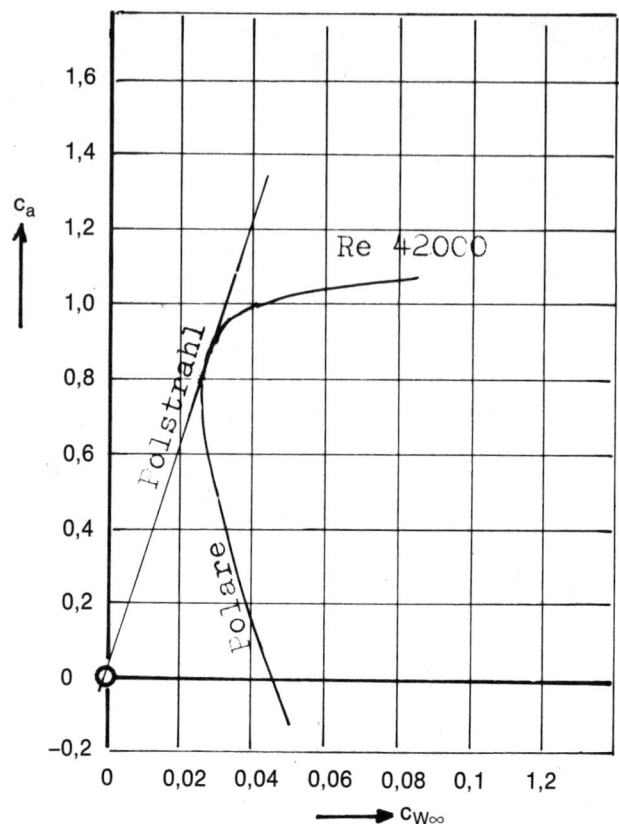

Gewölbte Platte 417a

Abb. 58: Polare der gewölbten Platte 417 a. Das Profil hat den geringsten Widerstand bei einem c_a von 0,8 und erreicht den besten Profil-Gleitwinkel bei einem c_a von 0,8 bis 0,9, also bei hohem Auftrieb, wie der „Polstrahl" zeigt.
Die Widerstandsbeiwerte beziehen sich nur auf den reinen Profilwiderstand.

Was bedeutet eigentlich eine Profilgleitzahl von 30?

Das heißt, das Modell würde eine Gleitzahl von 30 erreichen, wenn es keine übrigen Widerstände wie z. B. den „induzierten Widerstand" hätte. Die Leistungen wären dann ganz phantastisch. – Eine Profilgleitzahl von 30 ist natürlich allein schon ein sehr guter Wert, der im niedrigen Re-Zahl-Bereich nur von der gewölbten Platte erreicht wird. Modellflieger träumen natürlich von der Gleitzahl unendlich ...

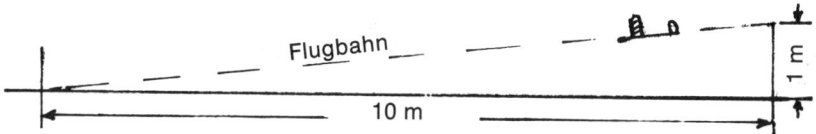

Abb. 59: Gleitzahl bezeichnet die pro Meter Sinken zurückgelegte Strecke bei Windstille. Oben wäre die Gleitzahl 10, wie sie von kleinen Modellen erreicht wird. Die Gleitzahl hängt vom Verhältnis Auftrieb : Widerstand ab. Beim obigen Modell ist dann der Auftrieb das zehnfache des Widerstandes.

Eine „Modellbau-Gruppe" an einer französischen Schule. Im Ausland erfreuen sich Wurfgleiter besonderer Beliebtheit. Foto: A. Schandel

Welche Sinkgeschwindigkeit würde bei einer Gleitzahl von 30 erreicht werden?

Dazu müßten wir zuerst einmal die Geschwindigkeit des Modells wissen. Wir können diese aber aus dem Auftriebsbeiwert und der Flächenbelastung errechnen, d. h. aus dem auf 1 dm² oder 1 m² entfallenden Gewicht. Die Bahngeschwindigkeit v – also die der geneigten Gleitflugbahn – kann man nach der vereinfachten Formel berechnen:

$$v = 4 \sqrt{\frac{\text{Flächenbelastung kg/m}^2}{c_a}}$$

Ein Modell, dessen Flächenbelastung genau 1 kg/m² (= 10 g/dm²) und dessen c_a 1,0 ist, hätte dann 4 m/sec Bahngeschwindigkeit. Die Sinkgeschwindigkeit ist

$$v_s = \frac{\text{Horizontalgeschwindigkeit}}{\text{Gleitzahl}}$$

Man kann die Horizontalgeschwindigkeit gleich der Bahngeschwindigkeit nehmen, wobei sich in unserem Falle 4 m/sec : 30 ≃ 0,133 m/sec ergäbe, natürlich ein Wert, der nie erreicht wird.

Vom Trainingsmodell zum Wettbewerbsmodell

Die bisher besprochenen Modelle sind mit Ausnahme der Wurfgleiter nicht für Wettbewerbe in größerem Rahmen gedacht. Sie dienen eben zum Training und zum Experimentieren, wobei weder der Bau- noch Geldaufwand kaum ins Gewicht fallen.

Übergangen wurden bisher Segler mit Skelettflügeln, d. h. mit Flügeln in Holm-Rippen-Bauweise, und zwar deshalb, weil hier der Aufwand etwas größer ist und weil man auch weniger experimentieren kann. Es gibt jedoch eine Menge guter Baukastenmodelle, so daß hier durch das Buch keine Lücke zu schließen ist. Bei kleineren Modellen empfehlen wir jedoch Flügel in Vollbalsabauweise, wobei der Profilvorderteil verdickt ist. Sehr dienlich ist hier die sogenannte „Standardbauweise" (siehe auch entsprechenden Beitrag in diesem Buch). Profilbretter von 50 x 6 mm mit entsprechender Stoßleiste aus Kiefer ergeben recht verzugsfreie und leistungsfähige Flügel. Modellbaugruppen tun gut daran, Sammelbestellungen vorzunehmen, da es die Bretter im üblichen Einzelhandel nicht gibt (siehe Lieferfirmenverzeichnis am Schluß!).

Mit der Zeit wird man zu genormten Wettbewerbsgrößen übergehen, schon um seine eigenen Leistungen vergleichen zu können. Die Segelflug-Wettbewerbsklassen im Frei- und RC-Flug sind in der Hauptsache:

Klasse:	Baubestimmung:	Wertung:
A 1 Hochstartmodelle	Gesamtfläche bis 25 dm², Flächenbelastung größer als 12 g/dm²	Wertungszeit je Flug 180 sec mit 50 m Hochstartschnur
A 2 oder F 1 A Hochstartmodelle (international)	Gesamtfläche 32–34 dm², Flächenbelastung größer als 12 g/dm²	Wertung wie oben
F 1 E Hangmodelle (international)	Gesamtfläche kleiner als 150 dm², Flächenbelastung kleiner als 100 g/dm²	Wertungszeit im Handstart je Flug 300 sec, national auch 210 sec, je nach Durchgangszahl
F 3 B RC-Segler	Gesamtfläche kleiner als 150 dm², Fluggewicht kleiner als 5 kg, Flächenbelastung von 12 bis 75 g/dm²	Kunstflugprogramm nach Hochstart mit Leine, national auch Hangwettbewerbsprogramm

Die Zahl der Durchgänge ist im Freiflug 5 bis 7, je nach Wetterlage.

Anm.: Unter „Gesamtfläche" versteht man den Flächeninhalt von Tragflügel und Höhenleitwerk zusammen.

Laminarprofile – Turbulenzprofile

Profile und Turbulenz bestimmen weitgehend auch die Leistung von größeren Seglern

Während langsam fliegende Kleinsegler von etwa 1 m Spannweite Gleitzahlen von 10 bis 12 erreichen, kommen moderne Großsegelflugzeuge auf Gleitzahlen bis 50. Sicherlich haben viele Leser schon von sogenannten „Laminarprofilen" gehört, die eine wesentliche Leistungssteigerung gebracht haben, und verständlicherweise wird man sich fragen, ob man für größere Modelle nicht eigene Laminarprofile entwickeln könnte. Hier muß man näher in die Profilproblematik von Modellen und Großflugzeugen eindringen. Wir umreißen das Problem mit der Fragestellung:

Sind Laminarprofile im Modellflug sinnvoll? Oder: Der Hauptunterschied zwischen Modell- und Großflugzeugaerodynamik

Wir können auch fragen: Was ist das Hauptproblem der Modellaerodynamik? Was ist das Hauptproblem der Großflugzeugaerodynamik?
Das Hauptproblem der Modellaerodynamik ist die Bewältigung des Druckanstiegs auf der Profiloberseite.[1]
Das Hauptproblem der Großflugzeugaerodynamik ist die Laminarhaltung der Profiloberseite.

Diese zwei Probleme stehen sich förmlich diametral gegenüber: Während im Modellflug der Druckanstieg auf der Profiloberseite mit Hilfe von künstlicher Turbulenz bewältigt werden muß, wird im Großflugzeug alles versucht, um Turbulenz an der Profiloberseite zu verhindern oder abzubauen.

Man wird fragen: Ist denn hier die Turbulenz zur Überwindung des Druckanstiegs nicht notwendig? Und genau das ist der springende Punkt: *Die Strömungsenergie im Re-Zahl-Bereich des Großflugzeugs ist so groß, daß sogar die laminare Grenzschicht den Druckanstieg auf der Profiloberseite überwinden könnte,* und diese laminare Grenzschicht hätte am Großflugzeug bedeutend weniger Reibungswiderstand als am Modellflugzeug. Leider aber schlägt die laminare Grenzschicht bei großen Re-Zahlen ganz von selber in eine turbulente um, die dann äußerst unerwünscht ist:

Bei Re 1 000 000 ist der Widerstand der laminaren Reibung nur 15 % der turbulenten, woraus ersichtlich ist, daß Laminarerhaltung von allergrößter Bedeutung beim Großflugzeug wäre.

Kein Wunder, wenn man durch besondere Profilformung versucht, die Oberseitenströmung über eine große Profiltiefe hinweg laminar zu halten, und man befaßt sich auch immer wieder mit dem Gedanken, die turbulente Grenzschicht ins Flügelinnere abzusaugen, wobei man allerdings noch nicht über das Experimentierstadium hinausgekommen ist. Große Erfolge wurden mit sogenannten „Laminarprofilen" erzielt:

Bei diesen „Laminarprofilen" ist die Geschwindigkeitsverteilung und damit Druckverteilung so errechnet, daß eine möglichst laminare Reibungsstrecke auf Unter- und Oberseite erzielt wird. Diese Profile haben dabei eine Dicke bis zu 20 % der Flügeltiefe (t).

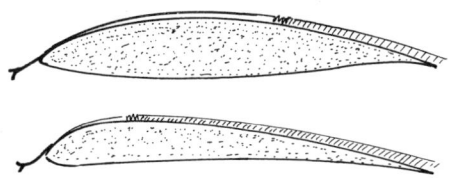

Abb. 60: Laminarprofil mit langer laminarer Reibungsstrecke (Prinzipskizze).
Turbulenzprofil mit langer turbulenter Reibungsstrecke (Prinzipskizze).

Hätten nun solche Laminarprofile im Modellflug einen Sinn? Zunächst einmal wissen wir, daß die Grenzschicht auf der Profilrückseite unbedingt turbulent gemacht werden muß, wenn sie den Druckanstieg überwinden soll. Aber man wird vielleicht einwenden, daß man diese turbulente Reibungsstrecke möglichst weit zurücklegen sollte, indem man etwa die Oberseitenwölbung stark zurückzieht, wie wir dies bei den Laminarprofilen gesehen haben (siehe Abb. 61).

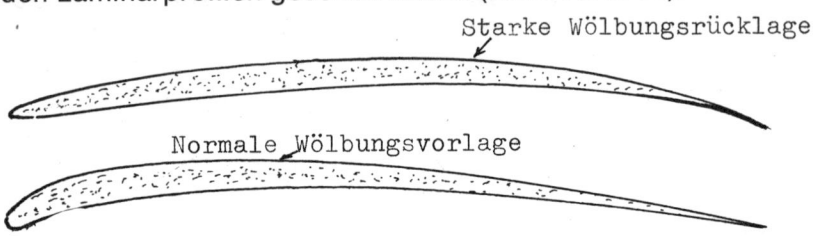

Abb. 61: Oben Entwurf eines „Laminarprofils" für kleine Re-Zahlen, unten normales „Turbulenzprofil".

Hier müßte zuerst entgegengehalten werden, daß durch die entstehende starke Krümmung der Druckanstieg in diesem Teil für die niedrige Modell-Re-Zahl zu groß würde und daher die Strömung zur Ablösung käme. Ist doch das Hauptproblem der Modellaerodynamik, den Druckanstieg auf der Profiloberseite möglichst gleichmäßig und niedrig zu halten!

Selbst wenn es mit neuen und besseren Turbulatoren gelänge, diesen Druckanstieg zu überwinden und auch die Strömung tatsächlich erst hinter der zurückverlegten, starken Profilwölbung turbulent werden zu lassen, so stellt sich noch die Frage nach der Widerstandersparnis im Modell-Re-Zahlenbereich: Bei Re 50 000, also etwa bei A-2-Seglern, ist der Widerstand der laminaren Reibung 69 % der turbulenten. Die Laminarerhaltung würde also auf einer kleinen gewonnenen Strecke eine Widerstandsersparnis von 31 % ergeben, und das auch nur unter idealen Voraussetzungen.

Bei Re 25 000, also bei Kleinseglern, ist der Widerstand der laminaren Reibung etwa 80 % der turbulenten. Es wäre also im Idealfall in der gewonnenen laminaren Kleinstrecke eine Widerstandsersparnis von 20 % zu erzielen.

Anders beim Großflugzeug bei Re 1 000 000: Hier wäre die Ersparnis 85 %! Man kann sich dann leicht ausrechnen, daß die Rücklage des turbulenten Umschlags um nur einen Teil der Oberseite schon einen beträchtlichen Gewinn bringt!

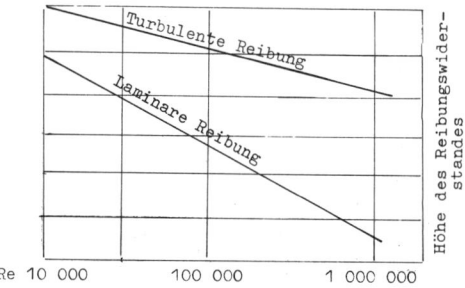

Abb. 62: Diagramm zur Verhältnisdarstellung: Höhe des laminaren und turbulenten Reibungswiderstandes bei verschiedenen Re-Zahlen.

Bei kleinen Re-Zahlen ist der Widerstandsunterschied zwischen turbulenter und laminarer Reibung geringfügig, bei großen Re-Zahlen aber ganz bedeutend.

Im Modellflug geht es nun darum, mit möglichst wenig Widerstand Turbulenz zu erzeugen, die für die Überwindung des Druckanstiegs auf der Oberseite unentbehrlich ist. Bei richtig dosierter Turbulenz gelingt es auch, einen möglichst hohen Profilanstellwinkel zu erreichen, der entscheidend für ein günstiges Verhältnis von Profilwiderstand zu Auftrieb ist. Es kann nun sein, daß sich bei kleineren RC-Leichtwindseglern oder verjüngten Flügeln von RC-Seglern ähnliche Turbulenzprobleme wie im Freiflug ergeben. Daher ist das Wissen hierüber sicherlich nicht unnütz.

Das richtige Maß an künstlicher Turbulenz

Da die Zielsetzung nunmehr klar ist, besteht unsere Aufgabe darin, die Turbulenz richtig zu dosieren.
Bei kleinen Re-Zahlen braucht man verständlicherweise eine gröbere Turbulenz. Am wirkungsvollsten haben sich hier die 3-D-Turbulatoren erwiesen. Bisher lernten wir den Dreiecksturbulator kennen, der vom Japaner *Hama* in den USA entwickelt wurde und daher auch *Hama*-Turbulator genannt wird. Es gibt aber noch andere, bisher weniger gebräuchliche 3-D-Turbulatoren. Einer wurde den Eulen abgeguckt. Die Eule hat an der Vorderkante der ersten drei Randfedern feine Zähnchen, von denen man annimmt, daß sie die nötige Turbulenz für die schmalen und deshalb mit geringer Re-Zahl bedachten Randfedern erbringen. Eine andere Deutung geht dahin, daß sie geräuschdämpfend wirken. Wie dem auch sei, man hat diesen Stifteturbulator an Modellen ausprobiert. *A. Schäffler*, Strömungsfachmann, hat an einem Kleinsegler an der Flügelvorderkante Perlondrahtstifte von 1 mm ⌀ in Abständen von 5 und später 10 mm angebracht. Er konnte damit die Strömung ab Re 17 000 wirkungsvoll turbulent machen. Auch hier bilden sich sehr energiereiche Längswirbel wie beim *Hama*-Turbulator aus (siehe Abb. 63).

Abb. 63: Wirbelausbreitung beim Hama-Dreiecks-Turbulator und beim Stifte-Turbulator (Eulen-Turbulator). Die Wirbel breiten sich bei beiden 3-D-Turbulatoren in einem Winkel von etwa 15–20° aus und sind sehr energiereich.

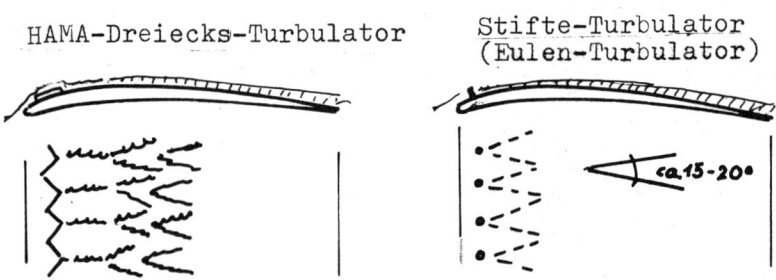

Im Wasserkanal konnte die Strömungsbeeinflussung deutlich verfolgt werden. Der Abstand von 10 mm war anscheinend gleich günstig wie der von 5 mm. Die Wirbel breiten sich nämlich in einem Winkel von ca. 15° aus und haben noch vor der Profilstelle einen geschlossenen Wirbelteppich gebildet, an der sich die Strömung sonst ablösen würde.([11])
Ein nachfolgender Vergleich zeigt die Turbulenzwirkung und Größe der Störkörper:

Turbulenzdraht (2-D-Turbulator)

Kritische Re-Zahl ist 400. Das heißt, das Produkt aus Durchmesser × Geschwindigkeit × 70 muß 400 erreichen. Beispiel: 1 mm × 6 × 70 = 420, also bei 1 mm ∅ und 5 m/sec Geschwindigkeit gerade geschafft. Nun kommt man in der Praxis bei geringeren Geschwindigkeiten mit 1 mm Durchmesser zurecht. Der Grund hierfür ist, daß ein vorgespannter Draht schwingt, was einer Verdickung gleichkommt. Bei an der Nase aufgeklebten Schnüren kommt man ebenfalls mit

Eine ungewöhnliche Aufnahme! Wo gibt es Eulen?
Eulen-Turbulator: Man beachte die feinen Zähnchen an der Vorderkante der ersten Randfeder.

viel dünneren Durchmessern aus. Der Grund ist hier die gegenüber der freien Strömung fast verdoppelte Geschwindigkeit. Damit die Strömungsgeschwindigkeit genau erfaßt werden konnte und auch Schwingungen sowie andere Turbulenzeinflüsse ausgeschaltet wurden, hat Prof. *Krämer*, Göttingen, die Wirkung von Stolperdrähten an ebenen Platten untersucht und dabei gefunden, daß der Umschlag in die turbulente Strömung unter der erstgenannten Bedingung bei der Störkörper-Re-Zahl von 400 erfolgt.

Beim Stifteturbulator beträgt die erforderliche Re-Zahl etwa *150*. Beim *Hama*-Turbulator unterscheidet man solche mit *offener* Hinterkante und solche mit *versenkter* Hinterkante. Bei der ersten Art ist die erforderliche Re-Zahl etwa *100*, bei der zweiten etwa *250*.

Rechenbeispiele:

Hama-Turbulator mit offener Hinterkante, Höhe 0,2 mm

0,2 × 6 × 70 = *84*, also nicht ganz ausreichend. Die Zahl 6 für Geschwindigkeit ist die örtliche Geschwindigkeit an der Turbulatorstelle, wobei die freie Strömung etwa 3 m/sec haben dürfte. Nach Abb. 76 und 77 ist die Geschwindigkeit an der Nasenoberseite bei hohem Auftrieb etwa das 1,7- bis 2,1fache.

Hama-Turbulator mit versenkter Hinterkante, Höhe 1 mm

1 × 6 × 50 = *420*, also mehr als ausreichend!

Die genannten Werte sind natürlich nur Anhaltspunkte. Es wird vorausgesetzt, daß keine anderen Störquellen vorhanden sind, wie z. B. eine rauhe Oberfläche, Kanten im Profil, „Nasen"-Turbulenz u. ä.

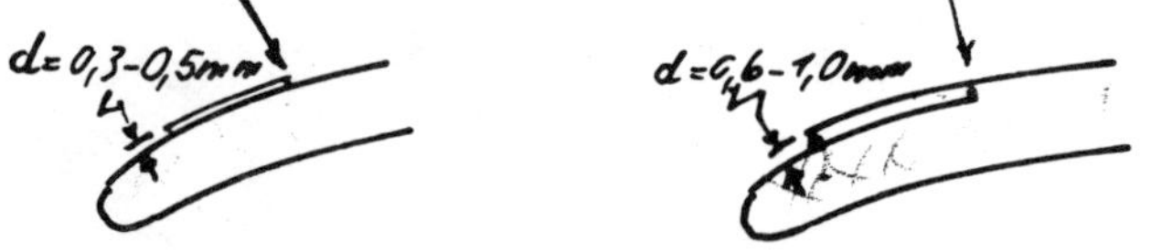

Abb. 64: *Dreiecks-Turbulatoren mit offener und versenkter Hinterkante.*

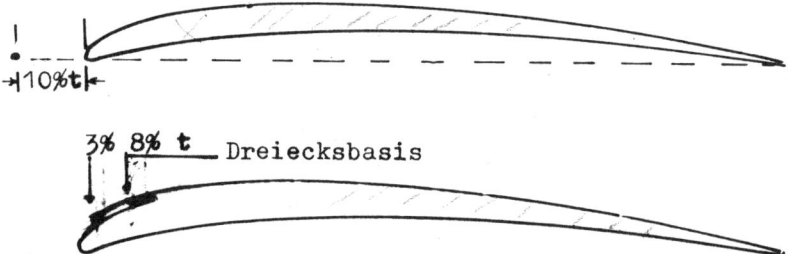

Abb. 65: *Lage von Turbulatoren: Oben Vorspanndraht, unten Dreiecks-Turbulator.*

Frappierende Unterschiede

Wir stellen die einzelnen Turbulatoren nochmals gegenüber, wobei wir den Vorspanndraht wegen der schwer erfaßbaren Widerstandserhöhung durch die Schwingungen ausklammern wollen:

Turbulatorart:	Störkörper-Re-Zahl Re_d (annähernd)	Störkörperdurchmesser bzw. -dicke bei 6 m/sec örtl. Geschw.
Stolperleiste	400	ca. 1 mm
Stifteturbulator	150	ca. 0,4 mm
Hama-Turbulator Hinterkante offen	100	ca. 0,25 mm
Hama-Turbulator Hinterkante versenkt	260	ca. 0,6 mm

Hama selbst behauptete, der Dreiecksturbulator sei viermal wirksamer als Stolperleisten. Er machte seine Versuche in einem Wasserkanal, wo die Wirbelbildung sehr gut beobachtet werden konnte. Wir selber waren immer wieder überrascht über den Unterschied in den Flugleistungen gegenüber anderen Störkörpern.

Was uns weiter frappiert, ist die Tatsache, daß Dreiecksturbulatoren mit offener Hinterkante wesentlich niedriger sein können als solche mit versenkter Hinterkante. Es mag sein, daß die Hinterkante den Umschlag zusätzlich fördert, aber die Strömung wegen der niedrigen Höhe nicht wie bei Stolperleisten zum vorzeitigen Abreißen bringt.

Die angegebenen Störkörperhöhen sind natürlich Mindestwerte. Bei gleicher Geschwindigkeit wird ein Flügel mit geringer Tiefe mehr Turbulenz brauchen als einer mit großer Tiefe.

Probleme der Form der Dreiecksturbulatoren

Lange Debatten gab es darüber, ob der Eingangswinkel 60 oder 90° sein soll, ob es sich also um gleichseitige oder rechtwinkelige Dreiecke handelt. Der Aerodynamiker *Fred Pearce* beschreibt dazu im Zaic-Jahrbuch 1959/61 einige seiner Erfahrungen: Dreiecke spitzer als 60° erwiesen sich als unwirksam, obwohl sie um die Hälfte dicker als die mit 60 und 90° waren.

Sein bester Vorschlag hinsichtlich Dicke und Eintrittswinkel der Dreiecke wird in der Abb. 66a rechts gezeigt:

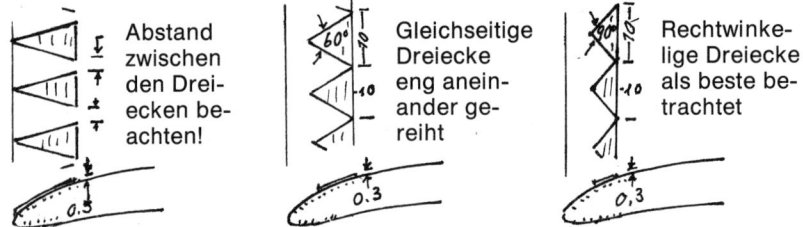

Abstand zwischen den Dreiecken beachten!	Gleichseitige Dreiecke eng aneinander gereiht
	Rechtwinkelige Dreiecke als beste betrachtet

Abb. 66a: *Verschieden günstige Anordnung von Dreiecks-Turbulatoren.*

Es sind Kartondreiecke mit 90° und 10 mm Grundkante (Hypothenuse). Die Dicke beträgt etwa 0,3 mm.

Unseren Erfahrungen nach muß der Dreiecksstreifenrand nicht unbedingt mit der Hypothenuse der Dreiecke abschließen. Ein gewisser Stützrand von einigen Millimetern ist durchaus zulässig.

Re-Zahl-angepaßte Turbulenz bei Trapezflügeln

Das heikle Problem verjüngter Trapezflügel ist die Abnahme der Re-Zahl ab der Flügelmitte. Es bedeutet dies, daß mit der Abnahme der Flügeltiefe und damit der Re-Zahl die künstliche Turbulenz entsprechend vergrößert werden müßte.

Bei Balsadreiecken ließe sich die Dicke der Flügelmitte zu abflachen. Bei Kartondreiecken könnte man die Höhe der Dreiecke und damit die Eintrittswinkel entsprechend ändern.

außen

Abb. 66b: Dreiecks-Turbulator mit sich nach außen verstärkender Turbulenz. Die Höhe der Dreiecke wird durch eine schräge Verbindungslinie der Spitzen verkleinert.

Bei bespannten Flügeln ändert sich bei gleichem Rippenabstand der Bespannungseinfall und damit auch die Turbulenz. Auf jeden Fall darf die Turbulenz im Außenteil kein früheres Ablösen der Strömung bewirken, sondern eher das Gegenteil.

Störkanten

An sich sind spitze Profilnasen schon eine Störkante, erzeugen jedoch eine viel zu grobe Turbulenz, hervorgerufen durch die scharfe Nasenströmung bei höheren Anstellwinkeln, wodurch die Strömung bald abreißt. *Spitze Nasen verderben ein Profil vollkommen!* Wir werden in einem späteren Kapitel noch ausführlicher darauf eingehen. Hier wird dann auch der Vorschlag gemacht, statt einer spitzen Nase eine runde mit dahinter liegenden Störkanten zu verwenden, was

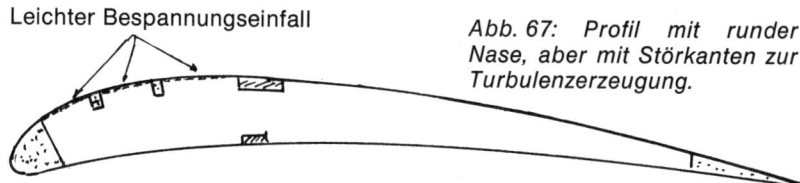

Leichter Bespannungseinfall

Abb. 67: Profil mit runder Nase, aber mit Störkanten zur Turbulenzerzeugung.

sich bei Skelettflügeln (Holm-Rippenbauweise) sehr gut verwirklichen läßt. Diese Störkanten wirken sogar günstiger als aufgeklebte Stolperleisten, die ebenfalls die Strömung bald zum Abreißen bringen.
All den groben Turbulatoren ist gemeinsam, daß sie nur bei kleineren Anstellwinkeln wirken.

Rauhe Oberflächen

Viele Modellflieger, die ihre Modelle mit spiegelglatter Bügelfolie bespannt hatten, rissen diesen Überzug wieder herunter, weil die Modelle offensichtlich damit nicht fliegen wollten. Die große Glätte der Bespannung verhinderte anscheinend den turbulenten Umschlag. Dagegen kann die geringe Rauhigkeit einer Papierbespannung den Umschlag herbeiführen.
Ein ähnliches Phänomen hatte man früher schon bei Golfbällen entdeckt.(^{2}) Man wunderte sich darüber, daß verschrammte Bälle wesentlich weiter flogen als glatte. Hätte man damals schon mehr über Strömungsdynamik gewußt und hätte die Originalität gehabt, sie bewußt auf das Golfspiel anzuwenden, welches Aufsehen hätte das in der Sportwelt erregt! Erst später rieten Aerodynamiker zu geriffelten Bällen. Man weiß, daß sie eine Flugweite von 200 m gegenüber 45 m mit glatten Bällen erzielen. Es war ähnlich wie beim berühmten *Prandtl*schen* Kugelversuch, bei dem ein dünner Ring vor dem Kugeläquator den turbulenten Umschlag herbeiführt, was eine ganz bedeutende Widerstandsverminderung zur Folge hat. Erst bei Re-Zahlen von über 420 000 schlägt die Strömung von selber um!

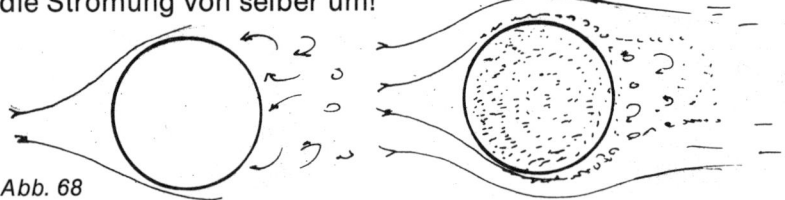

Abb. 68

Nun handelt es sich bei Bällen um stumpfendige Körper. Bei unseren flach auslaufenden Profilen wird zwar mit rauhen Oberflächen Turbulenz erzielt, aber zugleich wird bei der langen Reibungsstrecke die ohnehin schon müde Grenzschicht vollkommen abgebremst und damit bald abgelöst. Die Rauhigkeit eines Modellflügels darf nicht größer sein als die einer Papier- oder Seidenbespannung. – Nach „Aerodynamik des Flugmodells II" ist eine glatte Oberfläche mit Zusatzturbulator besser als eine rauhe, die Turbulenz erzeugt.

---

* Prof. *Ludwig Prandtl*, deutscher Aerodynamiker, berühmt geworden durch seine Strömungsforschungen.

Turbulenz ohne Turbulator?

Wissenschaftler entdeckten „Ablöseblase" als Turbulenzgeber

Modellflieger, die ein größeres Modell bauen wollen, möchten wenigstens den ihrer Ansicht nach sehr häßlichen Turbulator vermeiden.

Man kam darauf, daß sich bei bestimmten Re-Zahlen eine laminar abgelöste Strömung wieder anlegen kann. Dies geschieht allerdings noch nicht bei sehr kleinen Re-Zahlen an glatten, harmonisch verlaufenden Profilen. Es ist dies der sogenannte *unterkritische Bereich*.

Abb. 69a

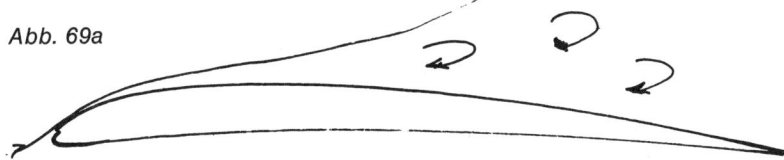

Bei einer bestimmten Re-Zahl bildet sich eine sogenannte „laminare Ablöseblase" – d. i. ein flach umlaufender Wirbel – an der Oberseite des Profils aus. Dieser Wirbel kann 10 bis 30 % der Flügeltiefe lang sein.

Dort, wo der Wirbel rückläufig wird, legt sich die Strömung wieder an und schlägt dann sofort in turbulenten Zustand um. Es ist dies der *Übergangsbereich* vom unterkritischen zum überkritischen Zustand. Nur in diesem Bereich sind die „Ablöseblasen" typisch ausgeprägt.

Abb. 69b

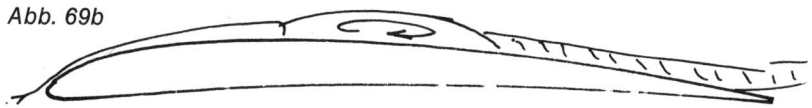

Je größer nun die Re-Zahlen werden, desto mehr schrumpft die Ablöseblase zusammen und die Strömung geht mit einem sehr kurzen Umschlagwirbel in den turbulenten Zustand über. – Es ist dies der *überkritische Bereich*.

Abb. 69c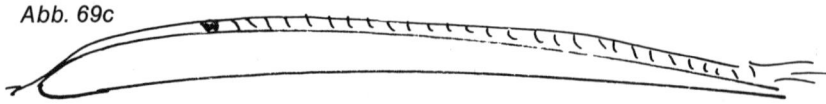

Es interessieren nun weitere Fragen wie: Welche Profile sind besonders „blasenfreundlich"? Ist die Turbulenzwirkung größer als bei Turbulatoren üblicher Art? Wie steht es mit dem Widerstand? (Bisher hielt man die Blase selbst als widerstandsarm!)

Hinter der Ablöseblase her: Blase wandert nach vorne und weitet sich dann aus!

Bei *zunehmendem Anstellwinkel* wandert die „Ablöseblase" nach vorne. Den Grund dafür bildet die über der Vorderkante entstehende Saugspitze bei scharfer Nasenumströmung, also bei flachen Profilen oder spitzer Nase. Den Druckanstieg nach der Saugspitze kann die schwache Grenzschicht nicht überwinden, und es kommt zur laminaren Ablösung. Das Wiederanliegen wird erleichtert, wenn eine Beruhigungsstrecke folgt, d. h. der Druckanstieg zunächst einmal flach verläuft. Am besten ist dies bei der ebenen Platte zu beobachten.

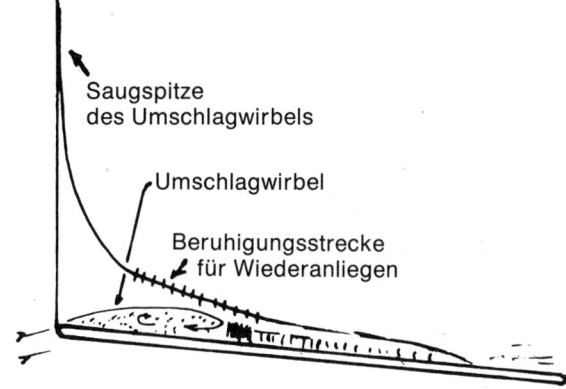

Abb. 70 „Blasenfreundliche" Druckverteilung; Beruhigungsstrecke günstig für Wiederanliegen der Strömung.

Mit zunehmender Anstellung weitet sich die laminare Ablöseblase immer mehr nach rückwärts auf. Die Strömung legt sich zwar dann kurzzeitig wieder an, löst sich aber rasch von der Hinterkante her ab, was großen Widerstand verursacht.

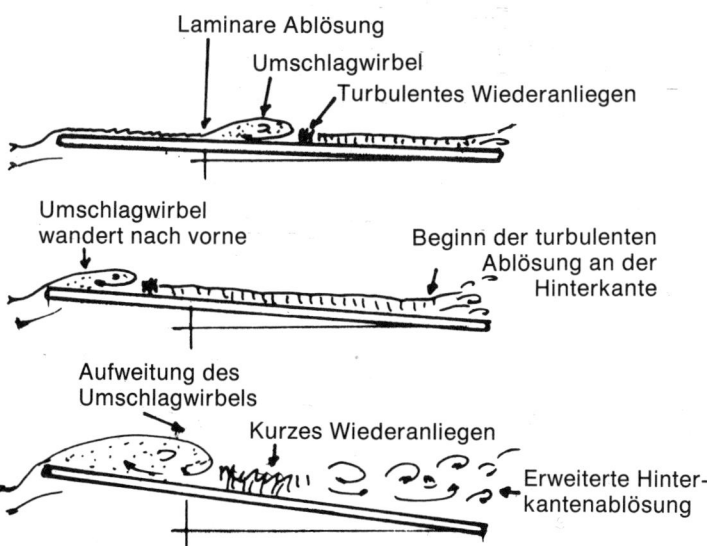

Abb. 71: Wanderung des Umschlagwirbels nach vorne, dahinter Wiederanliegen der Strömung und Ablösung rückwärts.

Erstmals hat dies *F. W. Schmitz* in seinem epochemachenden Buch „Aerodynamik des Flugmodells" beschrieben. Die „laminare Ablöseblase" steht darin noch unter der Bezeichnung „Umschlagwirbel", weil sie ja den Umschlag in die turbulente Strömung nach sich zieht.

Vertragen „blasenfreundliche", flach gewölbte Profile einen besonders großen Anstellwinkel?

Schon viele Modellflieger versuchten Profile mit flacher Oberseitenwölbung, weil sich hier die Strömung vermeintlich besser anlegen müßte als an stärker gewölbten Oberseiten. Die Profile müßten also einen größeren Anstellwinkel vertragen und überdies auch im Schnellflug besser sein.
Für kleinere Anstellwinkel sind flache Profile durchaus brauchbar. An flachen Profilteilen baut sich sozusagen eine „Beruhigungsstrecke" wie an einer ebenen Platte auf, wodurch eine abgelöste Strömung wieder zum Anliegen kommt. Aber es gibt hier zwar ein Wiederanliegen, jedoch auch ein frühes Abreißen der Strömung.
Nach *Schmitz* gilt folgendes: *Je spitzer und flacher ein Profil ist, desto eher weitet sich der Umschlagwirbel (laminare Ablöseblase) von der Vorderkante nach rückwärts aus und desto eher beginnt das Abreißen der Strömung.* Die Folgerung ist, den Profilverlauf so zu gestalten, daß sich der Umschlagwirbel möglichst spät aufweitet. Dies führt zu einem rundnasigeren und gewölbteren Profil.
Profile mit spitzer Nase und flacher Oberseite können sich aber als Höhenleitwerksprofil eignen, weil die rasch anwachsende Saugspitze zunächst einmal einen Auftriebsanstieg bringt, der für die Stabilisierung günstig ist. Für solche Profile gibt es auch die Bezeichnung „Saugspitzenprofile". Es gehören dazu vor allem auch die Profile mit großer Wölbungsrücklage oder herabgezogener Endleiste. Siehe dazu auch Seite 116.

Sind flach gewölbte Profile „turbulatorfreundlich"?

Bringt hier ein Turbulator einen größeren Anstellwinkel? Bringen wir an einem flachen Profil an der Profilnase einen 3-D-Turbulator an, der für seine Wirksamkeit bekannt ist, dann kommt er bei größerem Anstellwinkel unter den flach umlaufenden Umschlagwirbel bzw. die laminare Ablöseblase, die ja rückläufig strömt und somit den Turbulator außer Betrieb setzt. Dasselbe geschieht bei spitznasigen Profilen.

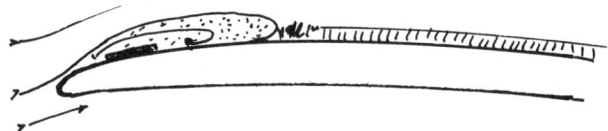

Abb. 72a: Turbulator ist an flach gewölbtem Profil von Ablöseblase „zugeschmiert".

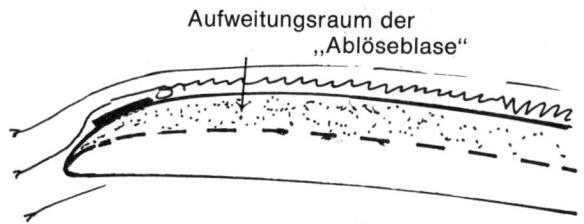

Abb. 72b: Aufweitungsraum der „Ablöseblase" ist aufgefüllt, Turbulator ist wirksam.

Die Folgerung ist wiederum, den Aufweitungsraum des Umschlagwirbels aufzufüllen, wodurch der Turbulator sozusagen in die ungestörte Strömung gehoben wird und seine Wirksamkeit länger entfaltet. – Stärker gewölbte Profile haben natürlich auch höhere Auftriebsleistung!

Profile mit 8–10 % Oberseitenwölbung am leistungsfähigsten!

Sie vertragen nämlich bei ausreichender Turbulenz die größten Anstellwinkel ohne Strömungsabriß. Lange Zeit haben wir nach einer Erklärung für diese Zusammenhänge gesucht. Erst die Erkenntnis von der Auswirkung der Profilform auf die laminare Ablöseblase brachte hier größere Klarheit und schafft eine neue Ausgangsbasis für weitere Arbeiten an Profilen.

Belege durch praktische Versuche und Windkanalmessungen

Uns war immer schon aufgefallen, daß flach gewölbte Profile auch mit Turbulatoren nicht besser flogen. An gewölbten Platten mit 10 % Oberseitenwölbung dagegen erzielten wir mit 3-D-Turbulatoren das beste Überziehverhalten, d. h. ein Fliegen mit großen Anstellwinkeln. Wir gingen nun in der Literatur den bereits vorhandenen Profilvermessungen nach und suchten nach Beziehungen zwischen Anstellwinkelbereich und Oberseitenwölbung.

Wie ersieht man aus der Polare das Ablösen der Strömung? Dort, wo sie oben scharf nach rechts abbiegt, beginnt die Ablösung, hervorgerufen durch die Aufweitung des Umschlagwirbels (der laminaren Ablöseblase). Wir wissen ja: Je größer die Aufweitung, desto eher beginnt auch von der Endkante her die Strömungsablösung und desto größer wird der Widerstand.

Wir haben nun zwei flache Profile mit etwa 7 % Oberseitenwölbung zur Betrachtung herangezogen, nämlich die gewölbte Platte 417a und das Vollprofil Gö (Göttingen) 795, dann ein stärker gewölbtes mit 8,6 % Oberseitenwölbung, das russische K-2.

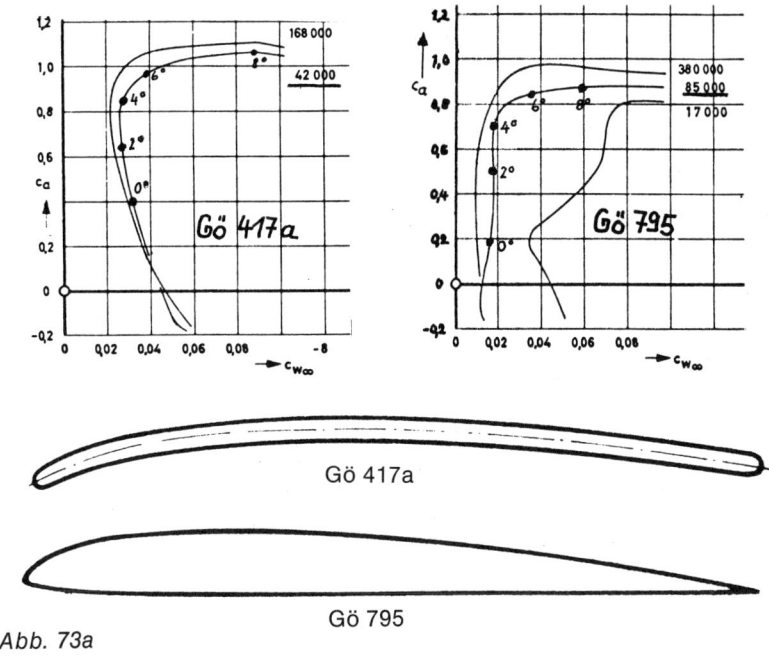

Abb. 73a

Gö 417a

Gö 795

Abb. 73b

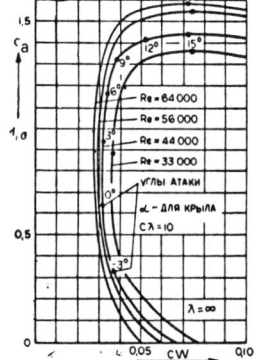

Links die Polaren des russischen Modellflugprofils K 2. Bei Re 44 000 beginnt die Aufweitung erst bei etwa 9° Anstellwinkel, was auf die günstige Oberseitenwölbung mit 8,6% t und überhaupt auf eine günstige Profilform zurückzuführen ist. Der Nasenradius beträgt nur 0,4% t, aber der Nasenanstieg ist gut gerundet.
Das Profil liefert hohen Auftrieb, bedingt sowohl durch die Wölbung als auch durch die gute Anstellwinkelverträglichkeit.

												Koordinaten K 2	
x %	0	2,5	5	10	20	30	40	50	60	70	80	90	100
Y_o %	0,4	3,0	4,7	6,1	8,0	8,5	8,6	8,3	7,7	6,6	4,9	2,9	0,2
Y_u %	0,4	0,2	0,6	1,5	2,9	3,4	3,7	3,8	3,5	3,1	2,2	1,4	0,0

109

Bei den zwei flachen Profilen beginnt die Aufweitung des Umschlagwirbels bzw. das Abreißen der Strömung bei etwa 5° Anstellwinkel, beim stärker gewölbten erst bei 9°.
Wir haben noch mehrere Profile mit verschiedener Oberseitenwölbung überprüft und fanden ähnliche Anstellwinkeleigenschaften.

„Blasenfreundliche" und „turbulatorfreundliche" Profile mit größerer Oberseitenwölbung

Wir haben zunächst gesehen, daß Profile mit flacher Oberseite „blasenfreundlich" sind, weil sich die laminare Ablöseblase leicht wieder anlegen kann, daß sie aber nicht „turbulatorfreundlich" sind, weil bei ihnen bei größeren Anstellwinkeln der Turbulator außer Betrieb gesetzt wird.

Wie steht es nun bei größerer Wölbung?

Als „blasenfreundlich" kann ein Profil angesehen werden, wenn in der Druckverteilung eine Beruhigungsstecke vor-

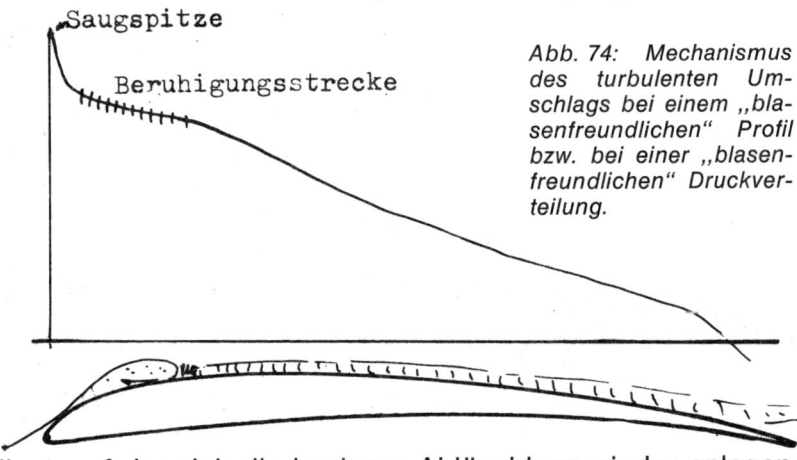

Abb. 74: Mechanismus des turbulenten Umschlags bei einem „blasenfreundlichen" Profil bzw. bei einer „blasenfreundlichen" Druckverteilung.

liegt, auf der sich die laminare Ablöseblase wieder anlegen kann. Es ist dies meistens bei Profilen mit größerer Wölbungsrücklage der Fall, so bei den *Eppler*-Profilen E 58, 59, 61, 62 und 471, deren Aufmaße in der Profilsammlung MTB 1 angegeben sind. Diese Profile kommen ohne Zusatzturbulatoren aus, ja diese würden sogar erheblichen Zusatzwiderstand verursachen.

Abb. 75: Eppler-Profile, entworfen für den Re-Zahl-Bereich des Freiflugs, auffallend ist die große Wölbungsrücklage.

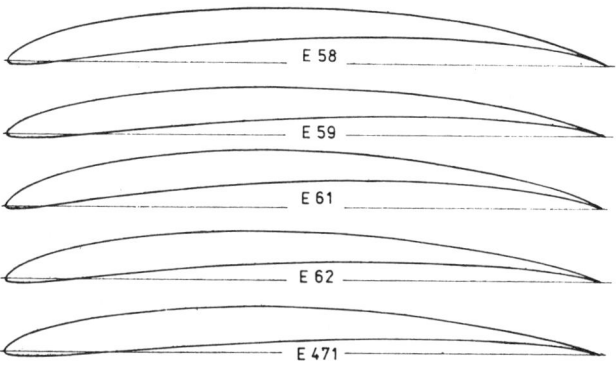

Als ,,turbulatorfreundlich" kann man Profile mit größerer Wölbungsvorlage ansehen. Bei ihnen ist im vorderen Profilteil der Aufweitungsraum des Umschlagwirbels bzw. der laminaren Ablöseblase so aufgefüllt, daß ein Turbulator noch bei großen Anstellwinkeln wirksam ist (vgl. Abb. 72).
Profile mit normaler Wölbungsrücklage und runder Nase brauchen meistens noch eine schwache Zusatzturbulenz, wovon später noch die Rede sein wird. Die Profile nehmen so etwas wie eine Mittelstellung ein.

Profile mit günstigen Druckverteilungen

Professor *Wortmann* errechnete einmal für interessierte Modellflieger die Druck- bzw. Geschwindigkeitsverteilungen an der Saugseite sehr bewährter Freiflugprofile. Überraschenderweise haben alle drei Profile bei hohen Anstellwinkeln dieselbe Druckverteilung im Prinzip, nämlich eine kleine Saugspitze mit einer folgenden kurzen Beruhigungsstrecke, so daß sich die Strömung wieder anlegen kann. Allerdings scheint es, als ob die Beruhigungsstrecke nicht immer ausreichend wäre. Das Profil *Thomann* F 4 weist eine sehr kurze Beruhigungsstrecke auf und braucht einen Zusatzturbulator, zeigt aber damit sehr gute Leistungen.

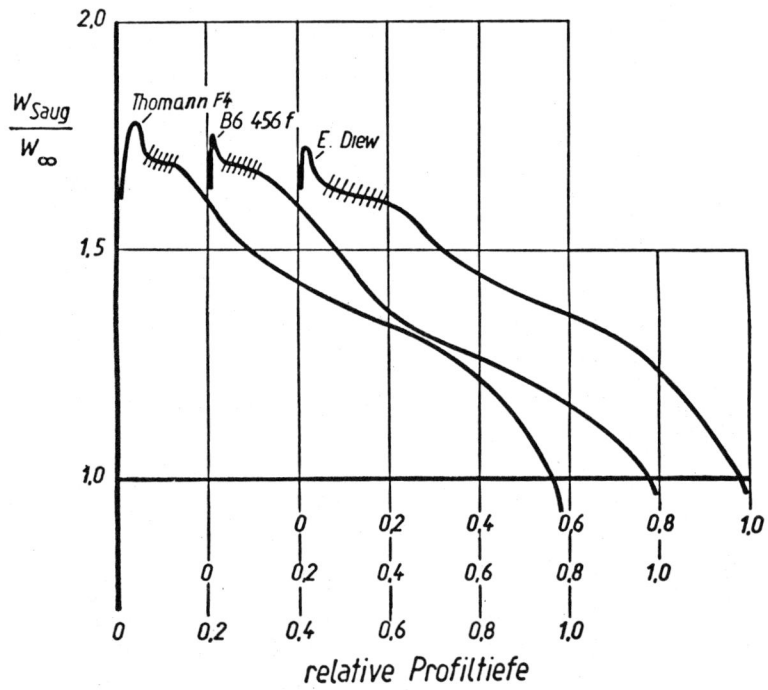

Potentialtheoretische Geschwindigkeitsverteilung auf der Saugseite bewährter Modellflugprofile

$\alpha = 6°$

w = Geschwindigkeit
w_{Saug} = Geschwindigkeit an der Saugseite
w_∞ = Geschwindigkeit in der freien Strömung
Schraffierte Diagrammteile ╫╫╫ = Beruhigungsstrecken

Abb. 76a

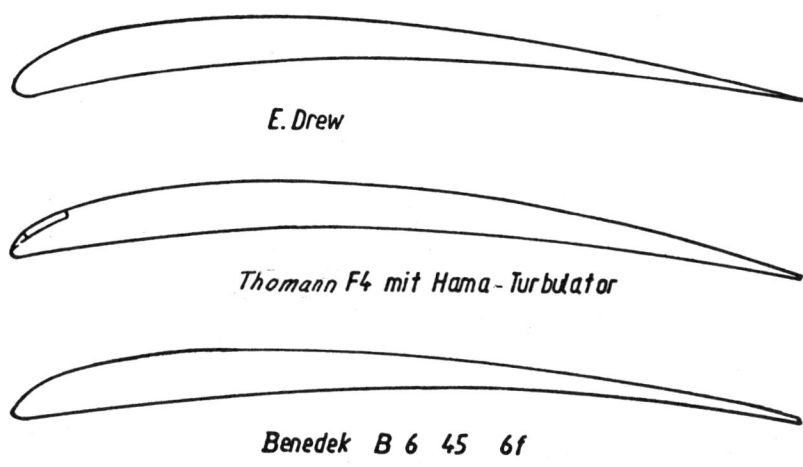

Abb. 76b

Anschließend wird noch die „potentialtheoretische Druck- bzw. Geschwindigkeitsverteilung" am Profil *Wortmann* M 2 gezeigt, einem für den Modellflug entworfenen Computer-Profil. Infolge der großen Wölbungsvorlage und der runden Nase ist bei 6° Anstellwinkel noch keine Saugspitze vorhanden, bei 8° nur eine kleine Ausbeulung. Das Profil braucht einen Zusatzturbulator, wobei sich ein 3-D-Turbulator am besten bewährt hat, der allerdings eine nicht zu geringe Höhe – je nach Re-Zahl – haben darf. Das Profil wurde anfänglich für Motorflugmodelle verwendet und zeigte sowohl gute Schnellflug- als auch Segeleigenschaften. Die Gleitflugzeit konnte gegenüber den früher verwendeten Profilen B 8353 und Conover – siehe Abb. 77 – um gute 20 % verbessert werden, ein echter Fortschritt!

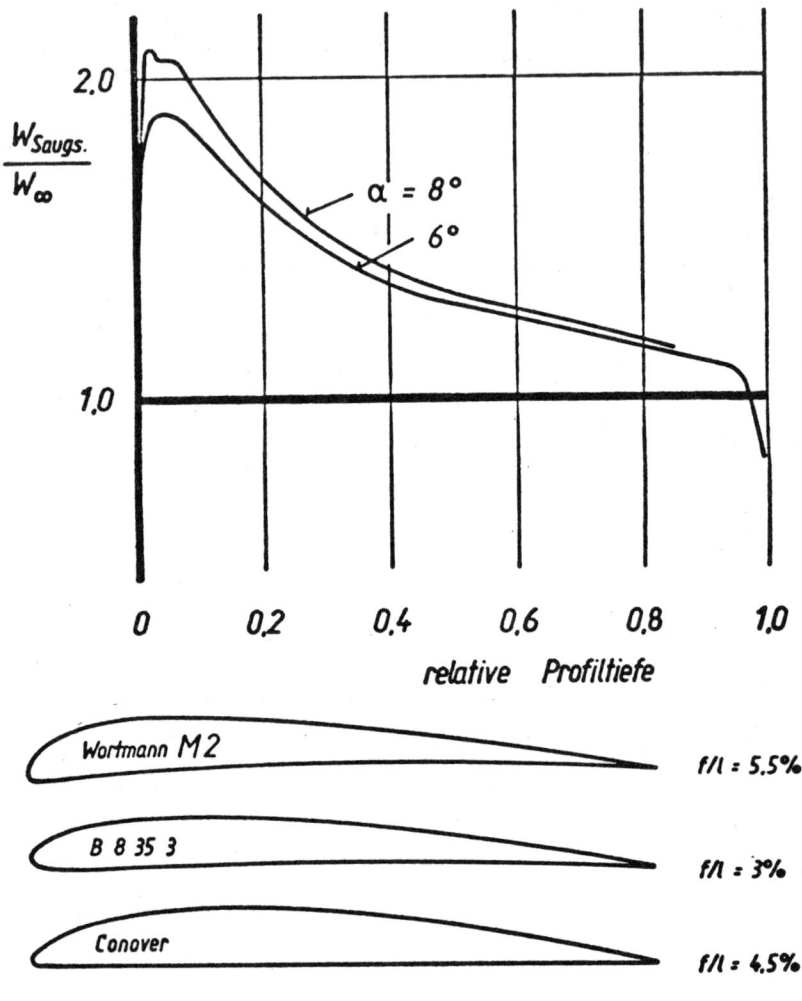

Abb. 77

Dr. Monson gegen „Saugspitzenprofile"

Dr. *Monsons* interessante Strömungsuntersuchungen und Profilentwürfe([13])
Der amerikanische Aerodynamiker Dr. *Monson* legte anfangs der 70er Jahre eine der aufregendsten Studien über Gesichtspunkte der Profilgestaltung vor. Sie bestätigen und ergänzen das bisher Gesagte.
Dr. *Monson* arbeitete beruflich an Ventilatoren für Absaugvorrichtungen und konnte dabei aufschlußreiche Untersuchungen über die Entstehung und Auswirkung von laminaren Ablöseblasen machen. Die Veröffentlichung darüber ist besonders für den Modellflug bedeutsam, da sich die Experimente auf den niedrigen Re-Zahl-Bereich (24 000–48 000) bezogen.
Unter anderem untersuchte er die ebene Platte und drei Profile mit großer Wölbungsvorlage, aber verschiedener Nasenformung. Das erste hatte eine scharfe Stufenkante, beim zweiten war die Stufe in zwei Kanten aufgeteilt und beim dritten war die Oberseite schön rund. Staubbeläge zeigten ihm, daß das erste Profil eine große Ablöseblase erzeugte, das zweite dagegen nur zwei kleine und das dritte überhaupt keine.

Abb. 78: Dr. Monsons Untersuchungsergebnisse über die Kantenablösungen. Die Profile wurden an Ventilatorblättern verwendet – daher die Schrägstellung (vgl. Abb. 67).

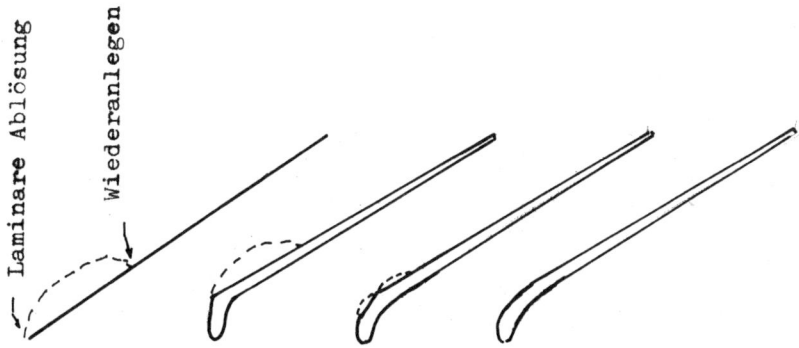

Höchst bedeutsam sind nun die Auswirkungen der Ablöseblasen auf den Widerstand:
Das erste Profil hatte den größten Widerstand, das zweite einen merklich geringeren und das dritte den kleinsten.
Woher kommt der Widerstand? Die laminare Ablösung erzeugt nach dem Wiederanliegen eine turbulente, also mit vielen Wirbeln durchsetzte Ablösung an der Hinterkante und damit Widerstand. Man muß also die laminare Ablöseblase so klein wie möglich halten. Sie entsteht nicht nur an scharfen Kanten wie bei den oben dargestellten Profilen, sondern mehr noch an spitzen Nasen und sehr flachen Profilen wie z. B. an ebenen Platten. Die Ablöseblase entsteht überall dort, wo Saugspitzen auftreten. Sie ist sozusagen ein von der Natur benutztes Mittel, um Saugspitzen abzubauen, d. h. den hohen Unterdruck zu mindern, indem die Luft nunmehr in weiterem Bogen um die Nase herumströmt.

Folgerung
Dr. *Monson* ist zunächst gegen spitze Nasen, also kleine Nasenradien. *Der Nasenradius soll nicht unter 1 % der Flügeltiefe sein.* Spitze Nasen erzeugen zwar Turbulenz, aber auch erheblichen Widerstand infolge der entstehenden Saugspitze. Eine schön gerundete Nasenleiste mit mehreren Störkanten ist bedeutend besser (siehe nochmals Abb. 67).
Eine große Wölbungsvorlage ist für den Abbau von Saugspitzen günstig. Profile mit Wölbungsrücklage sind dagegen „Saugspitzenprofile". Als theoretischen Beweis legte Dr. *Monson* die Berechnung der Druckverteilung von zwei Profilen mit großer Wölbungsrücklage vor (siehe Abb. 79).
Das erste ist das E 58 mit extremer Wölbungsrücklage, das zweite ist das *Benedeck* B-7457-d/2, ein sehr bekanntes Freiflugprofil (bei der vierstelligen Kennzahl bedeutet die erste Ziffer 7 die größte Profildicke, die Ziffern 45 die Wölbungsrücklage der Profilmittellinie, die letzte Ziffer 7 die Wölbungshöhe der Mittellinie und d/2 eine Kurvencharakteristik). Beim E 58 macht sich bei großem Anstellwinkel eine besonders starke Saugspitze bemerkbar. Dr. *Monson* sieht die Möglichkeit einer Leistungsverbesserung bei Profilen vor allem in Konturen, bei denen sich so lange wie möglich keine

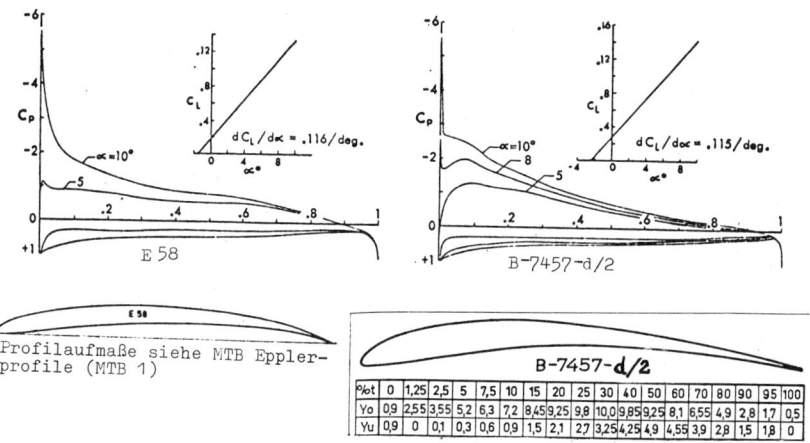

Abb. 79: Zwei „Saugspitzenprofile", deren Druckverteilung Dr. Monson berechnete. C_p = Koeffizient (= Beiwert) des Drucks (p = pressure = Druck). Der Druck wächst im Quadrat der Geschwindigkeit.

Saugspitze bildet, die ja die Hinterkantenablösung und damit Widerstand verursacht. Ein Anti-Saugspitzenprofil wäre somit ein Profil ohne Hinterkantenablösung!

Ergebnis: Habichtprofil, das Anti-Saugspitzenprofil

Aufgrund seiner Untersuchungen kommt Dr. *Monson* zu einem extrem anmutenden Profilentwurf, der sich an den Schnitt im Mittelflügel eines Habichts anlehnt. Die Wölbungsvorlage der Oberseite ist dabei 22 %, und die Rückseite fällt vollkommen flach ab. Er hat fünf Profilentwürfe durchgerechnet, von denen M 4 (*Monson* 4) seiner Vorstellung eines Anti-Saugspitzenprofils am nächsten kommt. Das Profil hat nach der theoretischen Druckverteilung selbst bei 8,3 ° Anstellwinkel noch keine Saugspitze. Die Turbulenz soll durch zwei Störkanten bewirkt werden. *Auffallend ist der Druckanstieg nach dem Profilscheitel.* Nach Ansicht einiger Wissenschaftler soll die Grenzschicht nach dem Umschlag am meisten belastet werden, weil sie hier die größte Energie aufweist.

Man vergleiche die Druckverteilung auch mit dem *Wortmann* M 2, wo ähnliche Charakteristiken auftreten, vor allem die große Wölbungsvorlage bei 25 % t und die Druckverteilung ohne Saugspitze.

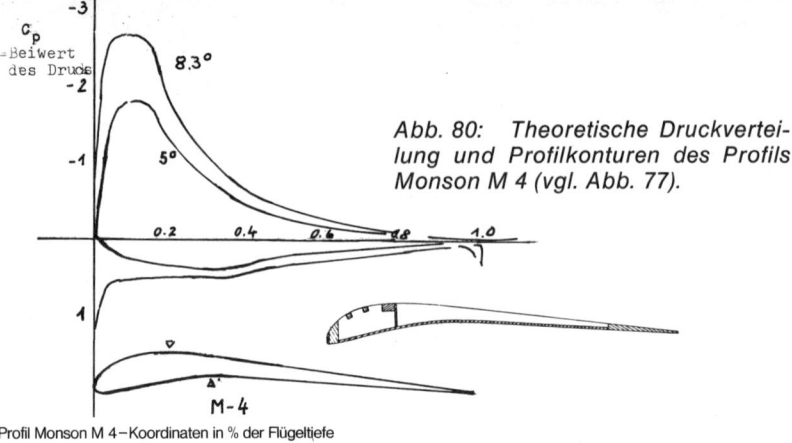

Abb. 80: Theoretische Druckverteilung und Profilkonturen des Profils Monson M 4 (vgl. Abb. 77).

Profil Monson M 4 – Koordinaten in % der Flügeltiefe

X	0	1	4	8,5	14,5	22	31	40	50	59,75	69	77,5	85	91,5	96	99	100
Y_o	1	3,75	6,73	8,90	10,25	10,35	9,63	8,40	7,04	5,70	4,40	3,25	2,26	1,37	0,77	0,40	0,25
Y_u	1	0,00	0,33	1,24	2,45	3,70	4,72	4,50	3,80	3,00	2,25	1,57	0,96	0,40	0,23	-0,15	-0,25

Nasenradius 1 %

Habichtsprofil endlich gezähmt!

Seit 1971 wurde das Profil verschiedentlich nachgebaut, ohne daß man von Erfolgen gehört hätte. Offensichtlich mußte das Turbulenzproblem nicht befriedigend gelöst worden sein. Wir konnten bei all unseren Experimenten feststellen, daß Profile mit großer Wölbungsvorlage einen besonders wirksamen Turbulator brauchen. Eine spitze Nase wäre glattweg gegen die Absicht eines „Anti-Saugspitzenprofils" gewesen. Das M 4 sollte nach Dr. *Monson* mit zwei Störkanten turbulent werden, aber das genügte nicht. Wir versuchten es mit Vorspanndraht (Perlon 0,8 mm). Dem Überziehverhalten nach war jedoch die Wirkung noch nicht ausreichend. Erst ein 3-D-Turbulator aus 1-mm-Balsa-Dreieckstreifen, deren Hinterkante in die Profilkontur eingelassen wurde, brachte das gewünschte Ergebnis, auch Karton von 0,5 mm Dicke mit offener Hinterkante: *Das Profil übertraf im Überziehverhalten alle bisher verwendeten* – und das waren nicht wenige! Praktisch wirkte sich das in sehr großer Flugstabilität und Trimmunempfindlichkeit aus. Man konnte das Modell auch mit kleinem Anstellwinkel noch verhältnismäßig flach fliegen lassen. *Das Profil erweist sich also für den Hangflug als sehr geeignet.* – Die reine Sinkgeschwindigkeitsleistung scheint jedoch nicht besser zu sein als bei anderen Hochleistungsprofilen.

Welches Profil nehmen wir nun?

Eines zeigte die praktische Erfahrung: *Vogelprofile mit großer Wölbungsvorlage haben einen weiten, günstigen Anstellwinkelbereich.* Wir haben auch Vogelprofile in Standardbauweise mit 25 % Wölbungsvorlage ausprobiert. Auch hier konnte ein weiterer Anstellwinkelbereich ausgeflogen werden als bei Konkavprofilen mit größerer Wölbungsrücklage. Bei all diesen Profilen war jedoch ein Zusatzturbulator nötig, wobei ein 3-D-Turbulator aus 0,3–0,5 mm dickem Aktendeckelkarton genügte, der auf die Profilnase geklebt wurde.

Es läßt sich die Regel ableiten, daß alle Profile mit größerer Wölbungsvorlage bei kleineren Re-Zahlen einen zusätzlichen Turbulator benötigen, da ja bei ihnen die Saugspitze abgebaut wird. Diese Profile sind ,,turbulatorfreundlich", da Anti-Saugspitzenprofile. Das bereits vorgestellte *Wortmann* M 2 mit 25 % Wölbungsvorlage gehört auch dazu.

Es erhebt sich freilich die Frage, ob der bei diesen Profilen benötigte Turbulator nicht genauso viel Widerstand verursacht wie eine kleine Saugspitze, die für die Erzeugung einer günstigen Turbulenz reichen könnte. Eines steht fest: Die Saugspitze läßt sich nicht über den ganzen Anstellwinkelbereich gleich halten, und so kann es bei bestimmten Profilen vorkommen, daß man trotzdem noch einen Turbulator braucht. Die *Eppler*-Freiflug-Profile machen da eine Ausnahme, weil die Wölbung sehr weit zurückliegt.

Wir haben bisher die Profile nach ihren Turbulenzeigenschaften betrachtet. Die zwei gegensätzlichen Typen – Profile mit großer Wölbungsrücklage einerseits und großer Wölbungsvorlage andererseits – können wir noch nach ihren Sinkgeschwindigkeitsleistungen bei verschiedenen Anstellwinkeln einteilen; allerdings gilt diese Einteilung nur bei niedrigeren Re-Zahlen unter 100 000.

Zwei Haupttypen

1. *Extrem dünne Profile mit stärker gekrümmter Rückseite* für hohen Auftrieb, also großen Anstellwinkel und langsamen Flug.
2. *Vorne verdickte Profile mit dünnem, immer flacher werdendem Profilauslauf* für größeren Anstellwinkelbereich.

Die ersteren gehören mehr zum blasenfreundlichen Saugspitzenprofiltyp, die zweiten mehr zum turbulatorfreundlichen Anti-Saugspitzenprofiltyp. Natürlich kommen auch alle möglichen Abwandlungen der zwei Typen vor.

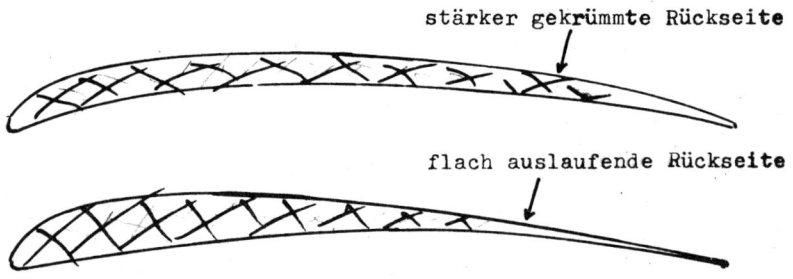

Abb. 81: *Zwei Kristallisationstypen von Leistungsprofilen.*

Zum Typ 1

Der stärker gekrümmte Profilauslauf ergibt einen hohen Auftrieb, da die Luft steiler nach unten abgelenkt wird. Die Mittellinie dieser Profile ist eine Doppel-Parabel. Amerikanische Messungen stellten fest, daß so eine parabolische Mittellinie bei gleicher Wölbungshöhe stärkeren Auftrieb verursacht als etwa eine Kreisbogenlinie. Der Auftrieb wird mehr vom Ein- und Austrittswinkel der Mittellinie bestimmt als von deren Wölbungshöhe. Dabei kommt besonders dem Austrittswinkel eine große Bedeutung zu.

Abb. 82: *Mittellinie ist bei Höchstauftriebs-Profilen annähernd eine Doppel-Parabel.*

Untersuchungen von *Allnut* und *Kaczanowski* an 21 verschiedenen A-2-Modellen zeigten die Überlegenheit des Typs 1 für das Zeitfliegen bei ruhiger Luft, wenn also mit dem Höchstauftrieb geflogen werden kann.([12])

In den 50er Jahren wurde es förmlich eine Profilmode, die Endleiste nach abwärts zu knicken oder zu krümmen. Die Leistungssteigerung war besonders bei Profilen deutlich, die keine zu große Wölbungshöhe aufwiesen. Wo dagegen die Oberseitenwölbung schon 10 % betrug, war kein Gewinn gegenüber einer fast flach auslaufenden Endleiste festzustellen.

Bei Profilen mit etwa 10 % Oberseitenwölbung zog man dann die Auslaufkrümmung vor, so etwa in das letzte Profildrittel. Zwischen dem ersten und zweiten Drittel verlaufen solche Profile verhältnismäßig flach (siehe Profile von *Thomann* und *Kaczanowski*!).

Profile von Typ 1 kommen an sich nur bei hohem Anstellwinkel zur Geltung, wie er vorwiegend im langsamen Thermikkreisflug geflogen wird. Bei kleinen Anstellwinkeln nimmt der Widerstand rasch zu. Da diese Profile also nur bei höherem Anstellwinkel günstig sind, bei dem zugleich die Unterseite vorne laminar angeströmt wird, kann die Aushöhlung der Unterseite stärker sein.

Zum Typ 2

Die flach auslaufende Rückseite ermöglicht ein widerstandsärmeres Fliegen bei kleinerem Anstellwinkel. Da sich aber hierbei an der Unterseite vorne die Strömung ablösen würde, muß diese vorne mehr aufgefüllt sein.

Abb. 83: *Vordere Unterseitenfüllung füllt Wirbelgebiet bei kleinem Anstellwinkel auf.*

Für windiges Wetter und vor allem für den Hangflug ist der Typ 2 besser geeignet. Er überbrückt einen wesentlich höheren Windgeschwindigkeitsbereich als Typ 1, wie wir in zahlreichen Versuchen feststellen konnten. Auffallend waren hier die *Jedelsky*profile für die Standardbauweise.

Woher kommt die verschiedene Verträglichkeit bei niedrigem Anstellwinkel? In erster Linie vom sogenannten „Null-Auftriebswinkel", d. i. der Winkel, bei dem das Profil keinen Auftrieb mehr liefert. Er ist bei nichtsymmetrischen Profilen immer negativ, und zwar um so mehr, je stärker das Profil bzw. seine Mittellinie gewölbt ist. Wenn also ein Profil mit stärker gewölbter Rückseite schneller fliegen soll, muß es einen geringen Auftriebsbeiwert haben und deshalb stark negativ angestellt sein, wobei sich natürlich die Unterseitenströmung ablöst. – Es spielt natürlich auch die Druckverteilung für den Profilwiderstand eine Rolle.

Profile vom Typ I:

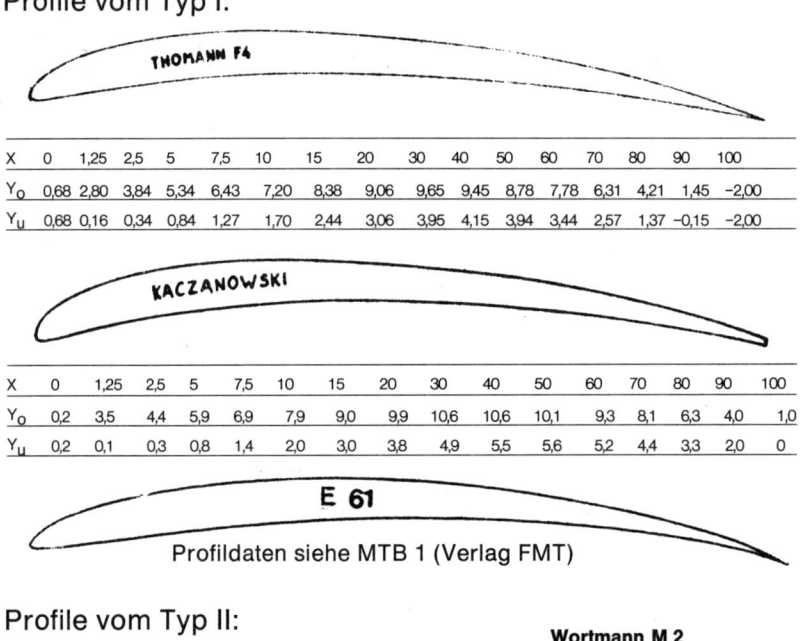

X	0	1,25	2,5	5	7,5	10	15	20	30	40	50	60	70	80	90	100
Y_o	0,68	2,80	3,84	5,34	6,43	7,20	8,38	9,06	9,65	9,45	8,78	7,78	6,31	4,21	1,45	-2,00
Y_u	0,68	0,16	0,34	0,84	1,27	1,70	2,44	3,06	3,95	4,15	3,94	3,44	2,57	1,37	-0,15	-2,00

X	0	1,25	2,5	5	7,5	10	15	20	30	40	50	60	70	80	90	100
Y_o	0,2	3,5	4,4	5,9	6,9	7,9	9,0	9,9	10,6	10,6	10,1	9,3	8,1	6,3	4,0	1,0
Y_u	0,2	0,1	0,3	0,8	1,4	2,0	3,0	3,8	4,9	5,5	5,6	5,2	4,4	3,3	2,0	0

E 61
Profildaten siehe MTB 1 (Verlag FMT)

Profile vom Typ II:

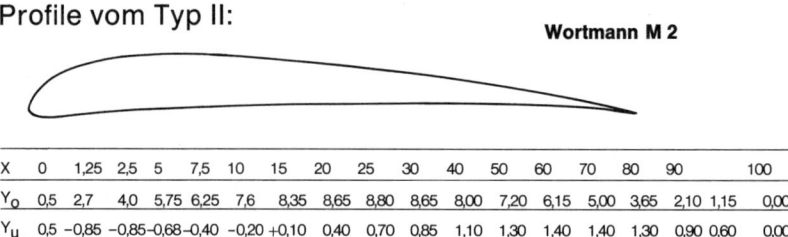

Wortmann M 2

X	0	1,25	2,5	5	7,5	10	15	20	25	30	40	50	60	70	80	90	100
Y_o	0,5	2,7	4,0	5,75	6,25	7,6	8,35	8,65	8,80	8,65	8,00	7,20	6,15	5,00	3,65	2,10	1,15	0,00
Y_u	0,5	-0,85	-0,85	-0,68	-0,40	-0,20	+0,10	0,40	0,70	0,85	1,10	1,30	1,40	1,40	1,30	0,90	0,60	0,00

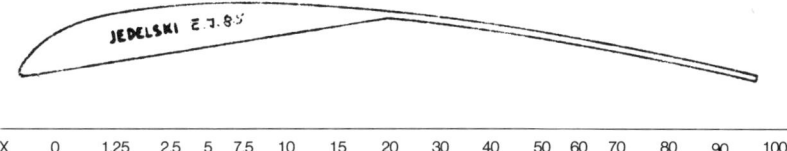

E 387 180 mm TIEFE BEI 1600 mm SPANNWEITE
ϱ = 0,5%

X	0	1,25	2,5	5,0	7,5	10	15	20	0,8	30	40	50	60	70	80	2,3	95	100
Y_o	2	2,5	4,3	5,6	6,5	7,2	8,3	9,2	9,7	10,1	10,2	9,5	8,2	6,8	5,2	3,6	2,8	2,0
Y_u	2	1,2	0,9	0,6	0,5	0,5	0,5	0,7	25	1,0	1,4	1,7	2,0	2,2	2,3	0,6	2,2	2,0

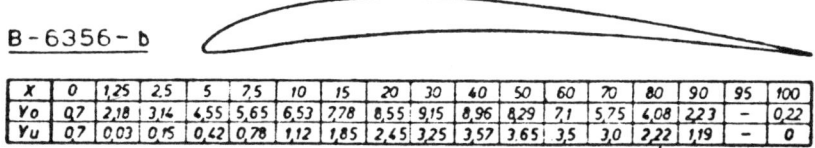

JEDELSKI E.7.85

X	0	1,25	2,5	5	7,5	10	15	20	30	40	50	60	70	80	90	100
Y_o	0,5	3	4,3	6	7,2	8	9,2	9,5	10	9,8	9	8	6,5	4,8	2,8	0
Y_u	0,5	0,1	0,5	1	1,3	1,8	2,7	3,3	5	6,5	8	7	5,5	3,8	1,8	0

B-6356-b

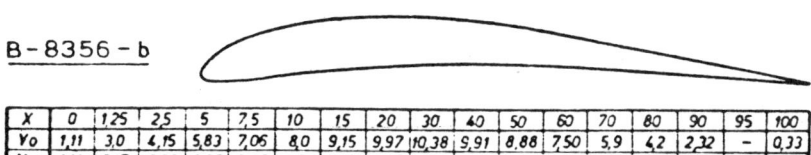

X	0	1,25	2,5	5	7,5	10	15	20	30	40	50	60	70	80	90	95	100
Y_o	0,7	2,18	3,14	4,55	5,65	6,53	7,78	8,55	9,15	8,96	8,29	7,1	5,75	4,08	2,23	-	0,22
Y_u	0,7	0,03	0,15	0,42	0,78	1,12	1,85	2,45	3,25	3,57	3,65	3,5	3,0	2,22	1,19	-	0

B-8356-b

X	0	1,25	2,5	5	7,5	10	15	20	30	40	50	60	70	80	90	95	100
Y_o	1,11	3,0	4,15	5,83	7,06	8,0	9,15	9,97	10,38	9,91	8,88	7,50	5,9	4,2	2,32	-	0,33
Y_u	1,11	0,17	0,03	0,05	0,25	0,50	1,19	1,87	2,70	3,05	2,98	2,67	2,22	1,62	0,89	-	0

Benedek-Profile von großer Polarität
B-6356-b = 6 % Dicke, 35 % Rücklage der Wölbungshöhe der Mittellinie,
6 % Wölbung der Mittellinie
B-8356-b = 8 % Dicke, 35 % Rücklage der Wölbungshöhe der Mittellinie,
6 % Wölbung der Mittellinie.
Begriffserklärungen siehe auch Abb. 109.

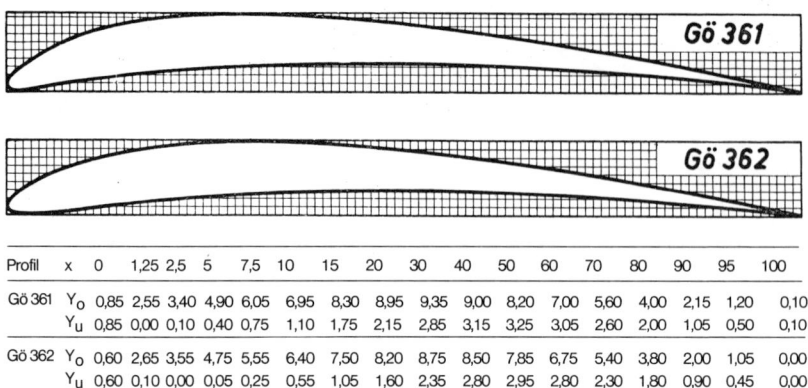

Profil	x	0	1,25	2,5	5	7,5	10	15	20	30	40	50	60	70	80	90	95	100
Gö 361	Y_o	0,85	2,55	3,40	4,90	6,05	6,95	8,30	8,95	9,35	9,00	8,20	7,00	5,60	4,00	2,15	1,20	0,10
	Y_u	0,85	0,00	0,10	0,40	0,75	1,10	1,75	2,15	2,85	3,15	3,25	3,05	2,60	2,00	1,05	0,50	0,10
Gö 362	Y_o	0,60	2,65	3,55	4,75	5,55	6,40	7,50	8,20	8,75	8,50	7,85	6,75	5,40	3,80	2,00	1,05	0,00
	Y_u	0,60	0,10	0,00	0,05	0,25	0,55	1,05	1,60	2,35	2,80	2,95	2,80	2,30	1,80	0,90	0,45	0,00

Die alten Profile Gö (Göttingen) 361 und 362 ähneln sehr den später entwickelten Benedek-Profilen. Beim Gö 362 wurden besonders niedrige Widerstandbeiwerte bis c_a 0,3 herab gemessen. Man führt dies auf die schön ausgerundete Nasenunterseite zurück.

Die Profile von Typ I sind nur für A 2- und Einachs-RC-Segler geeignet. Für Hangmodelle und RC-Zweiachssegler nimmt man die dickeren Profile von Typ II einschließlich des Jedelsky E.J. 85, u. U. noch Gö 362 wegen der ausgerundeten Nasenunterseite.
Empfehlenswert ist auch das Habichtprofil M 4 mit 3-D-Turbulator.

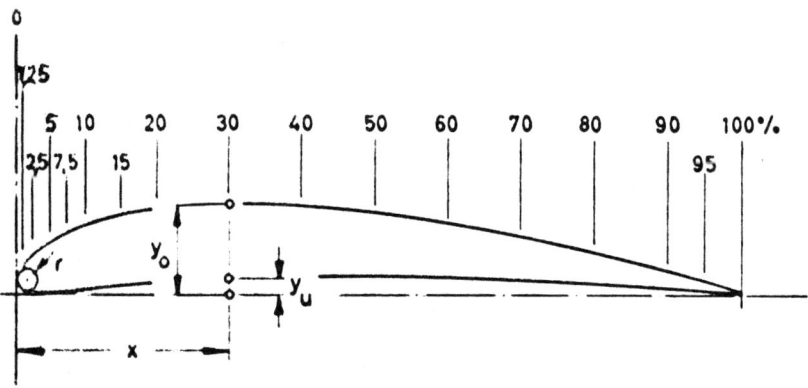

Abb. 84b: Profilkoordinaten x, y_o und y_u in % t
x = waagrechte Abschnitte in % t
y_o = Höhe der oberen Umrißpunkte
y_u = Höhe der unteren Umrißpunkte
Meistens wird noch der Nasenradius r in % der Flügeltiefe angegeben.

RC-Achsen und Profile

Ein bisher wenig beachteter Zusammenhang besteht zwischen der Zahl der Steuerachsen und der Profilauswahl. Wer einen „*Einachser*" hat – womit sich einer heutzutage gar nicht zu schämen braucht, wie wir noch sehen werden –, der wird mit bestem Anstellwinkel fliegen wollen, also mit hohem, um eine möglichst gute Sinkgeschwindigkeitsleistung herauszuholen. Er kann ja das Modell ohnehin nicht mit dem Höhensteuer „drücken". Ein gut ausgehöhltes Leistungsprofil ist daher immer gut, so vom Typ 1.

Wer sich zum „*Zweiachser*" hinaufgearbeitet hat, wird das Höhensteuer betätigen, um auch die Geschwindigkeit zu variieren. Dabei muß allerdings das Profil mitspielen. Profile von Typ 2 mit verdicktem Profilvorderteil sind hier zweckmäßig. Besonders leistungsfähig sind hier Vogelprofile nach der Standardbauweise, und hier wiederum vor allem solche mit größerer Wölbungsvorlage wie beim „Habichtprofil". Wer gar einen „*Dreiachser*" hat, möchte auch einmal Rückenflug betreiben. Also nimmt er so etwas wie ein halbsymmetrisches Profil, z. B. E 374. Bei solchen Profilen lassen sich auch die Querruder gut einbauen.

Computer-Profile für RC-Segler – auch *Wortmann*-Profile

Wir haben schon mehrere im Freiflug vorgestellt, von denen allerdings auch einige für den RC-Flug gut geeignet sind, wie das Wortmann-Profil M 2. Die Zahl der eigens für den RC-Flug berechneten Computerprofile ist nun aber schon beträchtlich.

Bei den Computerprofilen wird in der Berechnung ein besonderer Trick angewandt:

Man rechnet nicht wahllos unzählige Profile hinsichtlich ihrer Auftriebsverteilung durch, sondern gibt die gewünschte Auf-

triebsverteilung bzw. Druckverteilung bei verschiedenen Anstellwinkeln vor und errechnet dann die Profilkonturen.
Für die *Eppler*-Profile gibt es inzwischen eigene Profilsammlungen des Verlags für Technik und Handwerk (MTB 1 + 2). Die für Re-Zahlen über 100 000 berechneten Profile haben sich gegenüber den früher so beliebten wie MVA 301 oder N 60 rasch durchgesetzt, nur bei den Freiflugprofilen geht es sehr zögernd oder gar nicht voran. Das E 61 sollte jedoch wegen seines hohen c_a mehr beachtet werden.
Außer den *Eppler*-Profilen machen nunmehr auch Wortmann-Profile von sich reden, die an sich als Laminarprofile für den Großsegelflug entworfen wurden. Man benutzt im Modellflug die dünneren Profile. Typisches Kennzeichen ist bei ihnen die S-förmig geschwungene Unterseite, die eine ganz enorme Windschlüpfrigkeit verleihen soll. Es liegen zwar noch keine Messungen bei niedrigeren Re-Zahlen vor, aber den Aussagen von renommierten RC-Fliegern zufolge haben sie sich besonders im Flug mit kleinen Anstellwinkeln bewährt und sollen hier sehr flach mit Höchstgeschwindigkeit gleiten. Als ein Nachteil dieser Profile wird die größere Trimmempfindlichkeit empfunden. Der Schwerpunkt muß ganz sorgfältig ermittelt werden.
Besonders erprobt wurde das Wölbklappenprofil FX62-K-131. Die konstruktiven Schwierigkeiten sind natürlich entsprechend. Die Leistungen hängen sehr von der genauen Einhaltung der Profilformen und einer glatten Oberfläche ab. Besonderer Wert ist auf die Ausbildung des Nasenstücks und des hinteren Profilteils zu legen. Das dünne und gekrümmte Ende muß sehr genau gebaut werden.
In erster Linie sind die Computerprofile für rasanten Geschwindigkeitsflug geeignet, da sie erst bei einer größeren Re-Zahl günstige Profileigenschaften erreichen. Sie sind also nichts für Leichtwindsegler, ein bisher noch wenig erobertes RC-Gebiet.
Im übrigen: Wer eine reine Sinkgeschwindigkeitsleistung anstrebt und nicht die Überbrückung eines großen Windgeschwindigkeitsbereiches, der erzielt die besten Leistungen mit Vogelprofilen – den Computerprofilen der Mutter Natur.

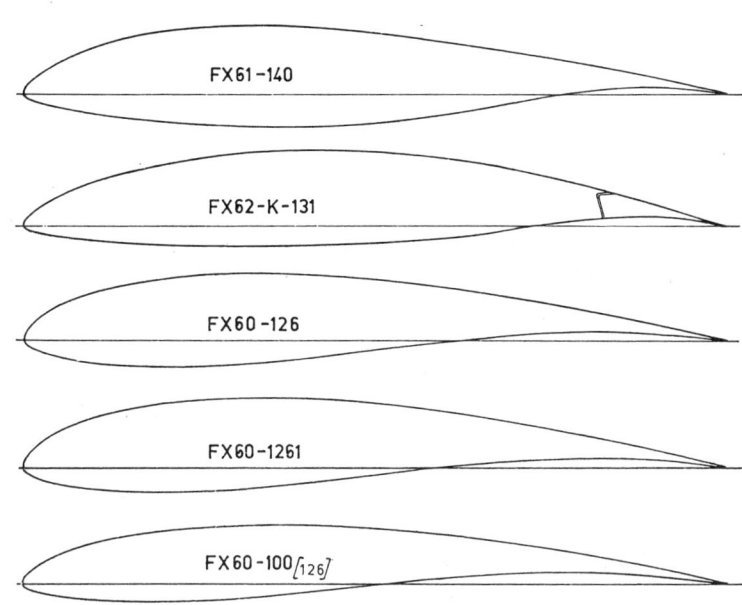

Abb. 85: Profilkoordinaten verschiedener Wortmann-Profile.

X	FX 60-126 Yo	Yu	FX 60-1261 Yo	Yu	FX 60-100$_{(126)}$ Yo	Yu	FX 61-140 Yo	Yu	FX 62-K-131 Yo	Yu
0,10	0,36	−0,47	0,36	−0,47	0,50	−0,36	0,50	−0,20	0,52	−0,16
0,96	2,02	−1,02	2,09	−0,98	1,46	−0,75	1,68	−0,80	1,61	−0,61
2,65	3,44	−1,80	3,55	−1,71	2,62	−1,34	2,99	−1,45	2,86	−1,06
5,16	4,81	−2,48	4,96	−2,34	3,85	−1,73	4,38	−2,10	4,18	−1,44
8,42	6,02	−3,05	6,22	−2,85	4,98	−2,13	5,74	−2,72	5,48	−1,86
10,33	6,59	−3,26	6,82	−3,04	5,50	−2,28	6,39	−3,02	6,11	−2,04
14,64	7,55	−3,60	7,83	−3,33	6,36	−2,48	7,57	−3,55	7,31	−2,35
19,56	8,33	−3,75	8,65	−3,43	7,06	−2,55	8,52	−4,00	8,37	−2,60
25,00	8,86	−3,68	9,23	−3,32	7,55	−2,46	9,15	−4,32	9,23	−2,78
30,86	9,13	−3,39	9,53	−3,00	7,84	−2,17	9,44	−4,51	9,86	−2,85
33,93	9,16	−3,17	9,58	−2,75	7,87	−1,98	9,44	−4,54	10,08	−2,85
44,24	9,04	−2,55	9,48	−2,12	7,79	−1,35	9,21	−4,46	10,37	−2,75
50,00	8,42	−1,42	8,86	−0,98	7,42	−0,35	8,38	−3,94	10,17	−2,40
59,75	7,40	−0,30	7,77	+0,07	6,55	+0,55	7,21	−2,89	9,40	−1,68
69,13	6,04	+0,64	6,35	+0,81	5,43	+1,25	5,89	−1,34	7,98	+0,65
80,44	4,06	+1,07	4,24	+1,24	3,70	+1,47	4,13	+0,44	5,42	+0,92
89,66	2,18	+0,95	2,43	+1,06	2,08	+1,05	2,53	+1,09	3,12	+1,55
94,85	1,08	+0,61	1,38	+0,71	1,05	+0,66	1,51	+0,94	1,76	+1,29
100	0	0	0	0	0	0	0	0	0	0

Skelettflügel mit Computerprofilen für RC-Segler?

Gerade die Computerprofile haben den Skelettbau in den letzten Jahren sehr zurückgedrängt. Sie verlangen eben äußerste Baugenauigkeit, wenn die errechneten Konturen nicht ad absurdum geführt werden sollen. Da sind natürlich Skelettflügel – also Flügel in Holm- und Rippenbauweise – wenig geeignet: Der Bespannungseinfall verzerrt die Profilkontur, so daß die errechnete „Druckverteilung" nicht mehr stimmt, und durch den Bespannungseinfall entstehen wiederum zumindest leichte Kanten, die den laminaren Strömungsfluß stören.

Damit wären Skelettflügel allgemein zum Aussterben verurteilt, hätten sie nicht einige besondere Vorzüge, welche die Nachteile mehr als aufwiegen können:

Bei Re-Zahlen unter 100 000 werden wir kaum einen aerodynamischen Nachteil hinnehmen müssen, im Gegenteil: Gerade der leichte Bespannungseinfall mit den dadurch entstehenden sanften Kanten regt die Turbulenz in sehr günstigem Maße an, besonders wenn man die Flügelnase nicht beplankt, sondern mit mehreren Hilfsholmen besetzt.

Eine Papierbespannung kann bei kleineren Re-Zahlen zur Profilturbulenz zusätzlich beisteuern. Wir haben z. B. bei Höhenleitwerken festgestellt, daß papierbespannte viel stärker tragen als folienbespannte, auch wenn die Bespannung etwas zwischen den Rippen und Holmen einfällt.

Nun gibt es allerdings auch Computerprofile für Re-Zahlen unter 100 000, wie E 58, 59, 61 und 62. Diese müssen jedoch in der schwierigen Vollbalsabauweise erstellt werden, deren Gewicht auch wesentlich über dem von Skelettflügeln liegt. Und das ist nun der Hauptvorteil von Skelettflügeln für Leichtwindsegler: Das unübertroffen geringe Gewicht, das zum Bau langsamer Modelle mit geringer Sinkgeschwindigkeit verhilft! Freilich braucht man auch bestimmte Profile für Skelettflügel, nicht zu dünn, aber gutmütig. RC-Modelle mit Skelettflügeln lassen sich auch leichter steuern als solche aus Vollkörpern.

„Wenn der Auftrieb dem Widerstand davonläuft"
Der beste Arbeitsbereich eines Profiles

Wir haben viel Arbeit auf die Entwicklung von Profilen verwendet, die einen hohen Anstellwinkel* vertragen. Es geht dabei nicht nur darum, daß dann das Überziehverhalten sehr gut ist, sondern auch um die Sinkgeschwindigkeitsleistung eines Profils. Die besten Leistungen werden immer bei hohen c_a-Werten erreicht!

Bei den Leistungen muß man nun hauptsächlich zwei Punkte unterscheiden:
1. den des besten Gleitwinkels,
2. den der besten Sinkgeschwindigkeit.

Der beste Gleitwinkel ist beim Schnellflug wichtig, z. B. beim Durchfliegen von Abwindfeldern oder auch beim Fliegen gegen stärkeren Wind. Die beste Sinkgeschwindigkeit ist im Langsamflug anzustreben, so im Kreisflug. Hier kommt es ja nicht auf den Gleitwinkel an, weil das Modell kein Ziel ansteuert. Fallen nun bester Gleitwinkel und beste Sinkgeschwindigkeit nicht zusammen?

Wenn man vom Achsenkreuz eines Polardiagramms eine Tangente an die Polare legt, einen sogenannten „Polstrahl", findet man den Punkt mit dem günstigsten Verhältnis Auftrieb : Widerstand, d. h. den Punkt der besten Gleitzahl.

Es ist nun aber so, daß das Profil über diesem Punkt noch viel Auftrieb liefert, nur nimmt der Widerstand etwas stärker zu. Bei höherem Auftrieb würde das Modell langsamer fliegen, nur wird die Gleitzahl auch etwas schlechter. Es kommt nun darauf an, inwiefern „der Auftrieb dem Widerstand davonläuft". Man muß den Punkt in der Polare suchen, in dem der Vorteil der Auftriebszunahme den Nachteil der Widerstandszunahme noch aussticht. Dies ist der Punkt der sogenannten

---

* Der Anstellwinkel wird neuerdings auch „Zuströmwinkel" genannt. In diesem Buch werden beide Bezeichnungen gebraucht.

„Beststeigzahl" = der geringsten Sinkgeschwindigkeit. Man könnte ihn nach einer Formel errechnen:

Steigzahl = c_a^3/c_w^2.

Man müßte da einen Punkt nach dem anderen im vermutlichen Bestbereich durchrechnen, um den Punkt der „Beststeigzahl" zu finden. Er liegt immer höher als der der besten Gleitzahl. Es geht auch zeichnerisch annäherungsweise: Nach einem Verfahren von *Klemperer* legt man ein Lineal an die Polare und verrückt es solange, bis der Polstrahl die c_a-Achse in einem Drittel des vermuteten Beststeigzahl-c_a schneidet. Dabei schneidet der Polstrahl zugleich die c_w-Achse in einem Punkt, der die Hälfte des c_w-Wertes der Beststeigzahl ergibt.

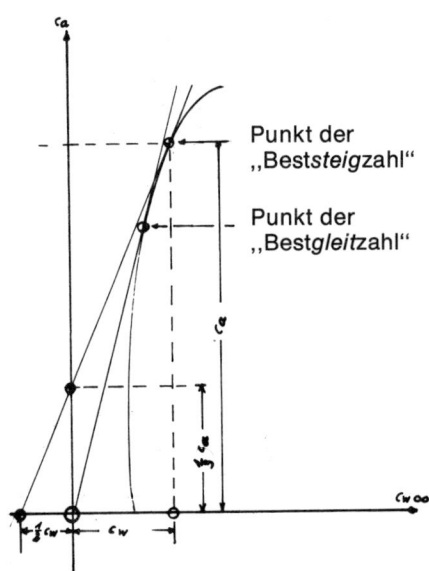

Abb. 86: *Punkt der Bestgleitzahl und Beststeigzahl einer Polare. Beschreibung siehe Text!*
Beim Widerstand wurde nur der reine Profilwiderstand berücksichtigt. Sinngemäß gilt das Verfahren auch für die Polare des Gesamtwiderstandes.

Wie kann man ein Modell im besten Arbeitsbereich fliegen?

Theoretisch interessierte Modellflieger stellen z. B. nach Studium einer Polare fest, daß die Beststeigzahl bei einem Anstellwinkel von 6° erreicht wird. Nun montieren sie den Flügel so, daß er 6° zur Rumpflängsachse geneigt ist. Diese Methode wird sehr häufig angewandt, und man kann sogar in Profilbeschreibungen die Empfehlung hierfür lesen.
Leider erweist uns das Modell nicht den Gefallen, auch mit dem festgesetzten Einstellwinkel gegen die Strömung zu fliegen. Je nachdem, ob das Modell kopf- oder schwanzlastig getrimmt ist, wird es sich mehr oder weniger gegen die Strömung anstellen, d. h. mit einem ganz anderen „Anstellwinkel" fliegen. *Der Einstellwinkel wird geometrisch vom Modellkonstrukteur festgelegt, den Anstellwinkel aber sucht sich das Modell je nach Trimmung aus.*
Ist das Modell schwanzlastig getrimmt, fliegt es mit hohem Anstellwinkel, ist es kopflastig getrimmt, fliegt es mit kleinem Anstellwinkel!
Man kann den besten Bereich fliegerisch nur durch entsprechende Trimmung ermitteln: Man muß feststellen, bei welcher Trimmung das Modell die beste Gleitzahl hat und bei welcher es die geringste Sinkgeschwindigkeit aufweist. Für Freiflug-Hochstartmodelle gilt nur das letztere.
Im übrigen setzt das Fliegen mit Beststeigzahl eine ganz hervorragende Längsstabilisierung voraus, über die noch gesprochen wird. Die beste Leistung erzielt man fast in der Nähe des Überziehens, also dort, wo das Modell gerade noch stabil fliegt.

Welchen Einstellwinkel soll man nun für den Flügel festlegen?
Man kann ruhig 0° zur Rumpflängsachse nehmen, und das HLW stellt man mit — 2 bis — 3° an.
Diese Einstellung gibt ein sehr schönes Flugbild, weil dabei das Rumpfende hängt und damit der Eindruck eines Schwebeflugs verstärkt wird. Auch aerodynamisch ist diese Anord-

nung gut: Die Luft wird ja hinter dem Tragflügel abwärts gelenkt und trifft den Rumpf schräg von oben, und das um so mehr, je „steiler" der Flügel am Rumpf eingestellt ist. Die Abwärtsströmung – genannt der „Flügelabwind" – verflacht sich allmählich, wirkt sich aber noch auf das Höhenleitwerk aus.

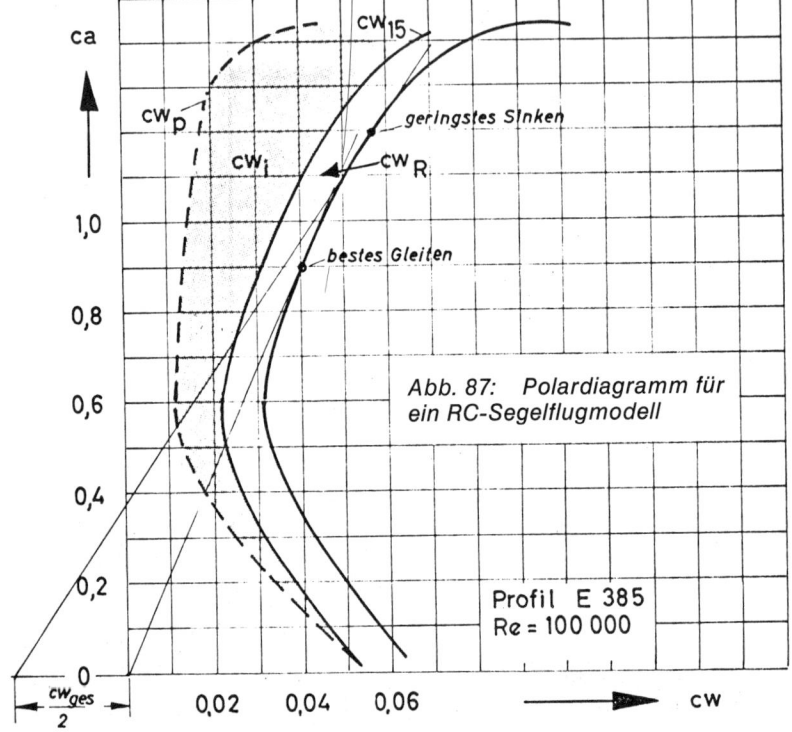

Abb. 87: Polardiagramm für ein RC-Segelflugmodell

cw_p = Profilwiderstand des Flügelprofils; cw_i = induzierter Widerstand des Flügels, Flügelstreckung = 15; cw_R = schädlicher Widerstand des Rumpfes mit Höhen- und Seitenleitwerk. Die optimale Gleitzahl wird bei $c_a = 0,9$ erreicht. $c_a/c_w = 0,9/0,04 = 22,5$. Die Fluggeschwindigkeit beträgt dabei 7,2 m/sec ($G/F = 30$ g/dm² $= 3$ kg/m²). Die optimale Sinkgeschwindigkeit wird bei $c_a = 1,2$ erreicht. Die Fluggeschwindigkeit beträgt dann 6,2 m/sec.
Der Gesamtwiderstand setzt sich zusammen aus dem Profilwiderstand, dem induzierten Widerstand und dem Restwiderstand (Rumpf, Leitwerk, Interferenzwiderstand – hervorgerufen durch gegenseitige Beeinflussung umströmter Teile). – Zum Polardiagramm: Genau genommen müßte sich mit den c_a-Werten auch die Re-Zahl ändern, doch ist bei Seglern in erster Linie die Re-Zahl der Beststeigzahl wichtig!

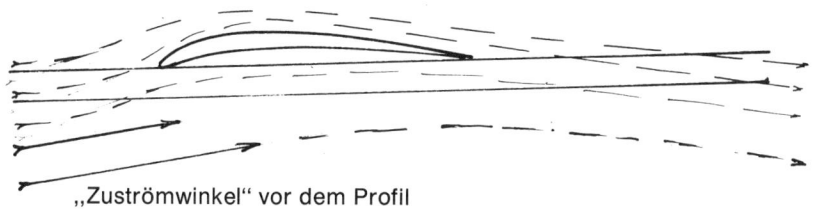

„Zuströmwinkel" vor dem Profil

Abb. 88: „Zuströmwinkel" vor und hinter dem Tragflügel: Vor dem Tragflügel wird die Strömung hochgesogen, dahinter nach unten gelenkt. Bei schmalen, runden Rümpfen ist dabei der „Interferenzwiderstand" (Beeinflussungswiderstand) gering, jedoch bei dickeren Rümpfen ins Gewicht fallend, so daß man die Formgebung dem Strömungsverlauf anpassen sollte.

Fragen zum Komplex Profile und Turbulenz bei Leistungsseglern

1. Was ist das Hauptproblem der Modellaerodynamik? Was ist das Hauptproblem der Großflugzeugaerodynamik?
2. Warum sind Laminarprofile im kleinen Re-Zahl-Bereich nicht sinnvoll?
3. Wie erreicht man bei Modellen eine laminare Strömung der Profilunterseite?
4. Welche Werte werden für die Abmessungen und Lage von Dreiecksturbulatoren empfohlen? Wovon hängt die Dicke ab?
5. Wie groß darf die Rauhigkeit einer Profiloberfläche sein?
6. Wie verhalten sich laminare Ablöseblasen im unterkritischen Bereich, im Übergangsbereich und im überkritischen Bereich?

7. Wo befindet sich die laminare Ablöseblase bei kleinem, wo bei großem Anstellwinkel?
8. Unter welchen Voraussetzungen wird das Wiederanliegen der laminaren Ablöseblase erleichtert? Welcher Effekt entsteht dabei?
9. Warum vertragen spitznasige oder flach gewölbte Profile keinen großen Anstellwinkel?
10. Kann ein Turbulator bei spitznasigen oder flach gewölbten Profilen einen größeren Anstellwinkel ermöglichen?
11. Warum sind Profile mit 8–10 % Oberseitenwölbung leistungsgünstig?
12. Welche Profile sind von der Druckverteilung her „blasenfreundlich", welche „turbulatorfreundlich"?
13. Was versteht man unter „Saugspitzenprofile"?
14. Durch welche Profilcharakteristiken entstehen „Saugspitzen"?
15. Auf welche Weise erzeugt eine „Saugspitze" Widerstand?
16. Warum brauchen „Anti-Saugspitzenprofile" einen Zusatzturbulator?
17. Welche Profilcharakteristiken ermöglichen ein widerstandsarmes Fliegen in einem breiten Anstellwinkelbereich?
18. Welche Profile sind ausgesprochene Langsamflugprofile?
19. Inwiefern können die RC-Achsen Einfluß auf die Profilauswahl nehmen?
20. Warum eignen sich Computerprofile wenig für Skelettflügel?
21. Welchen günstigen Effekt können Störkanten bei einem Skelettflügel haben?
22. Warum ist ein rundnasiges Profil mit Störkanten besser als ein spitznasiges?
23. Was versteht man unter „Beststeigzahl" eines Profils?
24. In welchen Flugsituationen ist das Fliegen mit der „Bestgleitzahl", wann mit der „Beststeigzahl" wichtig?
25. Wie kann man beide Punkte flugpraktisch ermitteln?

Zum Profilwiderstand gesellt sich der „induzierte" Widerstand

Streckung und Umriß des Flügels

Verringern schlanke oder zugespitzte Flügel den Widerstand?

Großsegelflugzeuge weisen heutzutage superschlanke Flügel auf, und im Streben nach größtmöglicher Vorbildtreue werden RC-Segler ähnlich gebaut. Die schlanken Flügel sind „in". Sie sollen mehr Leistung bringen. Doch wollen wir vorsichtig sein. Bei den Profilen schon mußten wir erfahren, daß im Modellflugbereich besondere aerodynamische Gegebenheiten beachtet werden müssen.

Anfänger bauen gerne breite Flächen, um mehr Auftrieb zu bekommen. Wer jedoch etwas in die Aerodynamik eingedrungen ist, der baut auf einmal superschlanke Flügel oder spitzt sie außen zu. Was ist der Grund? Er möchte den „Randwiderstand" verringern. Die Flugphysik sagt nämlich: Über die Flügelränder strömt Luft von der Druckseite (+) unten zur Saugseite (-) oben, wobei die sogenannten „Randwirbel" entstehen. Sie verursachen oft die Hälfte des Gesamtwiderstands und mehr, so daß seine Verringerung eine vordringliche Aufgabe darstellt.

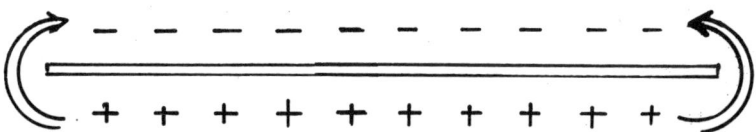

Abb. 89: *Druckausgleich um die Flügelränder.*

Die technisch einfachste Lösung ist die Anwendung einer hohen Streckung, d. h. man zielt auf ein hohes Verhältnis von mittlerer Flügeltiefe (t_m) zu Spannweite (b) hin. Ein Seitenverhältnis von 1 : 10 ergibt dann die Streckung 10. – Die Streckung wird mit dem griechischen Buchstaben Λ bezeichnet.

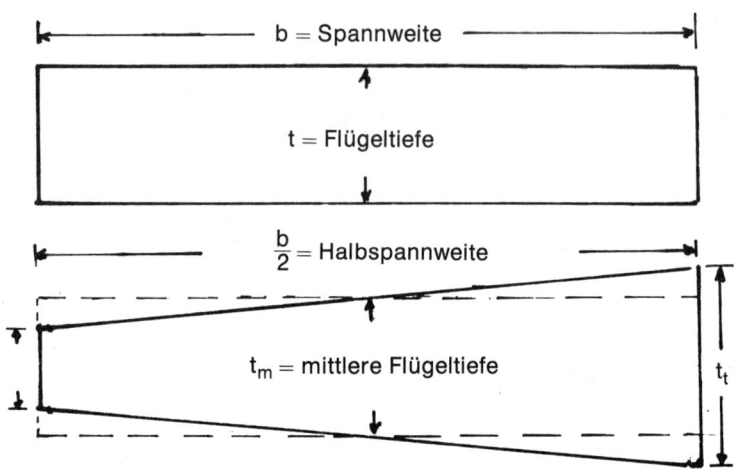

Abb. 90: *Spannweite und Flügeltiefe bestimmen die Streckung $\frac{b}{t}$.*

Es ist klar, daß die Randumströmung um so kleiner ist, je höher die Streckung bei gleichem Flächeninhalt ist. Schlaumeier wollen nun der Natur eine Schnippchen schlagen und verjüngen außen den Flügel, um den Randwiderstand zu verringern. Nun, der Rand ist zwar schmäler und der Randwirbel außen schwächer ausgeprägt, aber es bilden sich dafür flügeleinwärts weitere Wirbel aus, die zusammen mit dem Außenwirbel ziemlich denselben Widerstand wie beim Rechteckabschluß haben.

Abb. 91: *Bei gleichen Streckungen ist trotz verschiedenen Umrisses die Summe der Randwirbel soviel wie gleichgroß.*

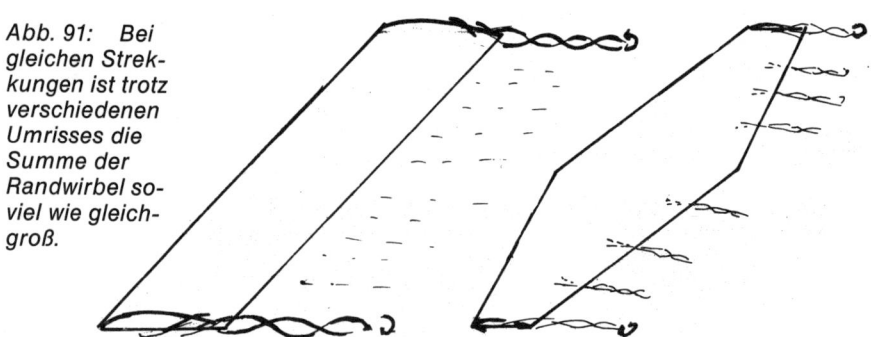

Es entscheidet also vorerst einmal die Streckung und nicht die Randbreite. Somit ist der Ausdruck „Randwiderstand" nicht ganz gerechtfertigt, und Tausende von Modellfliegern haben sich wegen der vermeintlich ausschließlichen Beschränkung des „Randwiderstands" auf den Flügelrand dazu verleiten lassen, die Flügelenden zu verjüngen – was jedoch andere Vorteile haben kann, wie wir noch sehen werden, aber nicht die erhoffte Verminderung des Randwiderstands bringt.

Die bessere Bezeichnung für den zu bekämpfenden Widerstand ist „induzierter Widerstand", weil er nämlich vom Auftrieb selbst induziert wird. Er steigt im Quadrat des Auftriebs. Wird kein Auftrieb erzeugt, wie z. B. im Sturzflug, so findet auch keine Randumströmung statt. Das Merkwürdige nun ist, daß nicht so sehr die Randwirbel die primäre Ursache für den Randwiderstand bzw. induzierten Widerstand sind, sondern der vom Flügel selbst erzeugte Abwind, der bei der Randumströmung entsteht. Man muß sich den Abwind so vorstellen, daß die Luft auch in großem Bogen um den Rand herumströmt und bei der Auffüllung des Unterdruckgebietes auf die Oberseite einfällt, so daß Abwind entsteht, in dem sich der Flügel wie auf einer schiefen Ebene wieder hocharbeiten muß. Die dabei entstehende Luftkraftkomponente nach rückwärts ist der eigentliche „induzierte Widerstand". Um den Auftriebsverlust durch die Auffüllung des Unterdruckgebietes wieder auszugleichen, muß der Flügel entsprechend steiler angestellt werden als bei einem Flügel unendlicher Streckung, und zwar um so steiler, je größer der Profilauftrieb und je kleiner die Streckung ist.

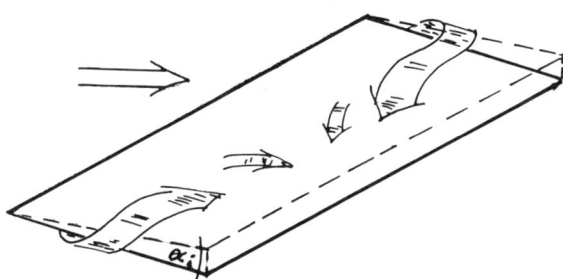

$\alpha°_i$ = α induziert (notwendige Anstellwinkelvergrößerung wegen Druckausgleichs)

Abb. 92a: Die von den Rändern und oben einströmende Luft erzeugt Abwind über dem Auftriebsfeld. Zum Ausgleich muß der Tragflügel steiler angestellt werden. Gestrichelte Linie = nötige Anstellung ohne Abwind

$$\alpha°_i = \frac{57{,}3}{\pi \cdot \Lambda} \cdot c_a$$

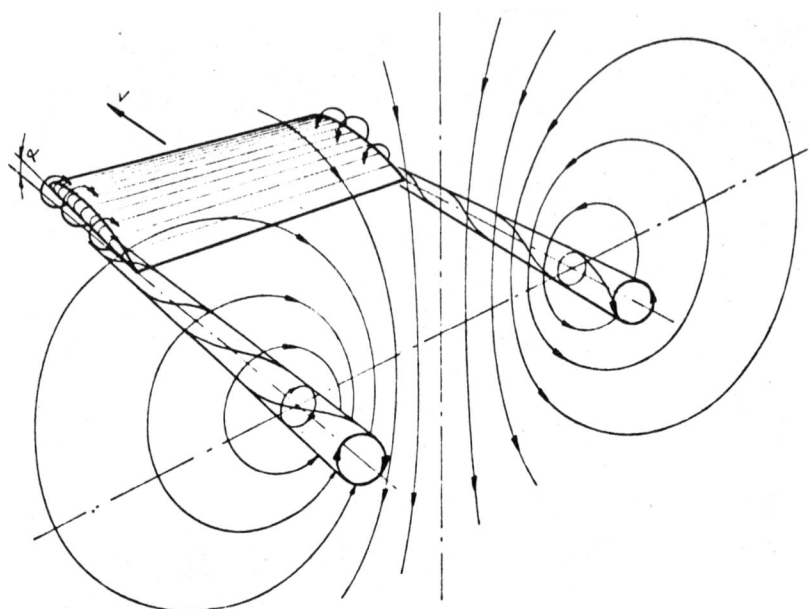

Abb. 92b: *Randwirbelzirkulation und Abwind hinter dem Flügel.* Die Zirkulation weitet sich immer mehr auf, so daß hinter dem Flügel ein geschlossenes Abwindfeld entsteht, außerhalb aber ein Aufwindfeld.

Maßgebend ist ebenso die Auftriebsleistung des Profils. Weil eben der Auftrieb den Randwiderstand „induziert", hängt der induzierte Widerstand nicht nur von der Streckung, sondern auch von der Auftriebsleistung des Profils ab. Weil uns hier nur das Verhältnis vom induzierten Widerstand zum Auftrieb interessiert und nicht Dimensionen wie Gewichte und Geschwindigkeiten, lassen wir diese Dimensionen weg und verwenden die „dimensionslosen" Beiwerte c_{wi} für den Widerstandsbeiwert und c_a für den Auftriebsbeiwert. Der Anteil des induzierten Widerstands ist im Vergleich zum Auftrieb:

Induzierter Widerstand $c_{wi} = \dfrac{c_a^2}{\pi \cdot \Lambda}$

Bei $c_a = 1{,}0$ und Streckung $\Lambda = 10$ beträgt dann der induzierte Widerstand den 31,4ten Teil des Auftriebs, bei Streckung 1 sogar den 3,14ten Teil, also fast ein Drittel! Siehe auch Polardiagramm Gö 417a bei $\Lambda = \infty$ und $\Lambda = 5$.

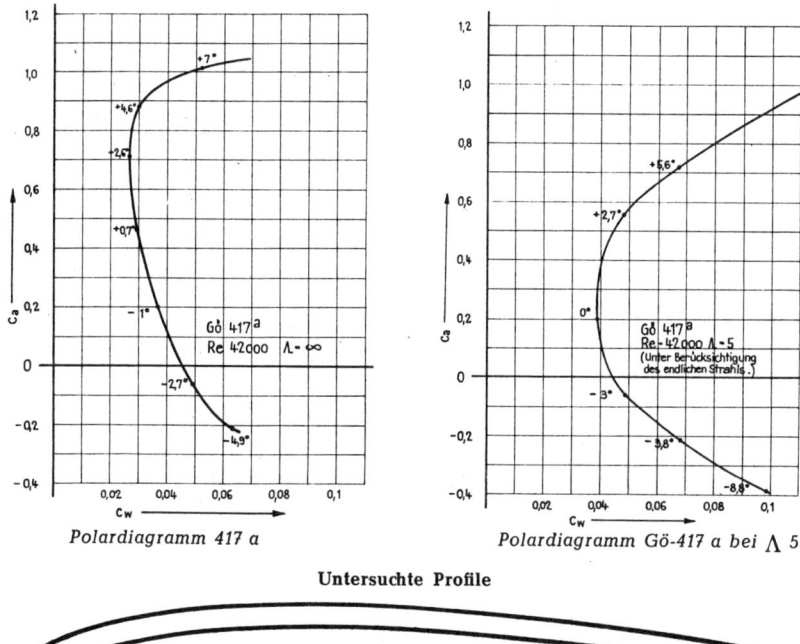

Polardiagramm 417 a   Polardiagramm Gö-417 a bei Λ 5

Untersuchte Profile

417 a

Abb. 93: Vergleich der Polare Gö 417 a bei Streckung Λ = ∞ und 5. Bei Streckung ∞ tritt der reine Profilwiderstand zutage, bei Streckung 5 der Profilwiderstand c_{wp} und der induzierte Widerstand c_{wi} für Λ = 5.

Man möchte beim Betrachten der Formel geneigt sein, den Auftriebswert c_a zu senken, z. B. durch ein weniger stark ausgehöhltes Profil, da nach der obigen Formel der induzierte Widerstand im Quadrat des c_a-Wertes steigt, die Streckung aber nicht im Quadrat erscheint. Dennoch steckt hier das Quadrat schon drin: Die Streckung erhöht sich bei gleichem Flächeninhalt im Quadrat der Spannweite (siehe Abb. 94).

Weil es für die Höhe des induzierten Widerstands gleichgültig ist, ob man z. B. den Auftrieb durch eine größere Flügeltiefe

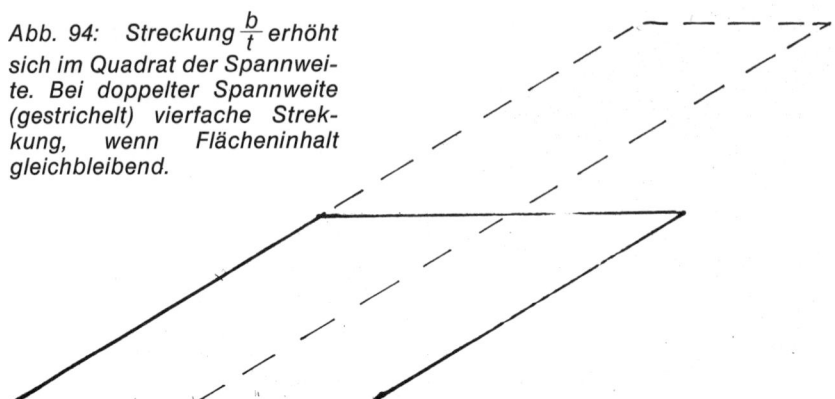

Abb. 94: Streckung $\frac{b}{t}$ erhöht sich im Quadrat der Spannweite. Bei doppelter Spannweite (gestrichelt) vierfache Streckung, wenn Flächeninhalt gleichbleibend.

oder durch eine stärkere Auftriebsleistung des Profils erhöht, stellt sich natürlich die Frage, welche Methode die günstigere ist.

Schmaler oder breiter Flügel bei gleichem Auftrieb?

Wir haben in Abb. 95 drei verschieden breite Flügel dargestellt, die alle den gleichen Auftrieb liefern und damit auch

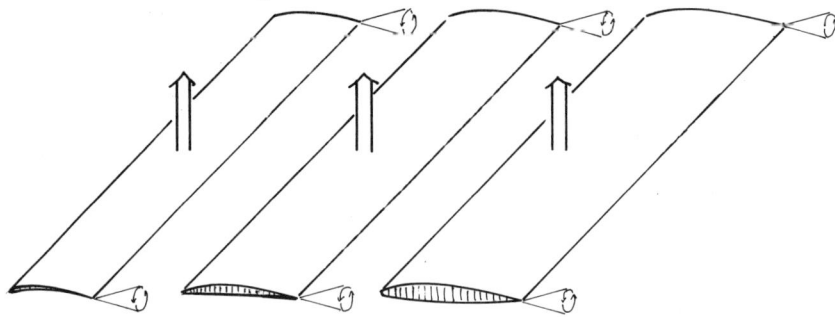

Abb. 95: Drei verschieden schlanke Flügel, aber mit gleichem Auftrieb – siehe Auftriebspfeil – und gleichem induziertem Widerstand – siehe Randwirbel.

den gleichen induzierten Widerstand aufweisen. Man könnte nun argumentieren, daß der breitere Flügel mit dem dickeren Profil schon aus baulichen Gründen der vorteilhafteste sei. Auffallenderweise verwendet man aber bei Hochleistungs-Freiflugmodellen schlanke Flügel mit stark tragendem Vogelprofil. Das muß seine guten Gründe haben:

Zunächst sind es natürlich die Baubestimmungen, die eine bestimmte Flächengröße vorschreiben – 32 bis 34 dm² Gesamtfläche bei A-2-Modellen –, und deshalb muß man das Bestmögliche aus der Fläche herausholen. Wo aber die Flächengröße freigestellt ist, z. B. bei Hangseglern, muß man sich die Frage nach weiteren Gesichtspunkten stellen.

Bei Seglern, die mit hohem Anstellwinkel fliegen, z. B. bei Thermikseglern, ist der schlanke Flügel mit dem Vogelprofil am günstigsten. Solche Profile haben die besten sogenannten „Profilsteigzahlen" c_a^3/c_w^2. Weil es bei geringerer Tiefe denselben Höchstauftrieb wie die beiden breiteren Flügel liefert, hat es die kleinere bespülte Oberfläche und damit weniger Reibungswiderstand. Da aber der induzierte Widerstand wegen des hohen Profilauftriebs groß ist, braucht man eine große Streckung. A-2-Modelle gehen auf Streckung von 15 bis 20. Hohe Streckungen wären auch ratsam z. B. bei RC-Einachsmodellen, da hier das Modell auf die Beststeigzahl eingestellt wird, die es während des ganzen Fluges beibehält.

Bei Seglern, die mit verschieden hohem Anstellwinkel geflogen werden, ist der mittelschlanke Flügel mit dem etwas volleren Profil zweckmäßig. Das wäre z. B. bei Magnetseglern oder RC-Zweiachsern der Fall. Auch A-1-Modelle, die aus Festigkeitsgründen ein etwas volleres Profil bei Skelettflügeln verwenden, kommen am besten mit mittelschlanken Flügeln aus.

Bei Seglern, die einen sehr großen Windgeschwindigkeitsbereich überbrücken – also einmal schnell und einmal langsam fliegen sollen – oder auch bei reinen Hangrennern ist der Bau des dritten, breiteren Flügels durchaus annehmbar. Das Profil erreicht zwar nicht die Steigzahlen wie das erste beim schlanken Flügel, doch kann es auch auf Schnellflug eingestellt werden.

Nun verleitet aber gerade die höhere Festigkeit bei Verwendung dicker Profile zum Bau sehr schlanker Flügel, und auch vorbildästhetische Gründe mögen dazu animieren. – Sinnlos ist jedenfalls eine Riesenstreckung bei „fliegenden Brettern", das sind ungepfeilte Nurflügler mit druckpunktfestem Profil. Die Auftriebsbeiwerte sind hier so gering, daß der induzierte Widerstand eine untergeordnete Rolle spielt. Demgegenüber ist aber die Vergrößerung der Re-Zahl äußerst wichtig, was auch für alle „Schnellflieger" gilt.

Nun kommt es auf den Flügelumriß an – neuere Erkenntnisse!

Lange Zeit hielt man den Umriß fast für wichtiger als die Streckung, weil man glaubte, damit den induzierten Widerstand sozusagen wegzaubern zu können. Der elliptische Umriß galt unbestritten als widerstandsärmster, und unsägliche Mühe wurde auf das Straken von Flügeln verwendet. Wer sich an Flugzeuge und Modelle vor dem Zweiten Weltkrieg erinnert, wird dies bestätigt finden.

Nach dem Zweiten Weltkrieg setzten sich neue Erkenntnisse in der Modellaerodynamik durch: *F. W. Schmitz* beschrieb in seinem epochemachenden Buch „Aerodynamik des Flugmodells" den Rechteckumriß als denjenigen, bei dem die geringsten Re-Zahl-Probleme auftreten, während man z. B. beim Trapezflügel damit Schwierigkeiten hat, besonders

Abb. 96: Zu stark verjüngter Trapezflügel mit Strömungsablösungen außen.

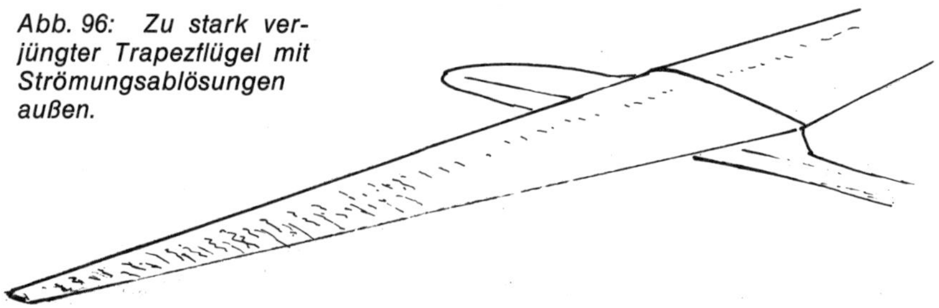

wenn der Flügel stärker zugespitzt ist. Zudem sprach sich herum, daß nach theoretischen Berechnungen der Rechteckflügel nur 4 % mehr induzierten Widerstand als ein Ellipsenflügel gleicher Streckung haben sollte. Wozu dann die Mehrarbeit?
Ein übriges taten nun die Veröffentlichungen von Professor *Hoerner*, USA. Nach seinen Messungen im Windkanal war der induzierte Widerstand beim Rechteckflügel kaum größer als beim Ellipsenflügel, insbesondere bei scharfkantigen, geraden Flügelrändern. Die Erklärung war einleuchtend: Die scharfen Kanten drängen die Randwirbel nach außen, wäh-

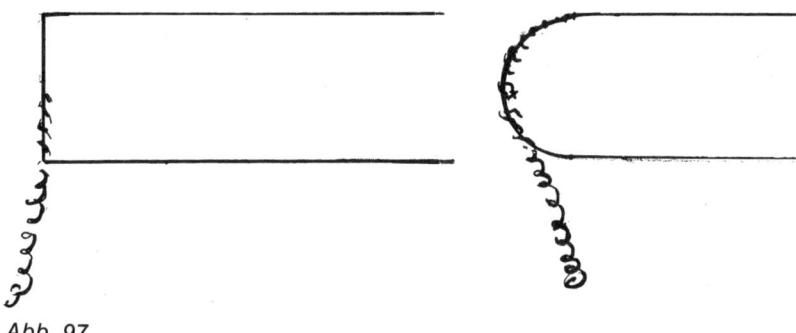

Abb. 97

rend sie bei runden Randbögen nach innen gezogen werden. Je weiter nun die Randwirbel nach außen gedrängt werden, desto größer ist die wirksame Spannweite. Es waren ja schon Vorschläge gemacht worden, den Randwirbel nach außen zu blasen, und bei Realisierung dieses Vorschlags hätte man denselben Effekt erzielt, wie wenn man die Spannweite entsprechend der Randwirbelverdrängung vergrößert hätte. Doch zum Wegblasen der Randwirbel wäre etwa soviel Energie nötig gewesen wie zur Überwindung des zu ersparenden Widerstands.

Haben andere Umrisse gegenüber dem Rechteck noch eine Chance?

Dennoch! Es sind nicht nur statistische, sondern vor allem aerodynamische Vorteile gegenüber dem Rechteck ins Feld zu führen. Man wird sich wundern, wo die aerodynamischen Vorteile liegen, da doch der induzierte Widerstand nicht vordergründig ist.

Statische Vorteile

Die statischen Vorteile anderer Flügelumrisse wie z. B. der des Trapezes leuchten ja sofort ein: Im Wurzelbereich wird die Festigkeit bedeutend erhöht, und es sind nunmehr auch größere Streckungen möglich. Dadurch tragen verjüngte Umrisse indirekt zur Verminderuung des induzierten Widerstands bei – nämlich dann, wenn sie eine höhere Streckung ermöglichen.

Natürlich kommt z. B. bei Trapezflügeln wieder das leidige Problem der Re-Zahl-Verschlechterung in den Außenteilen zum Vorschein. Schon deshalb sollte die Verjüngung nicht mehr als 60 % betragen. Bei so mäßigen Verjüngungen haben wir heutzutage ausgezeichnete Turbulenzmittel, die den Re-Zahl-Abfall wieder gut ausgleichen.

Aerodynamische Vorteile des ellipsenähnlich verjüngten Flügels

1. Bei verjüngten, kürzeren Flügelenden sogar Re-Zahl-Verbesserung des gesamten Flügels!

Es versteht sich zunächst, daß bei verjüngten Flügelenden zum Ausgleich für die weggefallene Fläche *der Mittelflügel* eine größere Tiefe erhalten kann. Er liegt damit im Bereich günstigerer Re-Zahlen, was sich bei Modellen bedeutend drastischer auswirkt als bei Großflugzeugen. Siehe beispielsweise die Profilpolaren des russischen Segelflugprofils K 2 bei verschiedenen Re-Zahlen! Bei Vergrößerung von Re 33 000 auf Re 44 000 wird der Profilwiderstand gleich um etwa 10 % kleiner und dazu das erreichbare c_a-Maximum größer – zwei Vorteile auf einmal! (Siehe nochmals Abb. 73b.)

Wie steht es nun aber mit den Flügelenden? Wie soll denn hier die Re-Zahl verbessert werden – bei abnehmender Flügeltiefe? Wir spannen hier die Randwirbel selbst zum Re-Zahl-Ausgleich ein:

Es ist die Anliegekraft der Randwirbel, die bei einem Rechteckabschluß etwa das Außenquadrat erfaßt. Man hat in Windkanalmessungen festgestellt, daß bei Streckungen kleiner als 2 die Strömung auch bei kleinen Re-Zahlen erst bei einem ungewöhnlich hohen Anstellwinkel abreißt. – Nun plädieren wir nicht für den Rechteckflügel, sondern für einen verjüngten Flügelabschluß. Wir wissen aus der Einführung über den induzierten Widertand, daß sich bei verjüngten Enden die Randwirbel mehr einwärts ausbilden. Sie müssen also dort ebenso ihre Anliegekraft entfalten. Das kann man schon an kleinen Papiergleitern nachweisen: Der Verfasser beschäftigte sich als Modellfluganfänger mit Papiermodellen, die bei einer Spannweite von 30 cm eine durchschnittliche Flügeltiefe von 6 cm aufwiesen. Nach außen zu verjüngte Flügel hatten gegenüber Rechteckformen eine merklich bessere Gleitzahl, was aber nicht auf eine Verminderung des induzierten Widerstands zurückzuführen war.

Man muß nun wohl ergänzen, daß die Anliegekraft der Randwirbel sich *nur bei kleinen Streckungen oder stark verjüngten Außenteilen auswirken kann.*

Wir kommen nun zu einem Vorteil gegenüber dem Trapezflügel: Wir rieten oben von einer zu starken Verjüngung ab. Am Ende eines außen verjüngten Flügels kann man aber die Zuspitzung stärker machen. Dadurch erreichen wir eine stärkere Verjüngung, die zweierlei Vorteile hat: Erstens größere Anliegekraft der Randwirbel, zweitens Einsparung einer Fläche, die im Mittelteil angesetzt werden kann und hier die Re-Zahl wieder vergrößert. Man sehe sich einmal die stark zugespitzten Enden von Schnellseglern oder Schnellfliegern

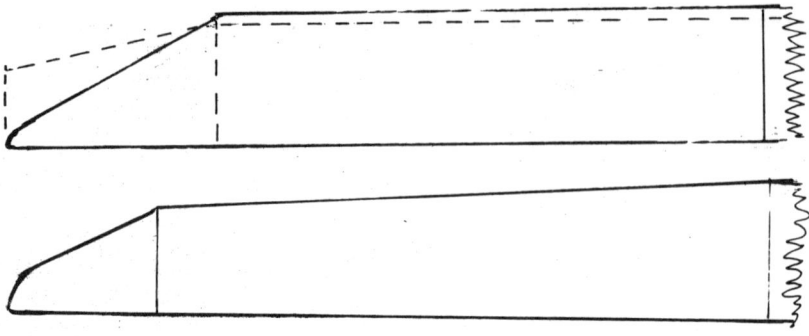

Abb. 98: Oben: Starke Verjüngung des Außenteils ergibt größere Flügeltiefe im Mittelteil bei gleichem Flächeninhalt. Unten: Doppeltrapezflügel.

unter den Vögeln an, von Möven, Schwänen, Tauben, Schwalben. Leider ist dieser Abschluß baulich sehr schwierig – man denke z. B. an den Rippenstrak – und die Spitze ist sehr bruchgefährdet. Doch beweist andererseits die Theorie, daß eine Zuspitzung von 0,35 t den geringsten induzierten Widerstand bei Trapezflügeln gibt. Natürlich kann man auch beim Volltrapezflügel die Enden nochmals verjüngen, dann hat man sozusagen ein Doppeltrapez, das günstiger ist als ein Einfachtrapez mit stark zugespitzten Enden.

2. *Mehr Höchstauftrieb bei weniger Widerstand!*

Bei der Einführung über den induzierten Widerstand haben wir herausgestellt, daß über die Ränder ein gewisser Druckausgleich erfolgt. Es ist nun nicht gleichgültig, wie sich dieser Druckausgleich über die Spannweite verteilt:

Beim Rechteckflügel erfolgt der Ausgleich vor allem im Außenbereich, während der Innenflügel fast nichts einbüßt.

Beim Flügel mit elliptischer Auftriebsverteilung erfolgt der Druckausgleich gleichmäßig über die ganze Spannweite, und zwar entsprechend der Flügeltiefe. Es bedeutet dies nichts anderes, als daß beim Rechteckflügel jeder Flügelteil mit einem anderen c_a, beim Ellipsenflügel aber überall mit demselben c_a arbeitet!

Abb. 99: Links: Auftriebsabfall durch Druckausgleich beim Rechteckflügel – Auftriebsverteilung liegt zwischen Rechteck und Ellipse (gestrichelt). Rechts: Gleichmäßiger Auftriebsabfall bei Ellipse.

Das hat nun weitere Folgen: Wie wir bei der Einführung über den induzierten Widerstand herausgestellt haben, muß für den Verlust beim Druckausgleich der Flügel etwas mehr angestellt werden: Leider ist dies beim Rechteckflügel nur in ganz geringem Maße möglich, da der Innenflügel ja schon mit größtem c_a arbeitet und bei dem die Strömung abreißt, wenn der Anstellwinkel (= Zuströmwinkel) weiter erhöht wird. Es gibt hier also keinen Ersatz für den Verlust infolge des Druckausgleichs! Bei der Ellipse aber kann der Anstellwinkel genau um den Betrag erhöht werden, der zum Ausgleich nötig ist!
Der ellipsenähnliche Flügel liefert also mehr Auftrieb als der Rechteckflügel.
Es kommt noch etwas hinzu: Beim Rechteckflügel arbeitet der Außenteil mit geringerem c_a, und wir wissen doch, daß die Profilbestleistung nur bei *hohem* c_a erreicht wird. Man braucht nur an die Profilpolare zu denken: Bei *kleinem* c_a wächst der Widerstand wegen der Unterseitenablösung, vor allem bei Konkavprofilen. Daraus ziehen wir eine wichtige Schlußfolgerung: *Je stärker die Unterseitenwölbung, desto ungünstiger ist ein Rechteckflügel!*
Ein ellipsenähnlicher Flügel hat demnach nicht nur größeren Auftrieb, sondern auch geringeren Widerstand. Das Auftriebsmaximum ist höher, weil der Flügel steiler angestellt werden kann, und der Profilwiderstand ist kleiner, weil das Profil im Außenteil günstiger angeströmt wird!

3. Aber auch bei kleinem c_a: Weniger Widerstand, bessere Stabilität

Eigentlich geht ja aus dem soeben Gesagten schon hervor, daß beim Rechteckflügel sich im Außenteil noch größere Schwierigkeiten ergeben müssen, wenn der Anstellwinkel kleiner wird: Bei normalem Anstellwinkel arbeitet das Außenprofil schon ungünstig, und das erst recht bei kleinem Anstellwinkel. Hier reißt dann die Strömung auf der Unterseite vollends ab. Das hat sowohl eine bedeutende Widerstandserhöhung als auch eine Verminderung der Querstabilität zur Folge. Da die Strömung auf beiden Seiten nicht gleichzeitig abreißt, kippt das Modell über. Wir führten das Modell-

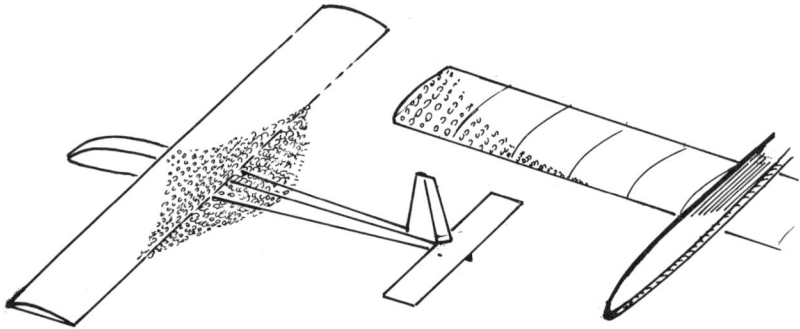

Abb. 100: *Abreißvorgänge beim Rechteckflügel.*
Links: Bei großem Anstellwinkel reißt die Strömung zuerst in der Mitte ab, während die Außenteile noch tragen, was für die Querstabilität an sich günstig ist. Rechts: Bei kleinem Anstellwinkel reißt die Strömung zuerst außen an der Unterseite ab, was zum einseitigen Abkippen führt.

verhalten zunächst auf böigen Wind zurück. Merkwürdig nur, daß bei Ballastzugabe im Schwerpunkt – etwa halbes bis ganzes Modellgewicht – und normaler Anstellwinkeltrimmung das Modell auf einmal wie ein Brett in der Luft lag! Die Unstabilität mußte also auf eine Strömungsablösung auf der Unterseite zurückzuführen sein. Tatsächlich, nach Ausfüllen der äußeren Unterseiten flogen die Modelle wieder stabiler! Es muß noch betont werden, daß es sich um Rechteckflügel handelte. Bei den nächsten, ellipsenähnlichen Flügeln war das Ausfüllen der äußeren Unterseite nicht mehr nötig. Wir können unsere Schlußfolgerung von oben erweitern:

Je stärker die Unterseitenwölbung, desto mehr ist ein ellipsenähnlicher Flügelumriß gerechtfertigt! Dies gilt besonders für Hangmodelle aller Art, vor allem für Zweiachssegler. Also insgesamt eine positive Bilanz des ellipsenähnlichen Flügels! Nun wäre noch dem Einwand zu begegnen, daß Landsegler unter den Vögeln im Segelflug die Randfächer ausbreiten, wodurch der Umriß wieder mehr dem Rechteck ähnelt. Wir dürfen hier nicht übersehen, daß wegen der großen Randspalte zwischen den einzelnen ,,Randfedern" die Gesamtfläche stark verjüngt ist. Die Auffächerung als solche dient der Verminderung des induzierten Widerstands, ein komplizierter Vorgang, der bei unseren starren Flügeln nicht so ohne weiteres nachvollziehbar ist.

Für den nächten Abschnitt aber gab die Natur eine eindeutige Antwort:

Vor- oder zurückgepfeilte Flügelenden?

Die Verjüngung am Ende kann auch für eine Verringerung des induzierten Widerstands eingesetzt werden, und zwar bei Rückpfeilung: Durch die schrägen Flügelenden werden die Randwirbel nach außen gedrängt, und dadurch wird die wirksame Spannweite größer. Wir haben zuerst gesehen, wie beim Rechteckabschluß im Gegensatz zum kreisförmigen Abschluß die Randwirbel mehr nach außen gezogen werden. Ist nun die Endkante dazu schräg angesetzt, muß es die Randwirbel noch stärker nach außen drängen (s. Abb. 101).

Ein interessantes Beispiel bringt dafür auch *R. T. Hoffmann* in ,,Modelaeronautics made painless" bei ,,fliegenden Scheiben". Hier zieht es die Randwirbel ganz stark zur Mitte hin. Denkt man sich nun die zwei Halbkreise einer Scheibe an die Ränder eines Rechteckflügels gesetzt, dann zieht es die Randwirbel hier an der Hinterkante einwärts, wodurch die ,,wirksame Spannweite" verkleinert wird.

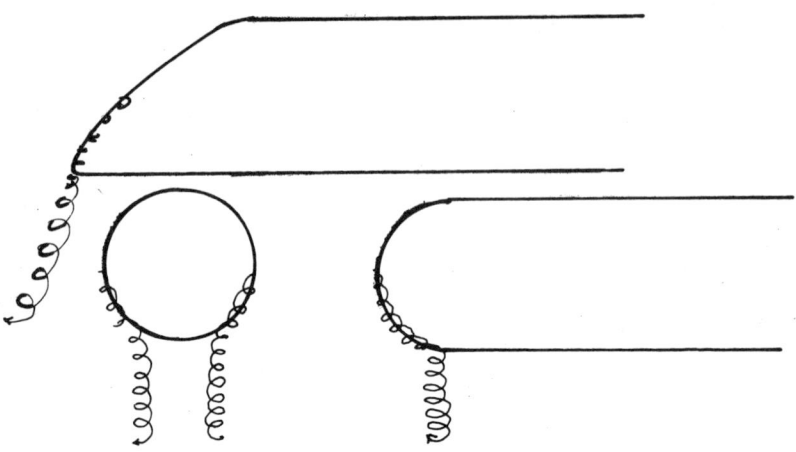

Abb. 101: Oben Abdrängung der Randwirbel nach außen, unten nach innen.

Es liegt ja deshalb schon nahe, die rückwärtige Rundung zu vermeiden und die Hinterkante bis außen gerade verlaufen zu lassen. Lassen wir aber die vordere Rundung, dann haben wir den zurückgepfeilten Flügelrand.

Bei allmählich sich verjüngenden Flügelenden dürfte der Unterschied zwischen einer Vor- und Rückpfeilung nicht ins Gewicht fallen, jedoch bei sich stark verjüngenden Flügelenden. E. Jedelsky hat in eigenen Versuchen mit kleinen Modellen bedeutende Unterschiede in den Flugleistungen von Modellen mit zwei gegensinnig gepfeilten Flügelenden festgestellt. Beide Flügel hatten die Streckung 7. Der mit der geraden Hinterkante zeigte um 9 % bessere Flugleistungen als der mit der geraden Vorderkante ([14]) (s. Abb. 102a).

Es dürfte als sicher gelten, daß die offensichtliche Leistungsverbesserung nicht nur auf die Randwirbelabdrängung nach außen zurückzuführen ist, sondern mit einer Erhöhung des Auftriebs zusammenhängt, wie Göttinger Versuche schon früher bewiesen haben.

Die Auftriebserhöhung wird verständlich, wenn man sich vorstellt, daß die Flügelzirkulation bei Rückpfeilung des Endes gleichmäßig in die Randwirbelzirkulation übergeht. Der Randwirbel wird also hier zur zusätzlichen Auftriebserzeu-

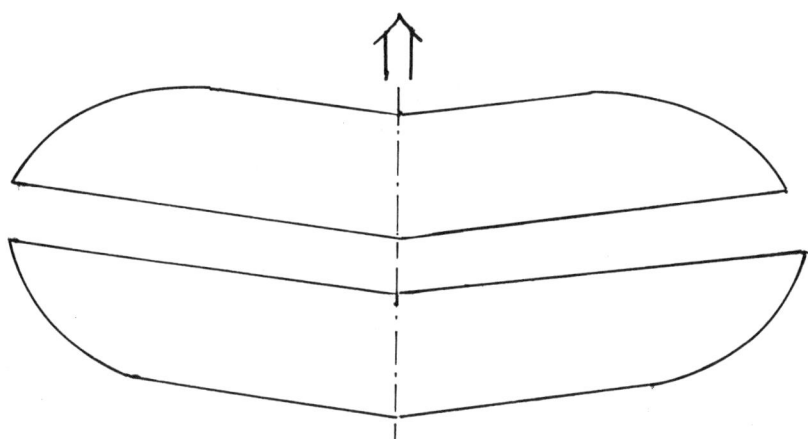

Abb. 102a: Von E. Jedelsky untersuchte Flügel mit verschieden gepfeilten Flügelenden. Der Tragflügel als solcher (Streckung 7) ist leicht vorgepfeilt, was nach älteren Messungen eine geringfügige Auftriebsverbesserung zur Folge haben soll.

gung ausgenützt. – Läßt man dagegen die Vorderkante gerade und zieht die Hinterkante vor, so zirkuliert der Randwirbel entgegen der Nasenumströmung, wodurch sich der Auftrieb mindert.

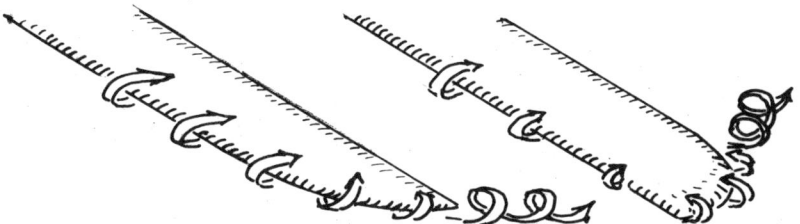

Abb. 102b: Beim zurückgepfeilten Flügelende geht die Tragflügelzirkulation in Randwirkbelzirkulation über, beim vorgepfeilten kommt es zu einer gegensinnigen Hinterkantenumströmung mit Einwärtsdrift der Randwirbel.

Flugtiere wie Käfer, Fledermäuse und zahlreiche Vogelarten haben zurückgepfeilte Flügelenden. Landsegler wie Bussarde. Störche usw. spreizen dagegen im Segelflug die Flügelenden, was offensichtlich den Randwiderstand vermindern hilft, d. h. bei hohem Auftrieb. Im Modellflug steht hier noch die Aufgabe bevor, mit technisch vereinfachter Randaufspaltung den Randwiderstand zu vermindern. Im Großflug hat man mit ,,winglets" schon einige Erfolge erzielt. Dabei ist der Flügelrand in zwei Teile abgewinkelt. ,,Winglets" lenken die Strömung entgegen der Randwirbelzirkulation bzw. ziehen Energie aus der Randumströmung, die an den aufgefächerten Flügeln Vortrieb erzeugt. ,,Winglets" sind auf jeden Fall wirksamer als einfache Endscheiben, die mehr Reibungswiderstand durch die eigene Fläche erzeugen als sie Randwiderstand reduzieren. Der Effekt bei den ,,winglets" soll derselbe sein, wie wenn der Flügelrand um deren Länge verbreitert würde. Man darf also die Erwartungen auch nicht zu hoch schrauben.

Abb. 103: ,,Winglets"

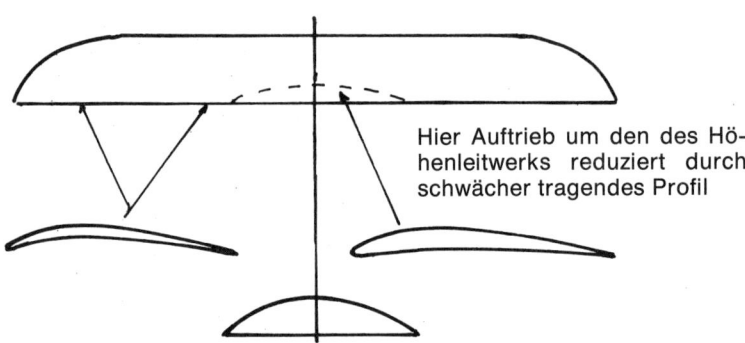

Hier Auftrieb um den des Höhenleitwerks reduziert durch schwächer tragendes Profil

Abb. 104: Elliptische Gesamtauftriebsverteilung bei mehreren tragenden Flächen vermindert induzierten Widerstand. Man nützt dies zugleich konstruktiv aus, indem man das Profil im Flügelmittelteil unten aufdickt.

Fragen zur Flügelstreckung und zum Flügelumriß

1. Wovon hängt die Größe des induzierten Widerstands ab?
2. Warum passen zu Profilen mit hoher Auftriebsleistung Flügel mit hoher Streckung? Warum kann bei dickeren Profilen mit geringerer Auftriebsleistung die Streckung niedriger sein?
3. Welche Tatsachen sprechen für die Verwendung von Rechteckflügeln?
4. Welche Vorteile haben Flügel mit verjüngten Enden?
5. Wie wirkt sich das Abreißverhalten des Rechteckflügels bei großem und kleinem Anstellwinkel aus?
6. Warum sollen für starke Konkavprofile ellipsenähnlich geformte Flügel verwendet werden?
7. Welche Randformen sind hinsichtlich des induzierten Widerstands günstig, welche ungünstig?
8. Warum sind zurückgepfeilte Flügelränder günstig, vorgepfeilte ungünstig?
9. Wie erzielt man eine elliptische *Gesamt*auftriebsverteilung bei Modellen mit stark tragendem Höhenleitwerk?
10. Wie heißt die Formel für den induzierten Widerstand?

Amerikanische RC-Segelflieger testeten Randabschlüsse*

	Vorderansicht	Randansicht
„Wirbel-Ausdehner"		
„Wirbel-Verzögerer"		
90°-Endscheibe (wirkt wie längerer Rand)		
90°-Endscheibe (verzögert Abreißen am Rand)		
Einfacher „Ausdehner" (Expander)		
Einfacher „Verzögerer" (Retarder)		
Einfacher Schrägabschluß		
Konkave Randkappe (selten)		
„Standard"-Abschluß		

* Aus „Modelbuilder", USA

Mangels Möglichkeit einer ganz exakten Flugvermessung konnten keine Leistungsunterschiede festgestellt werden. Die meisten Formen sind jedoch ohnehin nachteilig, da sie gerade an den Flügelenden zusätzlich Gewicht bringen und damit das Trägheitsmoment vergrößern.

Andere Randformen wurden an der DVL vermessen. Die Leistungsunterschiede waren nicht groß, aber immerhin meßbar.

Wie beeinflussen verschiedene Randformen den induzierten Widerstand? – *Ergebnisse aus Windkanalmessungen.*([33])
Die wirksame Streckung wird um den Betrag verändert (±), der an der Seite ausgewiesen ist.
Nr. 1 ist die Basisform. δ Λ bedeutet Änderung der Streckung gegenüber der Basisform.

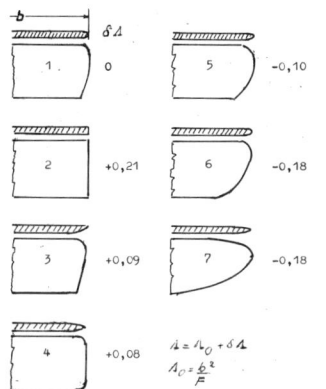

Dabei schneidet das scharf abgeschnittene Rechteck (2) am besten ab. Ein Flügel mit der Streckung $\Lambda = 10$ hätte dann die wirksame Streckung von 10,21, einer mit der Streckung $\Lambda = 15$ die wirksame Streckung von 15,21 usw.

Weniger Gewinn bringt das nach oben zu geschärfte und leicht geschwungene Flügelende (3) und noch etwas weniger das Rechteck mit gerundeten Kanten.

Verluste bringen die Randformen rechts, besonders die stärker eingerundeten Hinterkanten von (6) und (7). Der elliptische Randabschluß mit vorgezogenem Rand ist also gar nicht so gut. Gegenüber (6) und (7) hätte das scharf abgeschnittene Rechteck (2) einen Vorteil von 0,21 + 0,18 = 0,39. Das heißt z. B., daß bei einer Streckung von 10 eine effektive Streckung von 10,39 erreicht würde.

Es ist nun aber auch die Profilwiderstandsveränderung ins Kalkül zu ziehen. Da rechteckige Randkappen mehr Profilwiderstand haben als abgerundete, wird ein Teil des Gewinns wieder aufgezehrt, den die Verminderung des induzierten Widerstands ergibt.

Steuerbarkeit und Flugstabilität

Modelle können um drei Achsen gesteuert werden – nur sieht man die Achsen nicht!

Die drei Achsen sind gedachte Linien, wie in Abb. 105 dargestellt. Sie gehen alle durch den Schwerpunkt, bilden also hier ein „Achsenkreuz". Klar sind die Bezeichnungen für die drei

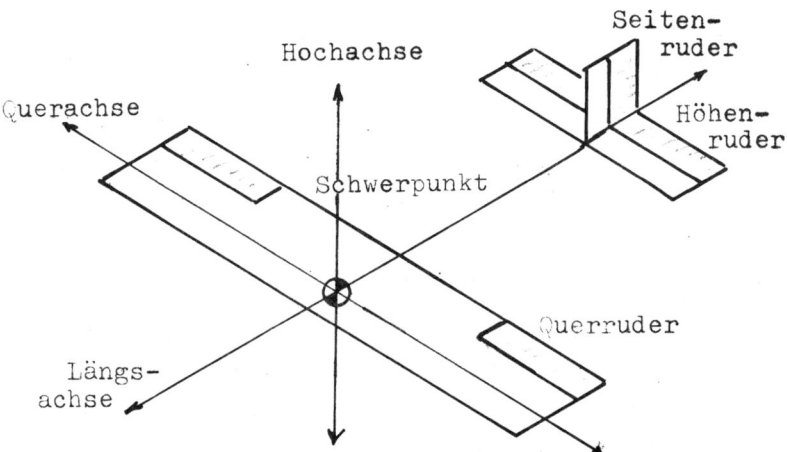

Abb. 105: Die drei Achsen des Modells und die zu deren Steuerung benötigten Ruder.

Achsen: Hochachse, Querachse, Längsachse. Eine Begriffsverwirrung kann es jedoch geben, wenn man die Achsen mit den Ruderfunktionen in Verbindung setzt:
Das Seitenruder steuert das Modell um die Hochachse,
das Höhenruder steuert es um die Querachse,
die Querruder steuern es um die Längsachse.
Wir wählten die Reihenfolge der Achsen nach der Wichtigkeit der RC-Achsen:

Bei den ersten RC-Modellen mußte man sich darauf beschränken, den Kurs zu beeinflussen und steuerte deshalb das Modell mit dem Seitenruder um die Hochachse. Man nennt so eine Steuerung „Einachssteuerung". Die technische Entwicklung ermöglichte später zusätzlich die Betätigung des Höhenruders zur Steuerung um die Querachse. Man konnte damit die Geschwindigkeit des Modells regulieren. Die Modelle hatten nun eine „Zweiachssteuerung".
Für Kunstflug, wie z. B. Rückenflug, brauchte man noch Querruder, mit denen man das Modell um die Längsachse steuern kann. Solche Modelle sind dann „dreiachsgesteuert".

Modelle müssen zunächst um alle drei Achsen eigenstabil sein!

Analog zu den drei Achsen gibt es auch drei Arten von Flugstabilität: Die Stabilität um die Hochachse nennt man Richtungs- und Kursstabilität, die um die Querachse ist die Längsstabilität, und die um die Längsachse ist die Querstabilität. Dies ist leicht zu merken, wenn man nochmals die Abb. 105 zu Hilfe nimmt.
Eigenstabil sind Modelle, wenn sie nach einer Störung des Flugzustandes um eine Achse wieder in den Normalzustand zurückkehren. Unter Stabilität versteht man demnach nicht, daß die Modelle nicht störbar sein sollen, sondern daß eine erfolgte Störung schnell ausgeglichen wird. Es geht also nicht auf ein äußerst träges Modell hinaus, sondern auf das Gegenteil!

Geringes Trägheitsmoment fördert Steuerungswirkung und Eigenstabilität

Es ist nicht so, daß man die Außenteile wie die Flügelenden und das Rumpfende mit Gewichten belasten, sondern so leicht wie möglich ausbilden soll! Diese Teile vor allem dürfen einer Bewegungsänderung nur den geringstmöglichen Widerstand entgegensetzen. Die Außenteile liefern aber das größte „Trägheitsmoment", da dieses im Quadrat des Abstands wächst, den ein Masseteilchen vom Schwerpunkt aufweist. Das heißt also, daß ein Gewicht von 1 g in 100 cm Abstand vom Schwerpunkt dasselbe Trägheitsmoment hat wie ein Gewicht von 100 g in 10 cm Abstand!

Genaueres zur Flugstabilität:
Modelle müssen zuerst längsstabil sein: Am Anfang war die EWD!

So könnte man die Geschichte des Fliegens allgemein überschreiben. Das Fliegen konnte nämlich erst dann beginnen, als das Problem der Längsstabilität durch die Einstellwinkeldifferenz gelöst war!
Es war der Franzose *Penaud*, der im Jahre 1871 ein Gummimotormodell mit Einstellwinkeldifferenz zwischen Tragflügel und Höhenleitwerk vorführte. Die Flugweite betrug etwa 40 m.

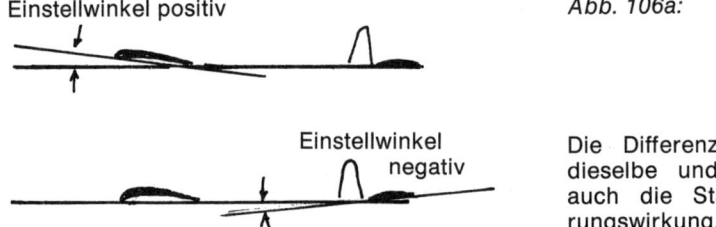

Abb. 106a:

Die Differenz bleibt dieselbe und damit auch die Stabilisierungswirkung.

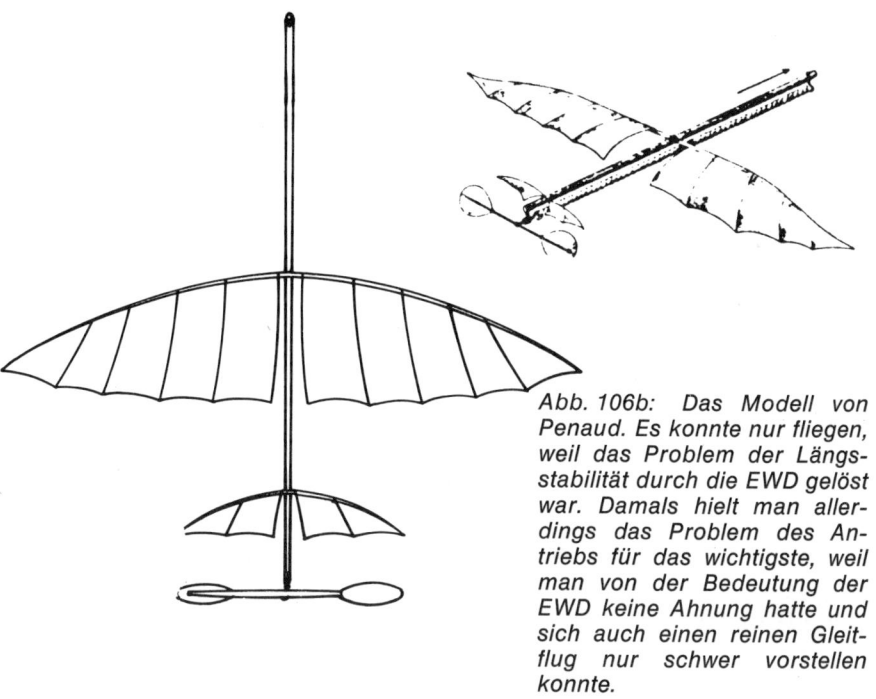

Abb. 106b: Das Modell von Penaud. Es konnte nur fliegen, weil das Problem der Längsstabilität durch die EWD gelöst war. Damals hielt man allerdings das Problem des Antriebs für das wichtigste, weil man von der Bedeutung der EWD keine Ahnung hatte und sich auch einen reinen Gleitflug nur schwer vorstellen konnte.

Seine akademischen Zeitgenossen hatten für diese Versuche nur ein mitleidiges Lächeln übrig. Sie verkannten die Genialität des Tricks mit der Einstellwinkeldifferenz. *Penaud* nahm sich später aus Enttäuschung über die mangelnde Anerkennung seiner Entwicklungsarbeit das Leben.

Aber auch heute noch wird die Großtat *Penauds* selten ins rechte Licht gerückt. Dabei war es gerade die Lösung der Längsstabilität mittels Einstellwinkeldifferenz zwischen Tragflügel und Höhenleitwerk, was das Fliegen mit technischen Geräten erst möglich machte. *Leonardo da Vinci* oder der Schneider von Ulm hatten mit ihren Entwürfen dieselben Erfolgschancen wie etwa eine Kugel, die auf einer spitzen Nadel balancieren soll. Ähnlich verhält sich ein Flügel ohne Längsstabilisierung: Er rollt und taumelt zu Boden.

Ist aber nicht der Schwanz des Vogels schon ein Vorbild für das Höhenleitwerk eines Fluggeräts? Dazu schreibt Professor *Herzog* in „Anatomie und Flugbiologie der Vögel": *„Die erstmals von Penaud 1871 an einem Flugmodell angebrachte*

Stabilisierungsvorrichtung ist eine echte Erfindung des Menschen und kommt in der Natur bei keinem Lebewesen vor." – Bei den Flugtieren sind in der Regel derartige Stabilisierungsflächen nicht vorhanden, und auch der Vogel ist nicht unbedingt auf seine Schwanzfläche angewiesen. – Der aufmerksame Naturbeobachter kann, besonders in der Mauserzeit, manchen schwanzlosen Vogel durch den Luftraum eilen sehen, ohne eine Beeinträchigung seiner Flugfähigkeit festzustellen. Herzog behauptet, daß der Vogel keineswegs, wie immer angenommen wurde, ein autostabil fliegender Flugkörper sei. *Die Stabilisierung erfolge durch Reflexbewegungen.* Ein in Flughaltung hartgefrorener Greifvogel könne nicht wie ein Flugmodell zum Fliegen gebracht werden, sondern stürze wie ein Stein zu Boden.([2])

Die Fluggeschichte begann also eigentlich erst mit der Erfindung der Einstellwinkeldifferenz. Als die Längsstabilität kein Problem mehr war, konnte etwas für die Querstabilität und die Verbesserung der Flugleistung durch leistungsfähigere Profile getan werden. Das Modell von *Penaud* hatte auch hier schon etwas voraus: Die Flügelspitzen waren etwas nach oben gebogen und die Rippen wie bei einer gewölbten Platte geformt.

Wie die EWD wirkt

Modelle ohne EWD zeigen folgendes typisches Flugverhalten: Überziehen sie, dann sacken oder torkeln sie zu Boden, ohne sich abzufangen. Gehen sie aber auf die Nase, dann „unterschneiden" sie, d. h. der anfangs etwas steile Gleitflug geht allmählich in den Sturzflug oder sogar in den Rückenflug über.

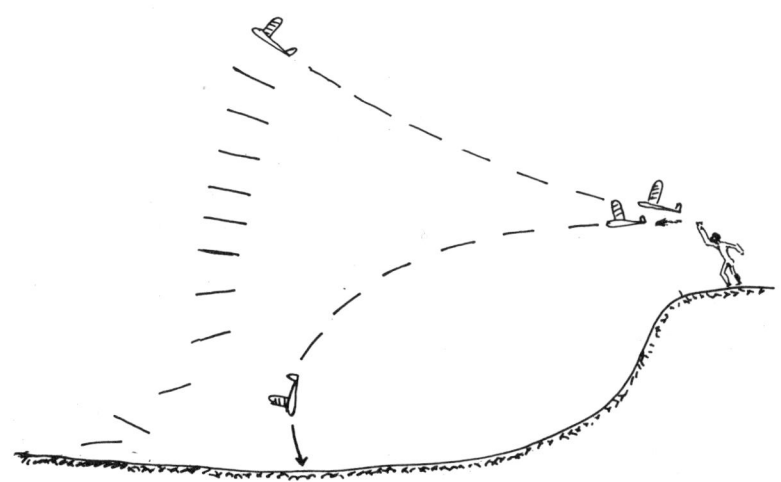

Abb. 107: *Flugverhalten ohne EWD. – Links: Taumeliges Herabsinken nach dem Überziehen, rechts: „Unterschneiden" nach steilerem Gleitflug.*

Mit EWD und der richtigen Schwerpunktlage wirkt das Höhenleitwerk diesem Flugverhalten entgegen:
Im Normalflug trägt das Höhenleitwerk nicht oder nur wenig. Beim Überziehen oder Abkippen in Steilflug erzeugt es mit EWD und richtiger Schwerpunktlage ein rückdrehendes Moment. Dieses ist um so stärker, je größer die Fläche und der Abstand vom Schwerpunkt sind. *Ohne EWD dagegen wirkt auch die größte Stabilisierungsfläche nicht.*

Die Druckpunktwanderung stört das Gleichgewicht

Wer die Frage stellt, ob sich der Tragflügel nicht von selber stabilisiert, der bekommt sofort die Antwort, wenn er versucht, einen Tragflügel normaler Bauart allein fliegen zu lassen: Er rollt und wirbelt förmlich durch die Luft. Nun, Normalprofile sind ausgesprochen unstabil, weil bei ihnen der sogenannte *„Druckmittelpunkt"* mit der Änderung des Anstellwinkels („Zuströmwinkels") wandert. Der „Druckmittelpunkt" ist der Punkt, wo sich die Auftriebskräfte das Gleichgewicht halten würden. Bei großem Anstellwinkel nun greifen die Auftriebskräfte weiter vorne an, bei kleinem rückwärts.

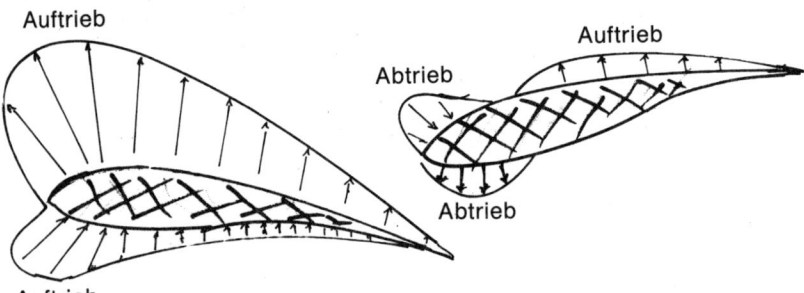

Abb. 108: Druckpunktwanderung infolge verschiedener Auftriebsverteilung je nach Anstellwinkel. Links: Zunahme des Auftriebs im Vorderteil, rechts: Abtrieb im Vorderteil.

Nicht alle Profile haben dieselbe Druckpunktwanderung

Symmetrische und S-Schlag-Profile haben keine oder nur eine geringe Druckpunktwanderung. Haben sie keine Druckpunktwanderung, dann sind sie *„druckpunktfest"*, und der „Druckmittelpunkt" liegt bei 25 % der Flügeltiefe.

Wir können daraus wichtige Schlüsse ziehen: Da symmetrische Profile keine Mittellinienwölbung haben, folgern wir daraus, daß die Druckpunktwanderung um so geringer ist, je weniger die Mittellinie gewölbt ist. Die Druckpunktwanderung ist natürlich dann um so größer, je stärker die Mittellinie gewölbt ist. Daraus kann man wiederum schließen, wie es mit der Lage des Druckmittelpunktes steht.

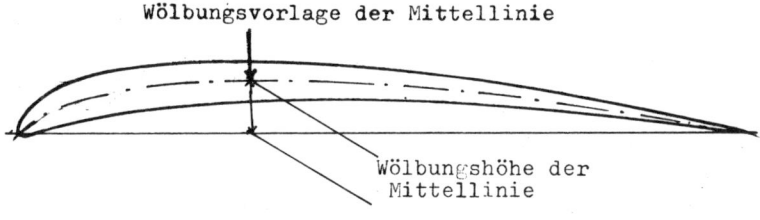

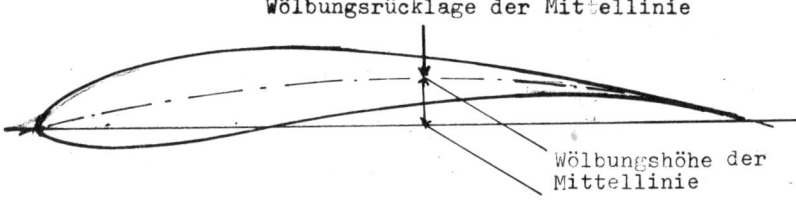

Abb. 109: Begriffe: Wölbungsvorlage und -rücklage der Mittellinie, Wölbungshöhe der Mittellinie (vgl. Abb. 7).

Der Druckmittelpunkt liegt bei einem bestimmten c_a um so weiter zurück, je größer die Mittellinienwölbung ist und auch je weiter die Wölbung zurückliegt. S-Schlag-Profile erhärten dies, da bei ihnen die Wölbung wegen des S-Schlags weiter vorne liegt: Wie erwähnt, liegt bei ihnen der Druckmittelpunkt bei etwa 25 % und die Druckpunktwanderung ist gering.

Abb. 110: Wirkung des S-Schlags ähnlich der EWD eines Höhenleitwerks, daher keine oder nur geringe Druckpunktwanderung. S-Schlag-Profile haben aber nur geringe Auftriebsleistung.

Zusammenfassend können wir sagen, daß der Druckmittelpunkt bei einem bestimmten c_a um so weiter zurückliegt und die Druckpunktwanderung um so größer ist, je stärker die Mittellinienwölbung ist und je weiter die Mittellinienwölbung zurückliegt.

Wie berechnet man die Lage des Druckmittelpunktes?

Die Lage des Druckmittelpunktes spielt nicht nur bei der Fixierung des Schwerpunktes eine Rolle, sondern z. B. auch bei Flügelbefestigungen. Diese sollen möglichst im Druckmittel angreifen, wie es beim normalen Flug liegt, andernfalls verdreht es den Flügel zu stark, besonders bei größerem Ballastzusatz.

Früher nahm man als Faustregel für die Lage des Druckmittelpunkts 33 % der Flügeltiefe. Nun, das stimmt nur noch für wenige Profile, wie wir noch sehen werden: Gebräuchliche Profile haben bei einem c_a von 1,0 eine Druckmittelpunktlage von 0,33 bis 0,50 t.

Nun braucht man zur genauen Berechnung wieder Formeln und Beiwerte. Den Abstand des Druckmittelpunkts x von der Nasenkante kann man in Prozenten der Flügeltiefe errechnen oder als Bruch x/t:

$$\frac{x}{t} = \frac{1}{4} t + \frac{-c_m^\circ}{c_a}.$$

$\frac{1}{4}$ t sind hier mit 25 % t gleichzusetzen. Es wird also vom Druckmittelpunkt druckpunktfester Profile bei 0,25 t ausgegangen. Infolge der besonderen Mittellinienwölbung bei nicht „druckpunktfesten" Profilen rückt dann der Druckpunkt je nach c_a weiter zurück. Zur Ermittlung braucht man jeweils den Auftriebsbeiwert c_a und den Momentenbeiwert c_m°. Letzterer wird meistens bei Profilmessungen angegeben.

Nachfolgend die c_m°-Werte und die Druckmittelpunkte bei einem c_a von 1,0 bei bekannten *Eppler*-Profilen:

Profil	c_m°-Wert	Druckmittel in % t bei $c_a = 1,0$
E 387	0,081	33 % t
E 385	0,168	42 % t
E 58	0,251	50 % t

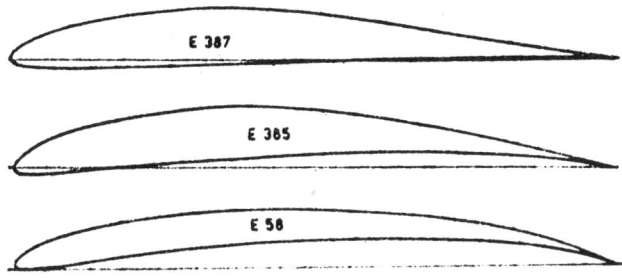

Eppler-Profile mit verschieden starken Druckpunktwanderungen.

Vergleicht man die Wölbungscharakteristik der Mittellinien und die Lagen der Druckmittelpunkte, dann findet man die beschriebene Gesetzmäßigkeit für die Druckpunktwanderung bestätigt!

Weiche Flügel gefährden die Längsstabilität

Besonders dünne Profile können wenig verdrehungssteife Flügel ergeben, und gerade diese Profile sind hier wegen der beträchtlichen Wanderung des Druckmittelpunkts starken Torsionskräften ausgesetzt. Wir haben interessehalber die Druckpunktwanderung nach den c_m-Werten der Windkanalmessungen am *Hacklinger*-Profil Gö 803 zusammengestellt,

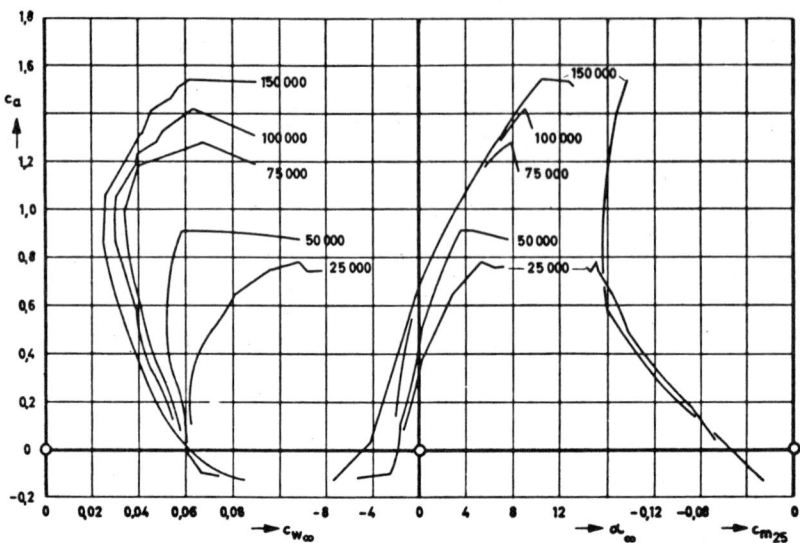

Abb. 111: Polare des Profils Gö 803; links Auftriebs- und Widerstandsbeiwerte bei verschiedenen Re-Zahlen ohne Turbulator, Mitte Auftriebsanstieg pro Grad Anstellwinkel (Auftriebsgradient), rechts Momentenbeiwert c_m 25 (= $c_{m°}$).

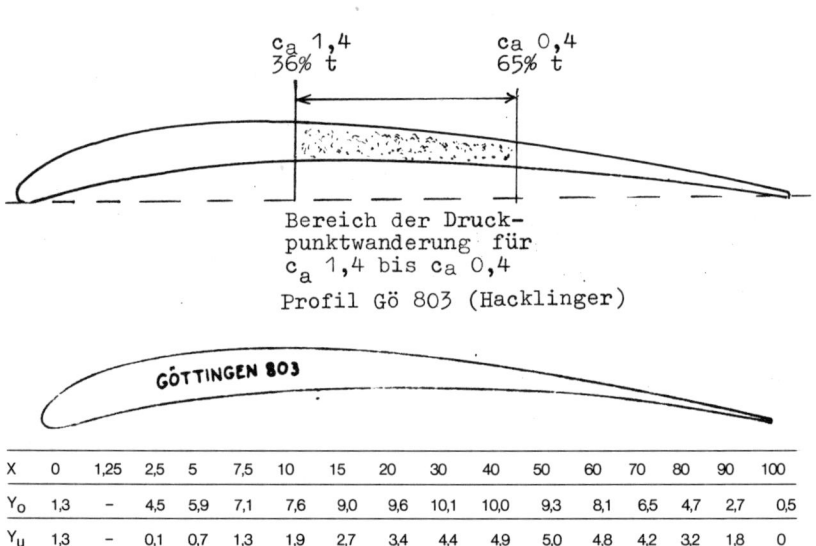

X	0	1,25	2,5	5	7,5	10	15	20	30	40	50	60	70	80	90	100
Y_o	1,3	–	4,5	5,9	7,1	7,6	9,0	9,6	10,1	10,0	9,3	8,1	6,5	4,7	2,7	0,5
Y_u	1,3	–	0,1	0,7	1,3	1,9	2,7	3,4	4,4	4,9	5,0	4,8	4,2	3,2	1,8	0

und zwar bezogen auf eine Profiltiefe von 100 mm. Das c_m° beträgt nach der Momentenkurve des Polardiagramms etwa 0,16. Somit ergeben sich nach der Formel

$$\frac{x}{t} = \frac{1}{4}t + \frac{-c_m^\circ}{c_a}$$

folgende Werte:

c_a	$\frac{1}{4}t$		$-c_m^\circ$		$\frac{x}{t}$
0,4	25	+	40	=	65 mm
0,6	25	+	27	=	52 mm
0,8	25	+	20	=	45 mm
1,0	25	+	16	=	41 mm
1,2	25	+	13	=	38 mm
1,4	25	+	11	=	36 mm

Man ersieht also, wie weit das Druckmittel bei kleinen c_a gegenüber einem hohen zurückliegt und wie groß die Torsionskräfte am Flügel sein müssen. Die Folge ist bei weichen Flügeln, daß sie sich verdrehen, wodurch die Einstellwinkeldifferenz zwischen Tragflügeln und Höhenleitwerk geringer wird und das „Unterschneiden" eintritt. Wir mußten einmal bei so einem weichen Flügel die Einstellwinkeldifferenz von – 3 ° auf – 6 ° erhöhen, bis das Unterschneiden aufhörte. Durch die starke EWD trat natürlich ein Verlust der Gleitleistung ein. – Selbstverständlich haben weiche Flügel noch andere Nachteile, z. B. die Neigung zum Flattern, doch das gehört in den konstruktiven Teil.

Bestimmt die Druckpunktwanderung die Größe des Höhenleitwerks?

Wollte man die Frage ohne Einschränkung mit „ja" beantworten, dann bräuchten Modelle mit druckpunktfesten Profilen – z. B. Motormodelle mit symmetrischen Profilen für Kunstflug – überhaupt kein Höhenleitwerk. Dies ist aber hier für die Steuerung unerläßlich.
Es zeigt sich nun bei Segelflugmodellen, daß die Druckpunktwanderung im normalen Auftriebsbereich nicht den Hauptstabilisierungsaufwand erfordert: Die Hauptleistung erfolgt im überzogenen Flugzustand und im Sturzflug. Vogel- bzw. Konkavprofile sind hier sogar anspruchsloser, besonders im Sturzflug, wo bei diesen Profilen großer Widerstand auftritt, was zur Schwingungsdämpfung beiträgt.

Höhenleitwerke mit bester Wirkung

Jahrzehntelang beschäftigte die Frage des wirksamsten Höhenleitwerks, und die Diskussion darüber flammt zeitweise immer wieder auf. Das Problem ist deshalb so brennend, weil es nicht nur darum geht, daß ein Modell überhaupt stabil fliegt, sondern daß es *leistungsstabil* fliegt. Damit ist gemeint, daß es nicht genügt, wenn das Pumpen oder Unterschneiden verhindert wird, sondern daß ein Fliegen mit der Beststeigzahl c_a^3/c_w^2 als ziemlich konstanter Zustand angestrebt wird. Wie wir gesehen haben, liegt dieser Punkt sehr weit oben an der Polare, fast am Punkt der Strömungsablösung, wo die Stabilisierung besonders schwierig ist. Welches Profil kann das? Bei der Diskussion ging es vorwiegend um die Frage:

Tragendes oder nichttragendes Höhenleitwerk?([19], [20])
Zuerst zu den Begriffen: Eigentlich kann ja jedes Profil, also auch ein symmetrisches, tragend eingestellt werden. Was ist dann der Unterschied?

Als tragendes Höhenleitwerk bezeichnet man eines mit unsymmetrischem Profil, also eines, dessen Mittellinie gewölbt ist. „Tragend" ist es deshalb, weil es bei 0° Anstellwinkel („Zuströmwinkel") schon Auftrieb liefert – im Gegensatz zur ebenen Platte bzw. zum symmetrischen Profil. So erreicht die gewölbte Platte 417a bei 0° Anstellwinkel bereits ein c_a von 0,4! Offensichtlich steuert ein tragendes Höhenleitwerk zum Gesamtauftrieb bei, wobei noch dazu Ballastgewicht im Rumpfkopf eingespart wird. Doch das tragende Höhenleitwerk hat sich gegenüber dem früher üblichen nichttragenden hauptsächlich wegen der besseren Stabilisierungswirkung durchgesetzt, für die man lange Zeit keine Erklärung fand.([1])

Der „Auftriebsgradient" entscheidet

Als typisches Stabilisierungsprofil hat sich die gewölbte Platte erwiesen. Man hat herausgefunden, daß die gesuchte Eigenschaft im sogenannten „Auftriebsgradienten" liegt, das ist der Auftriebsanstieg pro Grad Anstellwinkelerhöhung. Er ist größer als bei volleren Profilen oder gar ebenen Platten. Als Beispiel sei das Diagramm der gewölbten Platte 417a gezeigt.

Abb. 112: *Stabilisierungswirkung der gewölbten und ebenen Platte.*

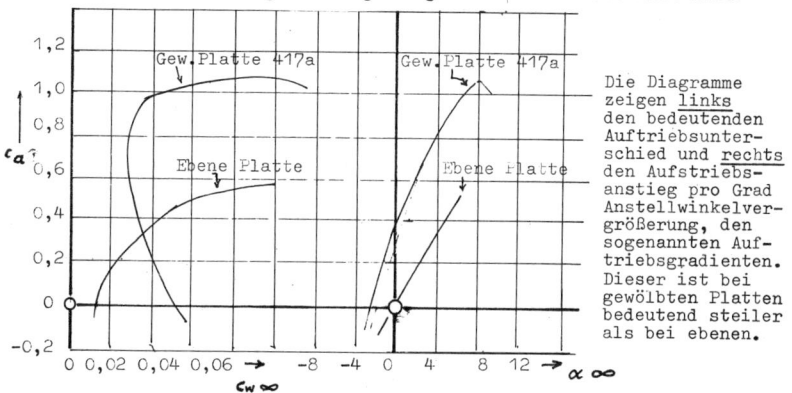

Die Diagramme zeigen links den bedeutenden Auftriebsunterschied und rechts den Aufstriebsanstieg pro Grad Anstellwinkelvergrößerung, den sogenannten Auftriebsgradienten. Dieser ist bei gewölbten Platten bedeutend steiler als bei ebenen.

Es fällt auf, daß nicht nur der Auftriebsanstieg wesentlich steiler verläuft, sondern zugleich der erreichbare Auftrieb ungleich größer ist. Damit erklärt sich die stark nachdrückende Wirkung von gewölbten Platten in überzogenen Fluglagen. Mit anderen Worten: Man kann ein Modell damit „ausgehungert" fliegen, ohne daß die Strömung schon bei kleinen Störungen abreißt.

Für Geschwindigkeitsmodelle sind natürlich gewölbte Platten wegen des großen Profilwiderstands bei kleinem Anstellwinkel nicht zu empfehlen.

Verschiedene Höhenleitwerksprofile

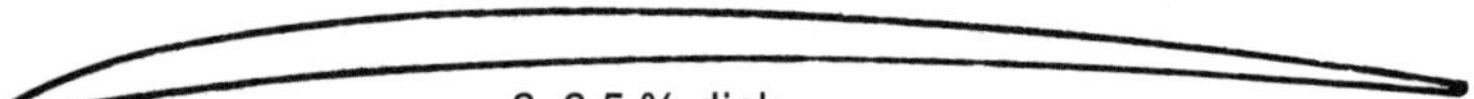

3–3,5 % dick

Abb. 113a: Gewölbte Platte mit flacherer Oberseite, sehr gut stabilisierend – siehe Text! Profil nicht zu dünn wählen, da sonst verwindungsweich und unzuverlässig. Achsensymmetrische Verleimung empfehlenswert. Nasenkante eckig lassen!

Abb. 113b: Profil mit ursprünglich ganz flacher Unterseite. Leicht abwärts geknickte Endleiste erhöht Stabilisierungswirkung erheblich, dadurch entsteht „Saugspitzenprofil" mit starkem Auftriebsgradienten.

Abb. 113c: „Keulenprofil": widerstandsarm, auch bei kleinem c_a, gut stabilisierende Wirkung wegen des herabgekrümmten Profilendes.

Abb. 113d: „Tragendes" Höhenleitwerk für RC-Segler: Ruderachse gehoben und Ruder leicht abwärts gerichtet. Dadurch ähnliche Wirkung wie bei b und c.

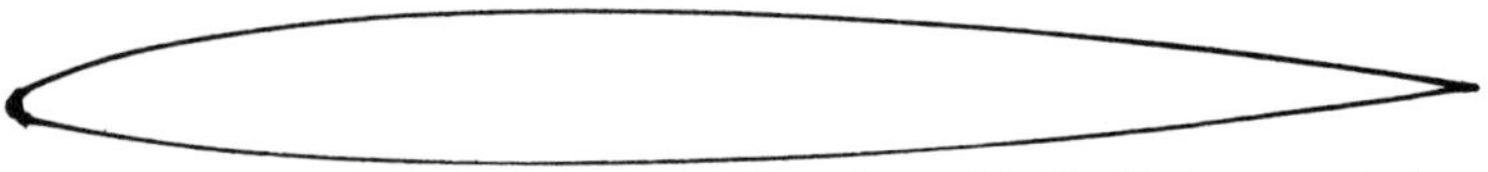

Abb. 113e: Symmetrisches Höhenleitwerksprofil, für Freiflugmodelle wenig geeignet.

Was kann die Stabilisierungswirkung des Höhenleitwerks mindern?

Abwind hinter dem Tragflügel: Als Rückwirkung für den Auftrieb wird Luft nach unten gelenkt, die dann hinter dem Tragflügel abwärts strömt und sich allmählich verflacht, aber den Anstellwinkel („Zuströmwinkel") des weit zurückliegenden Höhenleitwerks vermindert. Je höher der Auftriebsbeiwert und je kleiner die Streckung, desto größer ist auch der Abwind. Bei A-2-Modellen wirkt er am Höhenleitwerk mit etwa – 2°, d. h. beim Fliegen mit hohem c_a. Der Abwind verschlechtert die Stabilisierungswirkung insofern, als er gerade bei Überziehvorgängen das rückdrehende Moment des Höhenleitwerks mindert.

Abb. 114: Abwärtsströmung hinter dem Tragflügel vermindert Zuström-Winkel des Höhenleitwerks und schwächt sich nur ganz langsam ab.

Versuche, durch Montieren des Höhenleitwerks auf einen Baldachin – also durch ein T-Leitwerk – aus dem Abwindbereich herauszukommen, bringen nicht viel, da die Abwärtsströmung eine große vertikale Ausdehnung hat und sich nur langsam nach oben verliert. Die Verwendung von T-Leitwerken im RC-Flug hat andere Gründe.

Geringe Streckung von Höhenleitwerken – z. B. 2 bis 3 – ist weniger wirksam, und zwar wegen des Druckausgleichs um die Leitwerksränder.

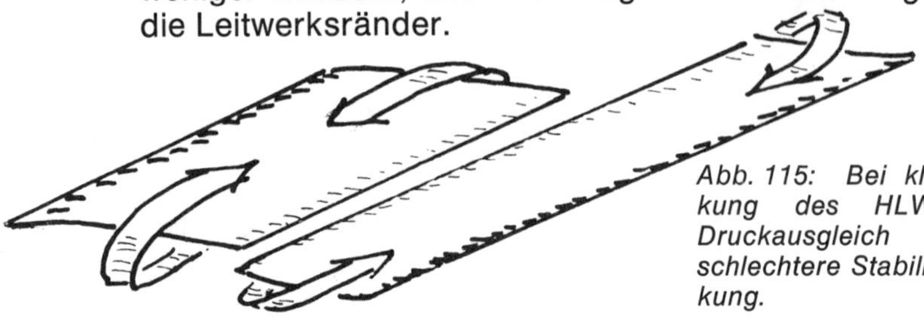

Abb. 115: Bei kleiner Streckung des HLW stärkerer Druckausgleich und damit schlechtere Stabilisierungswirkung.

Man braucht aber auch nicht superschlanke Höhenleitwerke, da der Auftriebswert wegen des gegenüber dem Flügel um ca. 5 ° kleineren Zuströmwinkels (ca. 3 ° EWD + ca. 2 ° Abwind) im Normalfall bescheiden ist. Streckungen von etwa 5 bis 6 sind gebräuchlich.

Geringe Re-Zahl bei Höhenleitwerken kann ebenfalls die Leistung verschlechtern, und das wäre ja bei großer Streckung wieder der Fall. Man trachte aber auch bei normaler Leitwerksstreckung darauf, die Strömung durch geeignete Turbulenz zum Anliegen zu bringen. Am einfachsten sind hier eckige Vorderkanten. Bei Tragflügeln sind diese zwar bei Re > 25 000 unratsam, weil sie die Strömung schon vorzeitig bei nicht allzuhohen Anstellwinkeln zum Abreißen bringen, aber Höhenleitwerke erreichen einen etwa um 5 ° geringeren Anstellwinkel. Aus diesem Grund können sie auch spitznasiger oder flachprofilierter als Tragflügel sein. Wichtig ist dabei die Turbulenz bei normalen Anstellwinkeln. Ist die Strömung hier im langsamen Flug nicht anliegend, dann kann ein Anliegen im schnelleren Flug – z. B. beim Abfangen aus überzogenen Fluglagen – zum Unterschneiden führen.

Großes Trägheitsmoment um die Querachse verhindert schnelle Reaktion: Leistungssegler müssen sich sofort den Turbulenzwellen anpassen und schnell nachwippen, noch bevor der Abreißprozeß bei hohen Anstellwinkeln eingeleitet wird. Das Trägheitsmoment um die Querachse ist um so größer, je schwerer das Rumpfende und die Leitwerke sind. Man denke daran, daß das Trägheitsmoment im Quadrat des Abstands eines Massenteilchens vom Schwerpunkt wächst.

Die Schwerpunktlage ist auch für die Stabilisierungswirkung maßgebend

Der Schwerpunkt ist der Massenmittelpunkt des Modells, also dort, wo es sich in der Waage hält, wenn es in diesem Punkt unterstützt wird. Der Schwerpunkt muß immer vor dem vorderst möglichen Druckmittelpunkt liegen, also vor dem gedachten Angriffspunkt des Gesamtheit der Auftriebskräfte. Bei Modellen mit nicht tragendem Höhenleitwerk liegt der Schwerpunkt etwa im ersten Drittel der Flügeltiefe, mit tragendem Höhenleitwerk im Bereich von 50 bis 70 % der Flügeltiefe. Die Schwerpunktlage hängt also mit der Auftriebseigenschaft des Höhenleitwerks zusammen, natürlich auch von der Höhenleitwerksgröße, dem Abstand des Höhenleitwerks vom Tragflügel u. a.

Man möchte meinen, daß eine weite Schwerpunktvorlage die Längsstabilität fördern müßte, weil dann das rückdrehende Moment größer wird. Dies gilt natürlich für die sogenannte *„statische Längsstabilität"*, die das Gleichgewicht betrifft. Treten aber größere Schwingungen auf, dann müssen diese gedämpft werden, d. h. das Modell muß über eine *„dynamische Längsstabilität"* verfügen, und dies kann bei einer *Schwerpunktrücklage der Fall sein.*

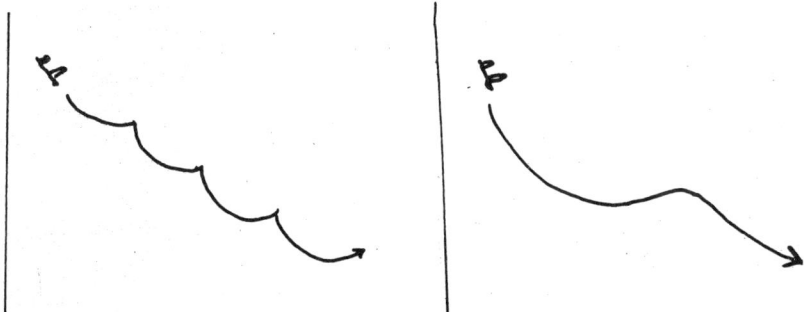

Abb. 116: Links: Schlechte Schwingungsdämpfung bei kurzen Schwingungen verursacht durch zu große EWD = schlechte dynamische Längsstabilität; rechts: Schwingungsdämpfung bei richtiger EWD und Schwerpunktlage.

Beim Einfliegen des Modells wird man nun den Schwerpunkt und dazu jeweils die EWD ändern. Man beobachtet dabei, bei welcher Schwerpunktlage es das beste Schwingungsverhalten im langsamst möglichen Flug hat bzw. beim c_a, das die längste Flugzeit ergibt. In der Regel liegt diese Schwerpunktlage knapp vor der des Unterschneidens.
Natürlich gibt es für die Schwerpunktlage eigene Berechnungsmethoden. Die *„Neutralpunkt-Theorie"* stellt Beziehungen zwischen der Lage des Schwerpunkts und des *„Neutralpunkts"* dar. Der Neutralpunkt ist die äußerst mögliche Schwerpunktrücklage und bezieht sich auf 25 % der Flächentiefe beim Tragflügel und Höhenleitwerk, also auf den Punkt, in dem das Druckmittel druckpunktfester Profile liegt. Es sei aber gleich vermerkt, daß es bei der Neutralpunkttheorie eine Menge Korrekturfaktoren zu berücksichtigen gibt und daß bei Modellen gerade sehr wichtige Faktoren nicht exakt zu erfassen sind. [21]
Für den Anfang halte man sich unbedingt an vorgegebene Muster, bei denen die Schwerpunktlage angegeben ist. Man kann dann immer noch etwas experimentieren und so wertvolle Erfahrungen sammeln.

Gute Querstabilität ohne Schaukeln: Das Modell soll wie ein Brett in der Luft liegen!

Im Prinzip wird die Querstabilität durch die sogenannte V-Form erreicht: Bringt eine Böe das Modell in eine Schräglage, slipt es seitlich, und infolge der V-Stellung der Flügel entsteht eine unterschiedliche Auftriebsverteilung. Sind die Außenteile nach oben geknickt, dann greift die aufrichtende Kraft an einem längeren Hebelarm an als bei einfacher V-Form.

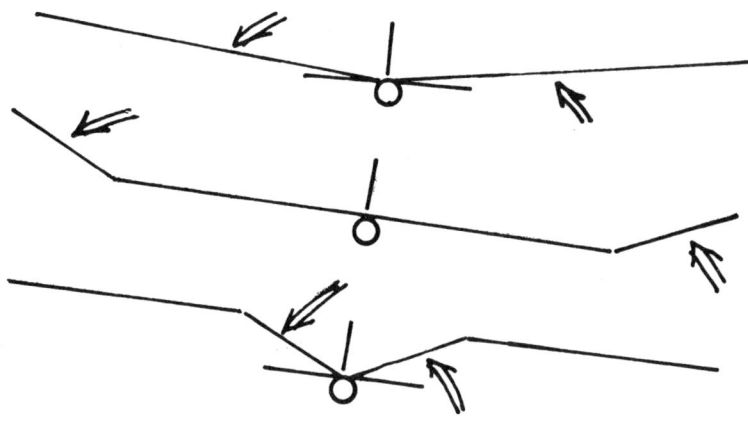

Abb. 117: Hebelwirkung verschiedener V-Formen.

Wenig Stabilisierungswirkung hat der sogenannte „Fafnir-Knick", eben weil die aufrichtende Kraft an einem sehr kurzen Hebelarm angreift. Vielleicht wenden manche Modellflieger diesen Knick an, weil sie glauben, der dabei tiefer liegende Schwerpunkt wolle an sich schon die unterste Lage einnehmen und dabei das Modell vor einer Schräglage bewahren. Ähnliches müßte auch bei einem Modell eintreten, dessen Flügel auf einen Pylon gesetzt ist. Doch zeigt die Erfahrung, daß die unterstützende Wirkung der tiefen Schwerpunktlage hinter den Erwartungen zurückbleibt. Man kann dies daraus ersehen, daß Modelle mit geraden Flügeln – also ohne V-Form, aber tiefer Schwerpunktlage nicht im mindesten querstabil sind (s. Abb. 118).

Es können aber andere Maßnahmen die Querstabilität unterstützen: Zunächst sollten die Flügelenden sehr leicht sein. Das vermindert das Trägheitsmoment um die Längsachse, natürlich auch um die Hochachse. Also außen keine „Wirbelkeulen" etc. anbringen!
Es ist besonders darauf zu achten, daß die Flügelenden „überkritisch" arbeiten, d. h. daß die Strömung gut turbulent anliegt.

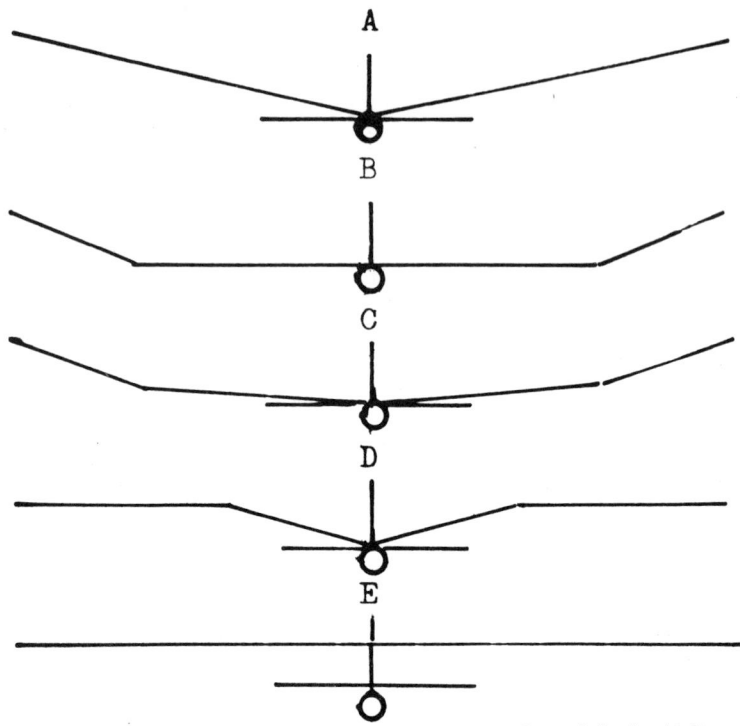

Abb. 118: Verschiedene Vorderansichtsformen: A = einfache V-Form; B = doppelte V-Form; C = mehrfache V-Form; D = Fafnirknick; E = Gerader Flügel, tiefliegender Rumpf.

Vielfach schränkt man auch die Flügelenden, teils „geometrisch", teils „aerodynamisch". Bei der ersten Art wird der Einstellwinkel verringert, bei der zweiten wird das Profil verändert. Bei Trapezflügeln können u. U. beide Arten nützlich sein, bei Rechteckflügeln soll man nur aerodynamisch schränken.

Abb. 119: Oben: Geometrische Schränkung; unten: aerodynamische Schränkung.

Nun gibt es Modelle mit geometrisch oder aerodynamisch geschränkten „Ohren", und trotzdem kann man ein unaufhörliches Schaukeln beobachten, auch in ruhiger Luft. Bei ihnen sind sie meistens zu steil angesetzt, und das Modell wird „überquerstabil".

Ablösungen an Knicken

Dr. Ing. *H. Eder* stellte durch Untersuchungen mit Folienfäden an Flügelknicken fest, daß sich hier die Strömung vorzeitig ablöst. Dies gilt natürlich ganz besonders für steile Knicke und Trapezknickflügel.

Abb. 120: Strömungsabriß an starken Knicken und Trapezknickflügeln.

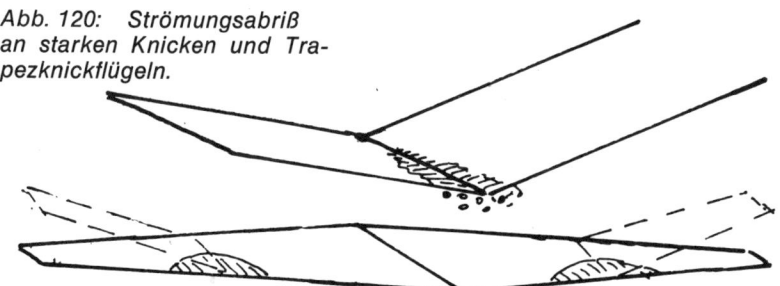

Es ergab sich, daß Strömungsablösungen an einem Trapezflügel etwa in der Mitte einer Flügelhälfte beginnen und sich dann nach außen fortpflanzen. Liegt dann zufällig der Knick im gefährdetsten Gebiet – also der Mitte einer Flügelhälfte zu –, dann wird der Strömungsabriß geradezu heraufbeschworen. Meistens aber entschließt man sich für einen weiter außen liegenden Knick – weniger wegen der bisher kaum bekannten Abreißerscheinungen, sondern um einen längeren Hebelarm zu bekommen. Manche Konstruktionen weisen dann kurze, sehr steile Ohren auf. Hier kommt man vom Regen in die Traufe: Der vertikale Auftrieb wird gemindert, die Trägheitsmasse aber vergrößert, und die Strömung reißt wegen der starken Schräganströmung bei Böen etc. leicht ab.

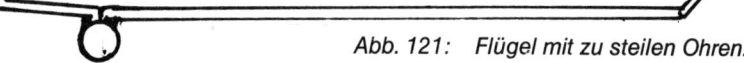

Abb. 121: Flügel mit zu steilen Ohren.

Auftriebsverluste durch V-Form

Es wird erzählt, daß Fernlenkflieger nur deshalb gerade Flügel ohne jegliche V-Form vorziehen, weil sie Auftriebsverluste befürchten. Natürlich verringert sich die *vertikale Auftriebskomponente* entsprechend: Die auftriebswirksame Spannweite entspricht der *Projektion* des Flügels. Doch halten sich die Verluste normalerweise in Grenzen von 1 bis 3 %. RC-Modelle ohne Querrudersteuerung kommen üblicherweise mit einer V-Form von 6 bis 8 ° aus, wobei der Auftriebsverlust bei 6 ° etwa 0,5 % und bei 8 ° etwa 1 % beträgt. Wegen dieser geringfügigen Verluste lohnt sich bei RC-Modellen eine Querrudersteuerung bestimmt nicht, da die übrigen Leistungseinbußen durch Ruderwiderstand, erhöhtes Baugewicht etc. weitaus größer sind. Eine Querrudersteuerung wird deshalb bei RC-Modellen in der Regel nur für Kunstflugmodelle verwendet.

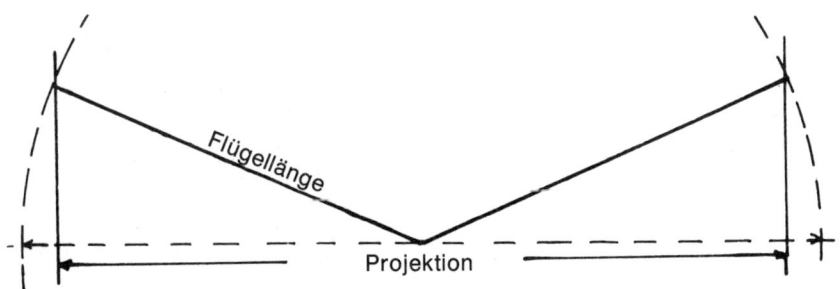

Abb. 122: *Auftriebsverlust bei V-Form.*

Genügend V-Form ist besonders im Kurvenflug wichtig, da sich das Modell auf dem Innenflügel abstützen können muß, der dann durch Schiebeflug einen größeren Zuströmwinkel erfährt, was den höheren Auftrieb am Außenflügel infolge der gesteigerten Strömungsgeschwindigkeit ausgleicht.

Kursstabilität – auch mit Automatiken: Warum fliegen Modelle nicht von selber gegen den Wind?

Zu den elementarsten Erfahrungen eines Neulings zählt die Tatsache, daß Modelle nicht von selber längere Zeit gegen den Wind fliegen. An sich möchte man meinen, ein Modell werde durch das Seitenleitwerk in Windrichtung gehalten, und wenn man das Seitenleitwerk genügend groß ausbilde, dann müßten Windstöße das Modell immer wieder gerade richten.
Selbsttätig gegen den Wind fliegende Modelle hätten natürlich große Vorzüge: Schon mit Wurfgleitern könnte man die schönsten Flüge im Hangaufwind machen, Thermikmodelle würden nach einer gewissen Kurvenzeit wieder zum Geradeausflug gegen den Wind gebracht werden und damit wieder in das Startgebiet zurückkehren, und außer Kontrolle geratene RC-Modelle würden nicht mehr mit dem Wind abtreiben.
In Wirklichkeit war die Entwicklungsarbeit einer ganzen Modellfliegergeneration nötig, um Automatiken zu entwickeln, die einen stetigen Flug gegen den Wind ermöglichten. Kreisel-, Kompaß- und Lichtsteuerungen mit komplizierten Mechanismen waren das Vorstadium der einfachen ,,Magnetsteuerung", bei der ein als Kompaß verwendeter Magnetstab mit seiner bloßen Richtkraft ein Modell gegen den Wind hält. Das Problem der *Kursstabilität* war damit endgültig gelöst.
Die Längs- und Querstabilität lassen sich durch eine besondere Modellkonzeption allein erreichen, hier bedarf es keiner Automatiken. Aber warum ist das bei der Kursstabilität nicht möglich?

Böen drehen ein Modell nicht in den Wind, sondern aus dem Wind!

Im Flug merkt das Modell sozusagen nichts vom Wind, außer daß die Luft unruhig ist. Es ist wie bei einem Ballonfahrer, der selbst bei Sturm eine Zigarre rauchen könnte, ohne daß der Rauch vom Ballon abgetrieben würde. Ohne Blickverbindung zum Boden könnte der Pilot die Windrichtung nicht feststellen. Ähnlich spürt ein Modell nichts von der vorherrschenden Windrichtung. Es wird immer in der Richtung angeblasen, in der es jeweils fliegt. Auch wenn es gegen den Wind gestartet wird, aber durch eine Böe im Kurs versetzt wird, stellt es sich gegen die neue Anströmrichtung. Aber wie kann denn eine Böe den Kurs ändern?

Böen bewirken eine Schräglage des Modells, worauf es seitlich slipt. Dabei wird es schräg von der Seite angeblasen und dreht sich wie eine Windfahne in die neue Anströmrichtung, bis sich das Modell wieder aufrichtet. Böen drehen also ein Modell aus dem Wind.

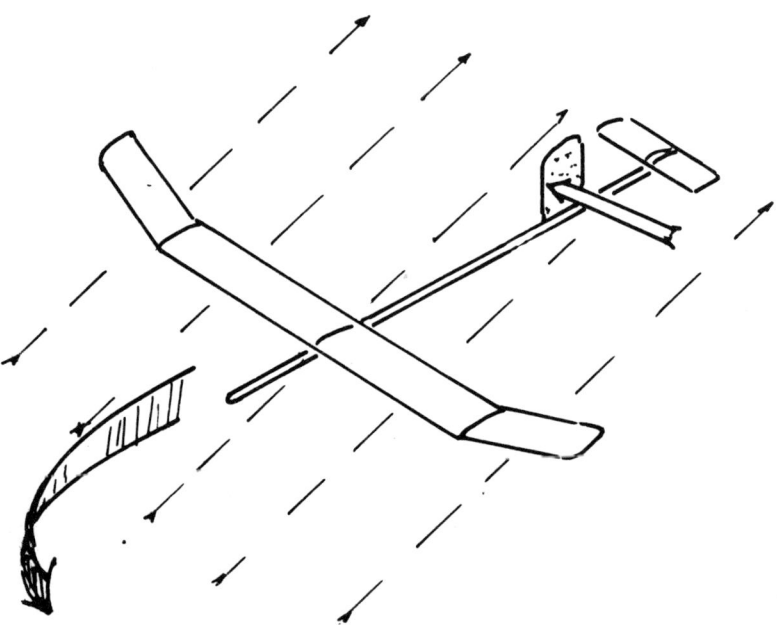

Abb. 123: Infolge der Windfahnenwirkung des rückwärtigen Seitenleitwerks dreht das Modell bei Schräganströmung aus dem Kurs.

Vordere Seitenflächen bringen Eigenkursstabilität!

Das Abweichen vom Kurs kann stark gemindert werden, wenn *vor* dem Schwerpunkt eine größere Seitenfläche angebracht wird, die der Windfahnenwirkung des rückwärtigen Seitenleitwerks entgegenwirkt. Die ersten erfolgreichen

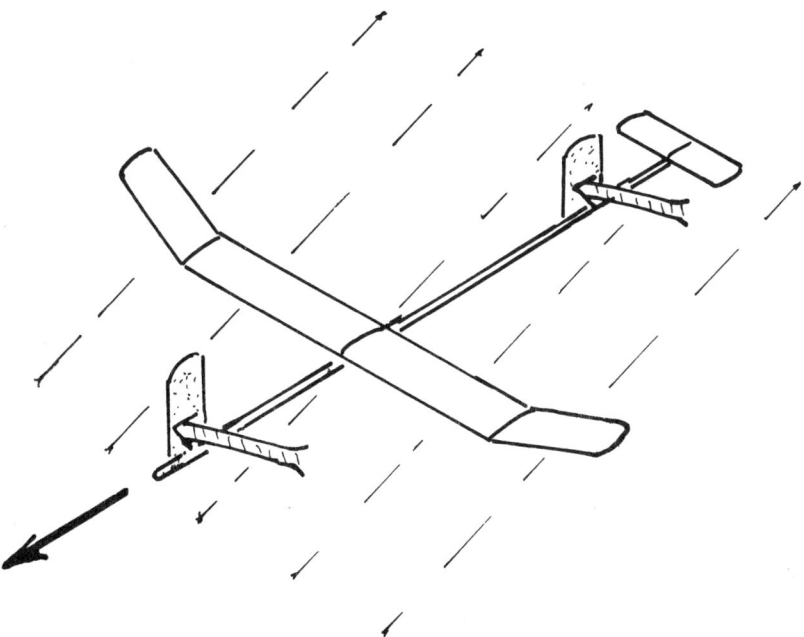

Abb. 124: *Vordere Seitenfläche dämpft Windfahnenwirkung der rückwärtigen. Das Modell bleibt bei Schräganströmung im Kurs.*

Hangmodelle hatten deshalb eine große vordere Rumpfseitenfläche, und bei den Magnetseglern wirkt diese Flosse am Rumpfkopf allein schon als Kursstabilisierungsfläche. Dabei ist interessant, daß eine hochgestellte, schmale Seitenfläche vielfach wirksamer ist als eine längsgestellte. Rumpfseitenflächen haben etwa denselben Effekt wie längsgestellte.

Freilich dreht auch das eigenkursstabilste Modell nach einiger Zeit aus dem Wind, weshalb eine eigene Kurssteuerung nötig ist, wenn man ein Modell haben will, das vollkommen eigenstabil um alle Achsen ist und nicht durch Funk gesteuert wird.

Nun zwei Begriffe, die immer wieder Verwirrung stiften, nämlich die Begriffe *Richtungs- und Kursstabilität*. Zwischen beiden besteht ein Unterschied:

Wenn ein Modell mit Seitenflächenausgleich seitlich slipt, dann stellt es sich nicht in die neue Anströmrichtung, sondern behält den ursprünglichen Kurs bei. Weil es sich nicht in die neue Anströmrichtung stellt und den Kurs beibehält, ist es nicht „richtungsstabil", sondern „kursstabil". Die Richtungsstabilität ist natürlich leichter zu erreichen als die Kursstabilität. Ein Modell mit größerer Seitenfläche rückwärts ist richtungsstabil, aber nicht kursstabil. Es paßt sich der jeweiligen Anströmrichtung an.

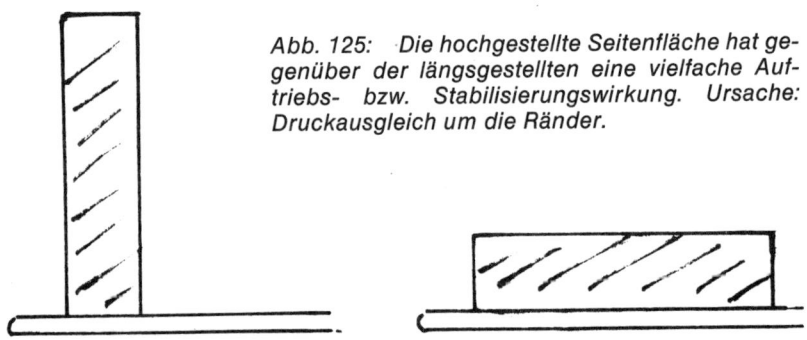

Abb. 125: Die hochgestellte Seitenfläche hat gegenüber der längsgestellten eine vielfache Auftriebs- bzw. Stabilisierungswirkung. Ursache: Druckausgleich um die Ränder.

Gefährdung der Kursstabilität durch Baufehler

Zunächst müssen alle *Seitenflächen* in einer Linie fluchten, so bei einem Magnetsegler Kopfflosse und Seitenleitwerk (vgl. Abb. 195b). *Die wichtigste Bedingung ist jedoch ein vollkommen verzugsfreier Flügel.* Das Modell zieht immer nach der Seite, auf welcher es den größeren Einstellwinkel hat, d. h. im Normalflug.

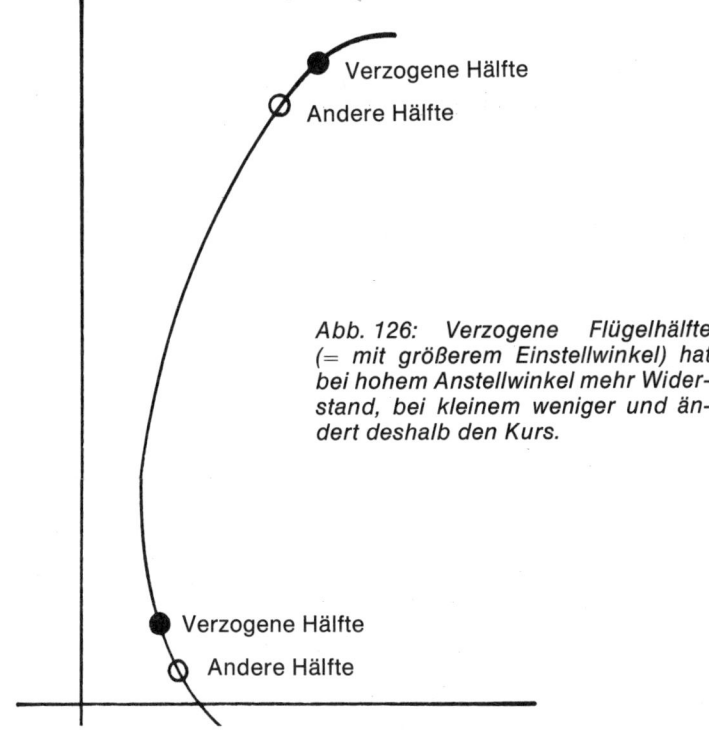

Abb. 126: Verzogene Flügelhälfte (= mit größerem Einstellwinkel) hat bei hohem Anstellwinkel mehr Widerstand, bei kleinem weniger und ändert deshalb den Kurs.

Dies ist aus der Polare erklärlich. – Im Schnellflug ist es umgekehrt, und ganz kraß tritt dies im Sturzflug auf. Hier arbeitet der Flügel dann fast wie ein Propeller. In bezug auf Verzugsfreiheit kann gar nicht viel genug getan werden. Es wird deshalb noch des öfteren auf dieses Problem eingegangen.

Ungleiches Gewicht bringt Überraschungen

Wenn ein Modell dauernd nach einer Seite kurvt, aber kein Verzug festzustellen ist, kann noch ungleiches Gewicht der einzelnen Flügelhälften schuld sein.
Sicher wird man beim montierten Modell nachprüfen, ob es sich auch um die Längsachse im Gleichgewicht hält. Ist nun eine Hälfte schwerer, so schließt man daraus, daß das Modell dann hier hängen und nach dieser Seite kurven müßte. Das muß aber nicht immer so sein!
Man belaste einmal eine Flügelhälfte etwas mit Zusatzgewicht. Beim Start wird man erleben, daß das Modell nach einem kurzen Wegtauchen nach der schwereren Seite sich aufrichtet und dann nach der leichteren Seite hin kurvt! Dies gilt natürlich nur für kleine Gewichtsunterschiede und für Modelle mit entsprechender V-Form.

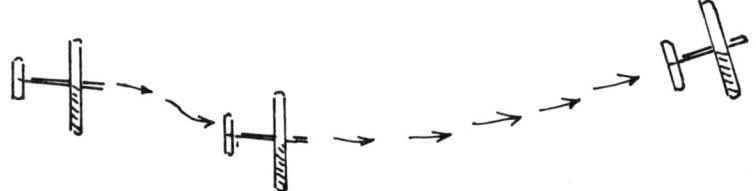

Abb. 127: *Flugverhalten bei Ungleichgewicht des Flügels.*

Erklärung

Wenn eine Hälfte schwerer ist, dann verschiebt sich der Schwerpunkt nach dieser Seite hin. Nun brauchen wir wieder den Satz, daß sich ein Modell immer um den Schwerpunkt dreht, durch den ja die Achsen des Modells gehen.
Zuerst „rollt" das Modell um die Längsachse, wie es in der Fachsprache heißt, wobei natürlich nicht eine ganze „Rolle" wie bei Kunstflügen gemeint ist. Hier ist es nur eine „Schieberolle", bei der es seitlich schiebt und dabei die hängende Flügelhälfte aufrichtet, weil diese bei V-Form einen größeren Zuströmwinkel erfährt und damit das Übergewicht kompensiert.
Dieses und die V-Form haben ein „Schieberollmoment" be-

wirkt. Wenn nun das Modell aufgerichtet ist, dreht das größere Widerstandsmoment des längeren, schwerpunktabgewandten Flügelteils das Modell um die Hochachse. Man sagt, das Modell „giert".

Nun, diese Roll- und Gierbewegungen kann man nicht mit dem Seitensteuer ausgleichen, sondern nur durch Herstellen des Gleichgewichts.

Oft wird ein Ungleichgewicht künstlich herbeigeführt, ohne daß sich der Modellflieger dessen richtig bewußt wird. Man bringt z. B. an einer Flügelhälfte einen besonderen Randabschluß an, um zu überprüfen, ob dadurch der „Randwiderstand" geringer wird. Gleicht man nun diesen Zusatz nicht gewichtlich auf der anderen Seite aus, dann kurvt das Modell nach dieser Seite. Weil diese zurückbleibt, meint der experimentierfreudige Modellflieger, sie hätte mehr Widerstand und die geänderte weniger. Zu früh gefreut – die Ernüchterung kommt gleich nach dem Ausbalancieren des Flügels!

Kurvenstabilität:
Warum Seitenruderausschlag + Höhenruder bei RC-Modellen?

Jeder, der schon einmal RC geflogen hat, weiß, daß man bei Seitenruderbetätigung zugleich das Höhenruder ziehen muß, weil sonst die Modelle auf den Kopf gehen, und wenn man das Seitenruder infolge einer Störung nicht zurücknehmen kann, geht das Modell in den gefürchteten „Spiralsturz" über, in die sogenannte „Friedhofsspirale", „biting the dust in bitterness" = verbittert ins Gras beißend, wie sich der weltbekannte amerikanische Modellflugpublizist *Franc Zaic* über den Spiraltod ungezählter Modelle schon in der Zeit des Freiflugs zu äußern pflegte.

Franc Zaic war es auch, der als erster Modellflieger der Welt die eigentliche Ursache für die Kurvenkopflastigkeit fand, nämlich den „*Circular Airflow*".

In der Kurve vermindert sich die EWD!

Es hat dies mit der Bahnkrümmung und der Kurvenschräglage etwas zu tun.
In einem Gedankenexperiment gehen wir von einer Schräglage von 90°, also von einer senkrechten Kurvenlage aus. Dann sieht die Profilanströmung infolge der Bahnkrümmung nach Abb. 128 wie folgt aus:

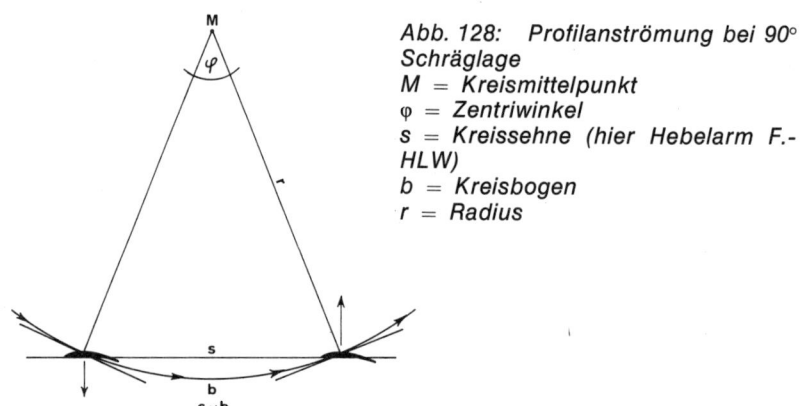

Abb. 128: Profilanströmung bei 90° Schräglage
M = Kreismittelpunkt
φ = Zentriwinkel
s = Kreissehne (hier Hebelarm F.-HLW)
b = Kreisbogen
r = Radius

Der Tragflügel wird von oben angeströmt, also gedrückt. Das Höhenleitwerk wird von unten angeströmt, drückt also das Rumpfende hoch. Die Änderung der Anströmwinkeldifferenz gegenüber dem Geradeausflug entspricht dem Zentriwinkel φ, dessen Schenkel (hier gleich r) die Druckmittelpunkte von Tragflügel und Höhenleitwerk einschließen.

Man muß nun die bei einer Schräglage von 90° entstehende Änderung der Anströmwinkeldifferenz mit dem Sinus des tatsächlichen Kurvenneigungswinkels multiplizieren. Der Kurvenneigungswinkel γ (= Querachsenneigung) ergibt sich aus der Fliehkraft (siehe Abb. 129).

Abb. 129: Kräfteverhältnis im Kurvenflug
F = Fliehkraft
Z = Zentralkraft als Komponente von A (= Auftrieb); Z = F
G = Gewicht
γ = Kurvenneigungswinkel (= Neigungswinkel der Querachse)

$A = Auftrieb = \dfrac{G}{\cos \gamma}$

$tg = \dfrac{F}{G}$

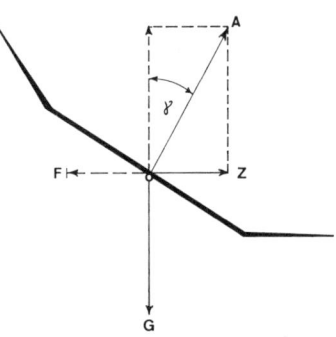

Rechenbeispiele

Als Denkmodell diene eines mit 500 g Gewicht, das mit einer Fluggeschwindigkeit von 5 m/sec Kreise von 20 m Durchmesser fliegt. Der Abstand der Druckpunkte von Flügel und Höhenleitwerk (Kreissehne s) betrage 1 m. Strenggenommen müßten wir die Länge des Kreisbogens (b) nehmen, der Unterschied ist aber vernachlässigbar. Wir rechnen nun:

1. Änderung der Anströmwinkeldifferenz bei 90° Kurvenlage = Zentriwinkel:
$= \dfrac{s \cdot 360°}{u} = \dfrac{1 m \cdot 360°}{20 m \cdot 3,14} = 5,73°$

2. Kurvenneigungswinkel (Querachsenneigung):

a) Zentrifugalkraft $F = \dfrac{m \cdot v^2}{r} = \dfrac{G \cdot v^2}{g \cdot r} \approx \dfrac{50 g \cdot 25}{10} \approx 125 g$

b) Tangens $\gamma = \dfrac{F}{G} = \dfrac{125}{500} = 0{,}250$

c) Winkel $\gamma = 14°10'$

3. Sinus des Kurvenneigungswinkels:

Sinus $14°10' = 0{,}245$

4. Tatsächliche Anströmwinkeldifferenzänderung:
5,73° • 0,245 = 1,4°

Wie ändert sich die Einstellwinkeldifferenz bei verschiedenen Kurvenweiten und Geschwindigkeiten?

Es dürfte klar sein, daß sich die EWD um so mehr erhöhen muß, je kleiner der Kurvenradius und je größer die Geschwindigkeit wird. Wir haben in zwei Tabellen einige Werte zusammengestellt, so die Differenzänderungen bei verschiedenen Kurvenweiten, aber gleicher Geschwindigkeit, und die Differenzänderungen bei verschiedenen Geschwindigkeiten, aber gleichbleibender Kurvenweite:

Differenzänderungen bei verschiedenen Kurvenweiten

$G = 500$ g, $v = 5$ m/sec, $g =$ Betrag der Fallbeschleunigung $= 9{,}81 \sim 10{,}00$ m/sec

Kurvenradius r	Änderung der Anströmwinkeldifferenz bei 90° Schräglage	$\tan \gamma = \dfrac{F}{G} = \dfrac{m \cdot v^2}{r \cdot g} = \dfrac{v^2}{g \cdot r}$	Kurvenneigungswinkel γ	Sinus γ	Wirkliche Anströmwinkeldifferenzänderung
30 m	1,91°	0,083	4°45′	0,082	0,15°
20 m	2,86°	0,125	7°10′	0,125	0,36°
15 m	3,82°	0,167	9°30′	0,165	0,63°
10 m	5,73°	0,250	14°03′	0,245	1,4°
5 m	11,46°	0,500	26°40′	0,45	5,16°
2,5 m	22,92°	1,000	45°00′	0,71	16,04°

Differenzänderungen bei verschiedenen Geschwindigkeiten, aber gleichbleibender Kurvenweite
r = 10 m

Modellgeschwindigkeit v	Änderung der Anströmwinkeldifferenz bei 90° Schräglage	tg γ $\frac{F}{G}$	Kurvenneigungswinkel γ	Sinus γ	Wirkliche Anströmwinkeldifferenzänderung
10 m/sec	5,73°	1,00	45°	0,71	4,01°
7 m/sec	5,73°	0,71	35°	0,57	3,27°
5 m/sec	5,73°	0,25	14°	0,24	1,38°
4 m/sec	5,73°	0,16	9°05'	0,16	0,92°
3 m/sec	5,73°	0,09	5°10'	0,09	0,52°

Kann man Kurven anders als durch EWD-Änderungen fliegen?

Im Freiflug wird immer wieder versucht, Kurvenkopflastigkeit nicht durch EWD-Änderungen, sondern durch Schwerpunktverlagerungen zu fliegen. Experimentierflieger versuchen z. B., den Flügel im Kurvenflug durch einen Mechanismus vorzuschieben, wodurch das Modell schwanzlastiger wird. Dasselbe wird auch erreicht, wenn ein Gewicht im Innern zurückgleitet. Für weitere Kurven mag das genügen, weil die Zuströmwinkeldifferenzänderung noch unbedeutend ist. Bei engen Kurven aber ist die Zuströmwinkeldifferenzänderung so groß, daß unweigerlich Unterschneiden mit Spiralsturz eintritt.

Franc Zaic selbst hatte sich zu Zeiten des Freiflugs mit ähnlichen Trimmversuchen herumgeschlagen, bevor ihm der Gedanke der EWD-Änderung kam. Bei einem Baukastenmodell von 1,6 m Spannweite, das bei engen Kurven immer in Spiralsturz überging, versuchte er zunächst durch Entfernen von Ballast im Rumpfkopf die Kurvenkopflastigkeit zu beheben – ohne Erfolg! Erst mit EWD-Änderung gelangen immer engere Kreise, bis das Modell zuletzt Engstkreise mit etwa 3,5 m Durchmesser zog, wobei die EWD von 5° auf sage und schreibe 12° erhöht werden mußte. Das Modell konnte sich dabei fast auf der Flügelspitze drehen und war dabei in der Flugstabilisierung überragend. – Es wäre noch zu ergänzen, daß die Kurvenstabilität nicht nur von der EWD, sondern auch von der Quer- und Eigenkursstabilität abhängig ist. Bei Hochstartmodellen soll auch der Innenflügel, das ist der dem Kurvenmittelpunkt zugewandte Flügel, einen etwas größeren Einstellwinkel haben. Eine gegensinnige Einstellung bringt den Spiralsturz!

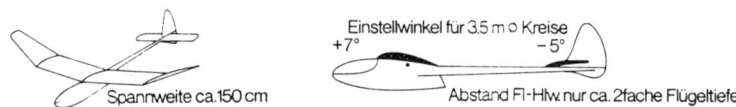

Abb. 130: Rekonstruktionsversuch des „Zaicschen" Modells.

Lohnen sich überhaupt enge Kreise?

Hat man nun ein Modell gezüchtet, das eng kreisen kann, muß man sich fragen, ob dies auch etwas bringt. Es seien deshalb einige Vor- und Nachteile genannt:
Ein *Vorteil* besteht darin, daß enge Kreise sehr gut stabilisieren, d. h. daß ein Modell schnell aus Pumpbewegungen wieder herausrollt. Ein weiterer liegt in der Ausnützung kleinster Thermikblasen.
Der *Nachteil* besteht in der Verschlechterung der Sinkgeschwindigkeit. Da ist einmal die ungleiche Auftriebsverteilung über die Spannweite hinweg: Der Außenflügel hat eine größere Geschwindigkeit als der Innenflügel und liefert mehr Auftrieb, wodurch sich der induzierte Widerstand erhöht. – Die Auftriebsunterschiede wirken sich um so stärker aus, je größer die Spannweite bei gleichem Kurvenradius ist.
Die Verschlechterung der Sinkgeschwindigkeit kommt natürlich nicht nur durch unterschiedliche Auftriebsverteilung, sondern auch durch die Auftriebsminderung bei starker Kurvenschräglage. Bei 45° ist der Auftrieb nur mehr das 0,7fache. Ein Modell, das eng kreisen soll, darf keine zu große Spannweite haben und muß langsam fliegen. Es muß mit der sogenannten „Beststeigzahl" fliegen, also mit hohem Anstellwinkel – und dies ist wiederum das beste Mittel gegen die Spiralsturzgefahr.

Fragen zur Steuerbarkeit und Flugstabilität

1. Um welche drei Achsen kann ein RC-Modell gesteuert werden und welche Ruder sind dafür nötig?
2. Welche Arten von Flugstabilität kann man unterscheiden?
3. Um welche Achse muß ein Modell zuerst stabil sein, damit es überhaupt fliegen kann?
4. Wodurch wird die Längsstabilität im Prinzip erreicht? Wer hat dieses Prinzip entdeckt?

5. Wodurch wird das Gleichgewicht um die Querachse gestört?
6. Woher kommt die Druckpunktwanderung?
7. Welche Profilcharakteristiken fördern die Druckpunktwanderung, welche mindern sie oder heben sie auf?
8. Warum gefährden weiche, d. h. wenig verdrehungssteife Flügel die Längsstabilität?
9. Was versteht man unter „tragendem" und „nichttragendem" Höhenleitwerk?
10. Warum stabilisiert eine gewölbte Platte besser als eine ebene?
11. Warum stabilisieren Höhenleitwerke mit geringer Strekkung schlechter?
12. Warum sollen aber Höhenleitwerke auch nicht zu schlank sein?
13. Kann man bei einem T-Leitwerk das Höhenleitwerk aus dem Flügelabwind herausbringen?
14. Warum ist ein geringes Trägheitsmoment besonders für die Längsstabilisierung wichtig?
15. Welche zwei Arten von Längsstabilität könnte man unterscheiden?
16. Was versteht man unter „Neutralpunkt", „Druckpunkt", „Schwerpunkt"?
17. Welche Flügelkonstruktionen sind für die Querstabilität günstig?
18. Welche Rolle spielt die Schwerpunktlage – eine tiefe oder hohe – für die Querstabilität?
19. Warum sind sehr steile Ohren ungünstig?
20. Wie verhält sich die Strömung an Knicken?
21. Wie groß ist bei V-Form der Auftriebsverlust in vertikaler Richtung?
22. Warum fliegt ein Modell nicht von selbst gegen den Wind?
23. Was ist der Unterschied zwischen Richtungs- und Kursstabilität?
24. Wie wirkt sich ungleiches Gewicht der einzelnen Flügelhälften aus?
25. Warum muß die Einstellwinkeldifferenz im Kurvenflug erhöht werden?

Besondere Flügel- und Leitwerkskonstruktionen

Die „Standard-Bauweise" – auch heute noch für RC-Segler zeitgemäß?

Unter „Standardbauweise" versteht man eine Flügelbauweise in genormten Bauelementen aus Balsaholz. Die wichtigsten sind dabei: Profilbrett, Endfahne (= Beplankung) und Rippen. Das Profilbrett und die Endfahne werden noch mit einer Kiefernleiste verstärkt.

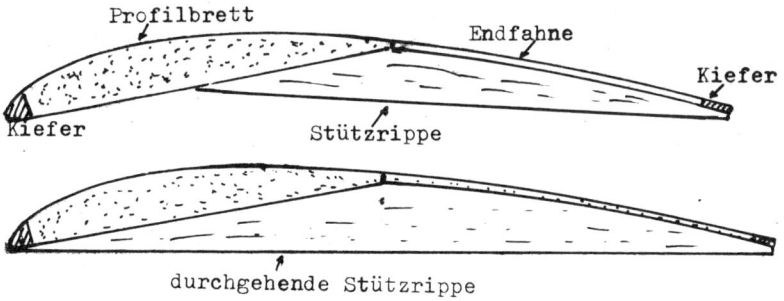

Abb. 131: *Schnitt durch ein „Standard"-Profil.*

Ing. *Jedelsky*, Österreich, hat in jahrelanger Arbeit diese Bauweise entwickelt, die den Flügelbau problemlos machen kann. Zuerst bewährte sich die neue Bauweise bei Freiflugmodellen aller Art, insbesondere bei Anfängermodellen und Hangseglern. ([23], [24]) Natürlich bietet die Standardbauweise auch bei RC-Seglern große Vereinfachungen und besonders eine enorme Verkürzung der Bauzeit. Wegen der größeren Profilquerschnittsfläche wird natürlich das Baugewicht höher als bei Freiflugmodellen, doch ist die damit verbundene Flächenbelastung gerade richtig. Man fragt sich nur noch, ob das mit der Standardbauweise zwangsläufig gekoppelte Vogelprofil noch zeitgemäß ist: Immer mehr sieht man Segelmodelle, die im Streben nach einem vorbildgetreuen Nachbau von Großsegelflugzeugen Flügel mit Vollprofil und glatter Oberfläche aufweisen. Ein übriges tun hier auch die Hangrenner, die auf dicke Geschwindigkeitsprofile angewiesen sind. Dazu kommt die Forderung nach Kunstflugtauglichkeit, so daß man auf die Querruderbetätigung nicht verzichten kann – und Querrudergestänge kann man eben bei Standardflügeln nicht einbauen.

Nun gibt es aber nicht wenige Modellflieger, die mit schwachen Aufwinden und flachen Hängen auskommen müssen, wobei nur Modelle mit geringster Sinkgeschwindigkeit eine Chance haben. Hier sind die Vogelprofile mit dünner Endfahne allen anderen Profilen weit überlegen, was ganz logisch aus der Auftriebsleistung der konkaven Unterseite hervorgeht: Die Stromlinien erweitern sich hier – werden gleichsam „auseinandergedrückt" –, verlangsamen sich dadurch und erzeugen so Druck.

Aerodynamischer Werdegang des „Standardprofils"

Es ist das gleiche Auftriebsprinzip wie bei der „gewölbten Platte", deren Unterseite stark zur Auftriebsleistung herangezogen wird, und der stärkere Auftrieb wird bei großem Anstellwinkel ohne zusätzlichen Profilwiderstand geliefert. Das Verhältnis Auftrieb : Profilwiderstand wird dadurch ungleich günstiger.

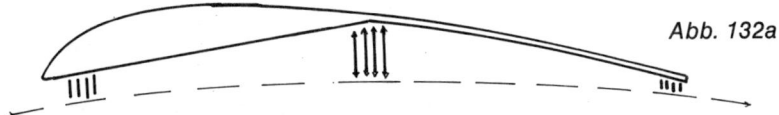

Abb. 132a

Dies gilt zunächst nur für einen großen Anstellwinkel. Bei kleinem löst sich die Strömung bald von der Unterseite ab (siehe Abb. 132b).

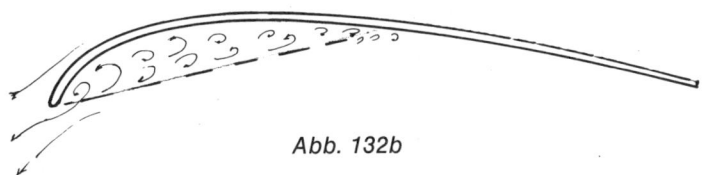

Abb. 132b

An der Unterkante bildet sich ein „Umschlagwirbel", der sich immer mehr nach rückwärts aufweitet. Beim „Standardprofil" wird nun der Raum des Umschlagwirbels weitgehend ausgefüllt. Das Profil ist nun eine gewölbte Platte mit „vorderer Unterseitenfüllung" geworden, die ein Fliegen mit kleinerem Anstellwinkel ermöglicht.

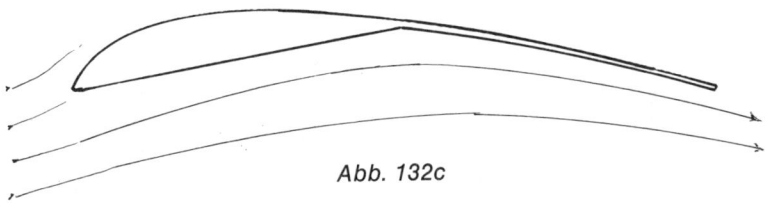

Abb. 132c

Es wurde auch immer wieder versucht, die Profiloberseite bei Standardprofilen flacher zu wölben. Vielleicht ging die Spekulation dahin, daß so ein Profil einen höheren Anstellwinkel vertragen könne und auch im Schnellflug besser sei. Die Experimental-Aerodynamik hat jedoch gezeigt, daß gerade bei

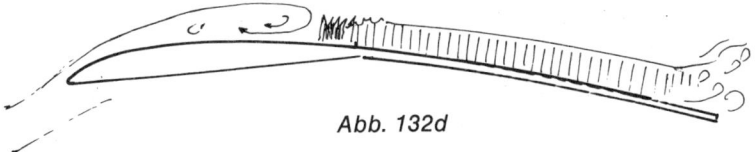

Abb. 132d

solchen Profilen der obere Umschlagwirbel sehr bald von der Vorderkante aus nach rückwärts aufweitet, nach dem Anliegen auf der Rückseite aber eine stark verdickte turbulente Grenzschicht erzeugt, die sich frühzeitig ablöst. Der strömungsgünstige Anstellwinkelbereich ist also geringer, ebenso der Auftrieb, mit einem Wort: Das Profil leistet weniger!

Wir haben also beim „normalen" Standardprofil sowohl die Aufweitung des Umschlagwirbels *oben* als auch *unten* lange hinausgeschoben. Es kann also einen großen Anstellwinkelbereich überbrücken. Dazu kommt die dünne Endfahne, die eine günstige Endabströmung ergibt.

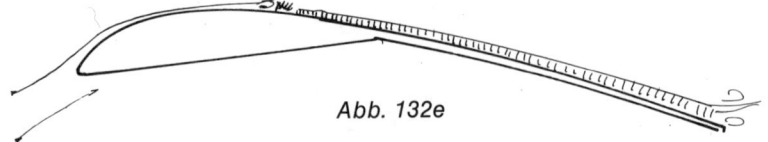

Abb. 132e

Das andere Extrem, eine zu stark gewölbte Oberseite nach Abb. 132f bewährte sich noch weniger als eine zu flach gewölbte. Hier ist der Druckanstieg auf der Rückseite zu hoch, die Grenzschichtdicke nimmt dabei wieder zu.

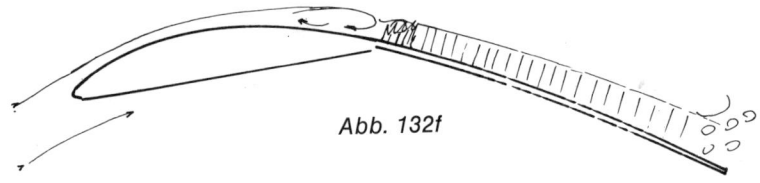

Abb. 132f

Sehr ungünstig ist es auch, wenn man die Wölbung stärker in die Endfahne zurückverlegt: Der Auftrieb kann dabei zwar noch etwas steigen, aber es ist kein schnellerer Flug mehr möglich. Gerade das flach auslaufende, dünne Profilende ermöglicht auch schnelleren Flug, wie die neuere Experimental-Aerodynamik zeigte. Bei Vögeln wölbt sich im Schnellflug sogar das rückwärtige Profilende nach oben durch. Dies zu erreichen, wäre noch eine Zukunftsaufgabe.

Alles in allem erhält man beim Standardprofil erstaunliche Leistungen, die die anfangs etwas befremdenden Stützrippen und den Profilknick auf der Unterseite später gar nicht mehr so unschön empfinden und sogar mit Wohlwollen betrachten lassen. Im übrigen ist der Knick auf der Unterseite gar nicht so schädlich, wie er aussieht: Bei größeren Anstellwinkeln ist die Strömung hier nicht so empfindlich wie auf der Saugseite oben!

Am leistungsfähigsten ist die „offene" Standardbauweise

Es gibt nämlich noch eine „geschlossene" und eine „doppelte" Standardbauweise. Der bauliche Unterschied besteht darin, daß bei der offenen StBW die Rippen wie bei einer gewölbten Balsaplatte frei liegen, bei der geschlossenen ist auch die Unterseite der Rippen beplankt, und bei der doppelten sind zwei Standardflügel zu einem symmetrischen Profil vereint. Bei der geschlossenen und doppelten StBW werden andere Rippen sowie Nasen- und Endleisten benötigt.

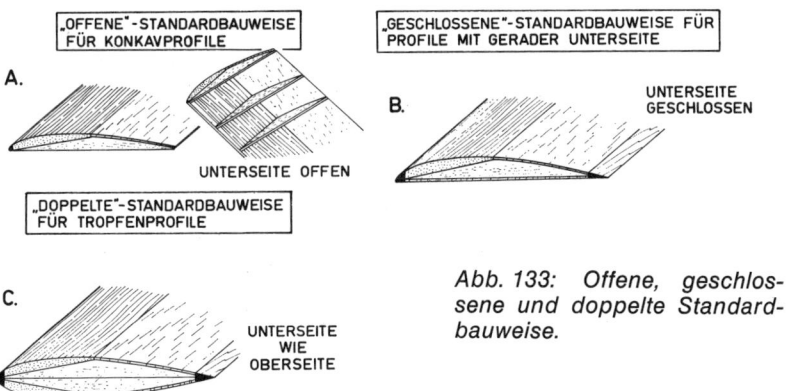

Abb. 133: Offene, geschlossene und doppelte Standardbauweise.

Wo es auf geringstes Sinken ankommt, ist natürlich die offene StBW am günstigsten, sowohl wegen des geringen Baugewichts als auch wegen des wesentlich höheren Auftriebs. Reicht aber auch die Festigkeit, insbesondere die Verdrehsteifigkeit?

Fragen zur Festigkeit

Zunächst einmal braucht die Biegefestigkeit nicht unbedingt geringer zu sein als bei der geschlossenen StBW, dagegen steht natürlich die Verdrehungssteifigkeit wesentlich nach. Deshalb sind schon einmal der Streckung Grenzen gesetzt.
In offener StBW wurden im Freiflug Streckungen bis 20 versucht, mit Trapezflügeln sogar bis 30, die normalen Gleitflugbelastungen hinsichtlich Biege- und Torsionsfestigkeit gewachsen waren. In gedrücktem Flug jedoch begannen die Flügel zu flattern, so beim Unterschneiden, beim Pumpen im Abwärtsflug oder auch beim seitlichen Ausbrechen während des Schlepps am Hochstartseil. Bei all diesen Fluglagen wird der Anstellwinkel so verkleinert, daß auf der Unterseite die Strömung abreißt, worauf der Flügel dann zu flattern beginnt. Genauer betrachtet, wird das Flattern folgendermaßen bewirkt:
In gedrückter Fluglage wird der rückwärtige Teil des Profils nach oben gedrückt. Er kann also außen zu nach oben ausweichen, wodurch sich der Anstellwinkel weiter verkleinert und die Strömung vollends auf der Unterseite abreißt. Da der Auftrieb abfällt, federt der Flügel wieder zurück und biegt sich von neuem durch. Das rasch aufeinanderfolgende wechselseitige Ablösen und Wiederanliegen führt zum Flattern und kann sich bis zum Bruch des Flügels aufschaukeln.([24])
Ganz besonders deutlich traten die genannten Erscheinungen im Hangflug mit magnetgesteuerten Modellen auf, und zwar bei stärkerem Wind, wenn man versuchte, die Modelle ohne Ballastzusatz schneller zu trimmen, also mit kleinerem Anstellwinkel zu fliegen. Erhöhte man aber die Geschwindigkeit durch Ballastzugabe im Schwerpunkt, so verschwand das Flügelflattern wieder.
Nun sind aber kurzzeitige Phasen gedrückten Fluges unvermeidbar, so z. B. beim Abfangen aus überzogenen Fluglagen, und dabei soll der Flügel nicht gleich zu flattern beginnen. Man muß also mit der Streckung unter einer gewissen Grenze bleiben.

Streckung oder Re-Zahl vergrößern?

Bringt die aus Festigkeitsgründen gebotene Streckung nicht einen aerodynamischen Nachteil? Es hat sich gezeigt, daß eine Streckung von 15 etwa den besten Kompromiß darstellt. So ein Flügel genügt festigkeitsmäßig, und aerodynamisch sind im Re-Zahlbereich von 50 000 bis 150 000 nur mehr unwesentliche Leistungsgewinne zu erzielen; denn was an induziertem Widerstand bei Erhöhung der Streckung einzusparen ist, geht andererseits infolge Abnahme der Re-Zahl wieder verloren.

Eine größere Re-Zahl ergibt nicht nur einen geringeren Widerstandsbeiwert c_w, sondern auch einen höheren Auftriebsbeiwert c_a. Es ist interessant, daß das Optimum bei Re 200 000 erreicht wird, und zwar bei Vogelprofilen mit c_a von etwa 2,0. RC-Segler mit Standardflügeln und 30 g/dm² Flächenbelastung kommen auf etwa Re 100 000–150 000, also auf ein bedeutendes c_a max. Dies bedeutet, daß ein Modell mit größerer Re-Zahl einen weiteren Geschwindigkeitsumfang verkraften kann.

Dies alles hat noch weitere Folgen. So ist mit RC-Standard-Seglern noch bei 30 g/dm² Flächenbelastung ein Laufhochstart möglich, verursacht durch das hohe c_a. Auf der anderen Seite läßt sich so ein Modell bis auf etwa 10 m/sec Geschwindigkeit bringen. Allerdings wird dann der Gleitflug schon steiler, und es empfiehlt sich, Starkwindflächen zu montieren. Das sind Flügel kleinerer Spannweite, aber sonst gleichen Profils, oder Flügel mit normaler Spannweite und Schnellflugprofil, evtl. in geschlossener StBW (s. Abb. 134 auf der nächsten Seite).

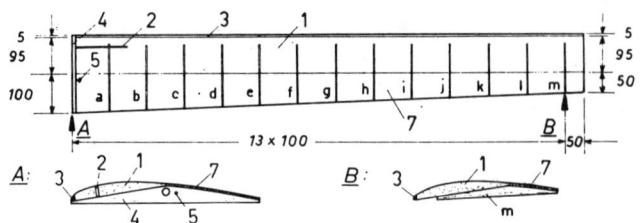

Der Rippenabstand beträgt im Maßstab 1 : 1 durchgehend 100 mm; beim Flügel für leichten Wind (oben) also 13x10 mm und für starken Wind (unten) 9x100 mm.

Abb. 134

Leichtwind- (oben) und Starkwindflügel (rechts) zum RC-Segler ‚Standard Airfish'

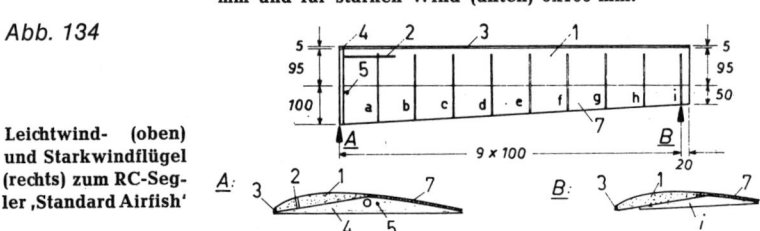

Standardflügel in Trapezform – trotz Profilblock in Rechteckform

Man muß sich vergegenwärtigen, daß die Profilblöcke für Standardflügel gefräst werden und daher in der Draufsicht rechteckig sind. Es bleibt also nichts anderes übrig, als die Endfahne nach außen zu verjüngen und damit auch die Rippen. Man spricht von einem „verjüngten Rippensatz", der einen gleichmäßig gestreckten und geschränkten Flügel ergibt.

Beliebt sind auch Rechtecktrapeze, wobei der Mittelteil ein langes Rechteck bildet, an das trapezförmige Ohren mit verjüngtem Rippensatz angeschlossen sind. Da die Rippen einzeln zu kaufen sind, brauchen nur die Längen ermittelt zu werden.

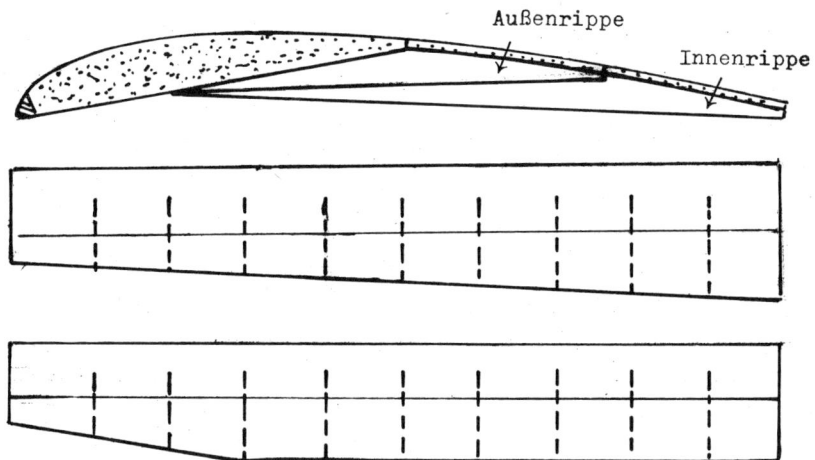

Abb. 135: *Standardflügel bzw. Flügelteile in Trapezform möglich durch „verjüngten Rippensatz" bei gleichbleibendem Profilblock.*

Bei Volltrapezflügeln mit verjüngtem Rippensatz ist zu bedenken, daß mit dieser Konstruktion unweigerlich eine „geometrische" Schränkung verbunden ist, die etwa 3° beträgt. Der Flügel hat also im Mittel 1,5° weniger Einstellwinkel. Um diesen Betrag muß man die Einstellwinkeldifferenz zwischen Tragflügel und Höhenleitwerk vergrößern. Normalerweise beträgt sie an die 3°, muß also dann auf etwa 4,5° erhöht werden.

Zum Standardflügel „gewölbte Platte" als Höhenleitwerk

Auch im RC-Segelflug hat es sich gezeigt, daß die „gewölbte Platte" in puncto Stabilisierungswirkung der „ebenen Platte" oder auch einem symmetrischen Profil überlegen ist. Es mag nur daran stören, daß bei Ruderbetätigung das gewölbte Profil einen Knick bekommt, so daß die eigentliche Profilform nur in einem Teil der Flugzeit erhalten bleibt; andererseits braucht gerade bei einer gewölbten Platte als Höhenleitwerksprofil wegen der guten Stabilisierungswirkung das Ruder weniger oft betätigt zu werden.

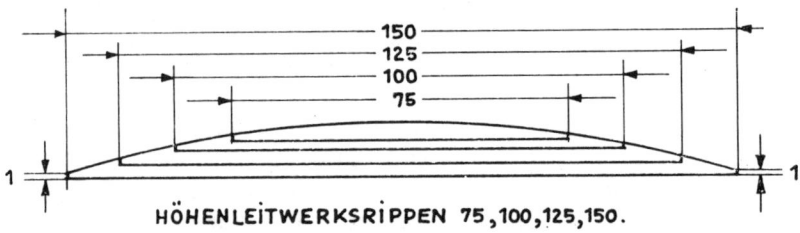

Abb. 136a: Höhenleitwerksrippen für kreisbogenförmige gewölbte Platte.

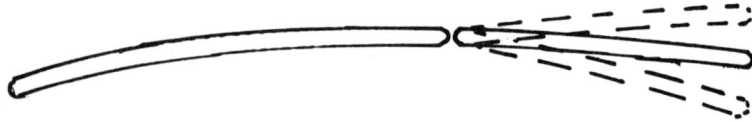

Abb. 136b: Gewölbte Platte mit Höhenruder.

Technische Details der Standardbauweise im Überblick

Nachdem in Gedankenexperimenten die Standardbauweise fast „sprechende" Formen angenommen hat, deren Sinn nun verständlich vor Augen steht, können wir uns mit den rein technischen Einzelheiten des Zusammenbaus und einzelnen Materialien beschäftigen.

Die Rippen werden neuerdings in Linde hergestellt. Bei Freiflugmodellen genügt bei besonderer Verarbeitung, auf die wir im Kapitel Selbstherstellung hinweisen werden, auch steiferes Balsa. Bei härteren Landungen können bei RC-Modellen die Rippen splittern, so daß Linde vor Balsa angezeigt ist. Das Rippenende darf auch rückwärts nicht zu dünn auslaufen, da sonst der Biegewiderstand zu gering wird.

Über den Zusammenbau gibt der Hersteller genaue Informationen, auch über die Oberflächenbehandlung.

Einer besonderen Erläuterung bedarf noch der Flügelanschluß, der Nichtinformierten großes Kopfzerbrechen bereiten kann. Ein Stahlband verbindet Rumpf mit Flügelhälften. Bei Freiflugmodellen verwendet man den Querschnitt 6 × 0,7 mm, bei RC-Modellen 10 × 0,7 mm. Die Bänder gibt es auch als Meterware, ebenso die dazu passenden Messinghülsen. Beim „Airfish" werden sie in der benötigten Größe geliefert. Da der Flügel eine einfache V-Form hat, wird das Stahlband gleich in der Mitte richtig abgewinkelt geliefert. Es wird an den Rumpfspant mit „UHU plus" angeklebt und noch mit den Anschlußrippen am Rumpf verbunden. Das Stahlband wird auch zusammen mit Spant geliefert. Die Endmontage geht nach Abb. 137 vor sich: Mittels eines Drahthakens wird ein Gummizug durch die Bohrungen von Wurzel- und Anschlußrippe gezogen. Zum Schluß muß noch der Arretierstift am Ende der Rumpfanschlußrippe in das dafür vorgesehene Löchlein der Flügelwurzelrippe einrasten (s. Abb. 137).

Die Vertriebsfirmen senden gerne Prospekte über das ganze Liefersortiment der Standardbauelemente und Baukästen zu. Bezugsquellen am Schluß.

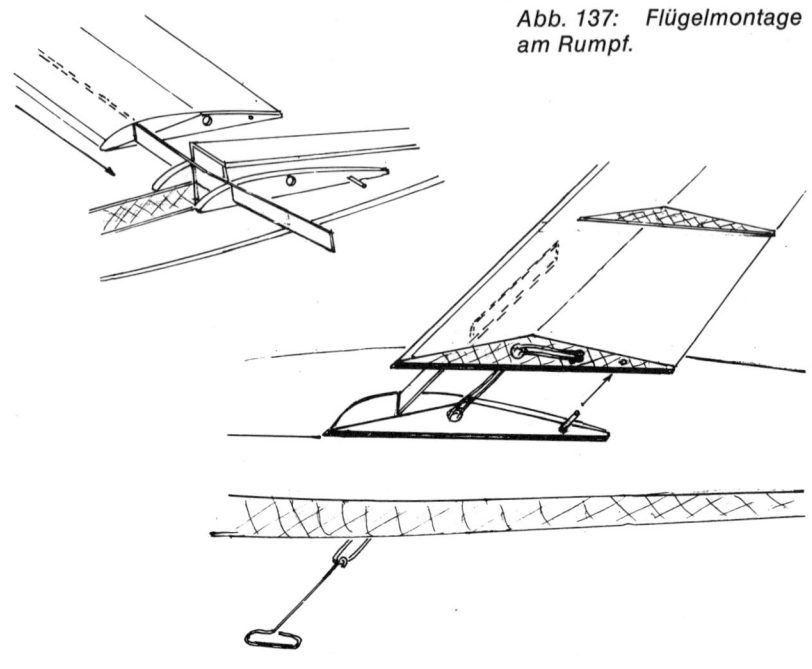

Abb. 137: Flügelmontage am Rumpf.

Standardflügel – selbst hergestellt

Die Gründe, Standardflügel selbst herstellen zu wollen, können mannigfach sein:
- Man will ein anderes Profil als bei den vorgefertigten Brettern verwenden.
- Man wünscht ein spezielles Balsaholz, z. B. im „quartergrain"-Schnitt und noch dazu von sehr leichtem Gewicht, und weiß nicht, ob solche Lieferwünsche erfüllt werden können. Man sucht sich also das Holz im heimischen Modellbaugeschäft selber aus.

- Man legt Wert auf verjüngte Profilbretter, z. B. bei Volltrapez- oder Rechtecktrapezflügeln. Bei maschinell hergestellten Brettern dagegen kann nur ein gleichbleibender Querschnitt herausgefräst werden. Trapezflügel werden daher so hergestellt, daß nur die Endfahne verjüngt wird, wozu dann auch ein „verjüngter Rippensatz" gehört.
- Viele scheuen auch die Umständlichkeit des Bezugs über den Versandhandel.
- Viele haben auch Freude an handwerklicher Modellbauarbeit und wollen möglichst viele Teile selbst herstellen.

Bei der Selbstherstellung geht es vorwiegend um zwei Probleme:
1. Es soll die gewünschte Profilform genau erreicht werden.
2. Der Bau soll verzugsfrei gelingen, und er soll auch bei Temperatur- und Feuchtigkeitsschwankungen verzugsfrei bleiben.

Deshalb ist folgendes zu beachten:

Holzauswahl: Am besten sind natürlich leichte „quartergrain"-Bretter. Andere Bretter können sich leicht verwerfen. Für die Stützrippen wäre natürlich Linden-, Erlen- oder Kiefernholz gut geeignet. Für die leichteren Freiflugmodelle gehen auch Stützrippen aus härterem „quarter-grain"-Balsa.

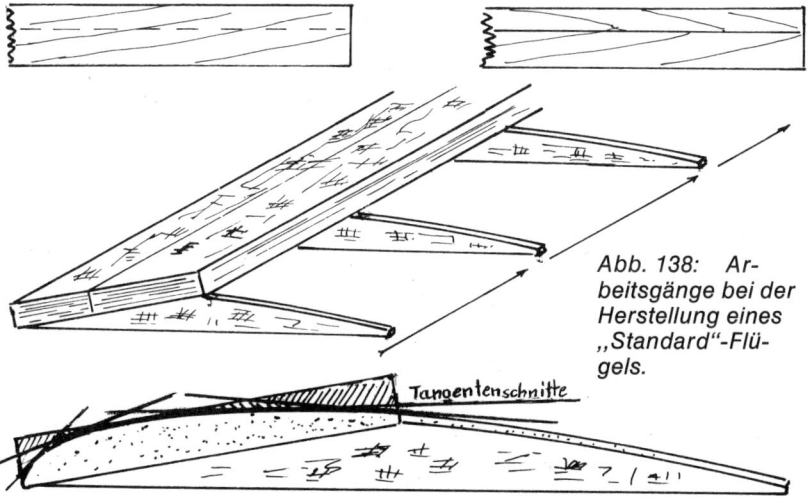

Abb. 138: Arbeitsgänge bei der Herstellung eines „Standard"-Flügels.

Vorbearbeitung des Profilblocks: In jedem Fall sollte man das Profilbrett „achsensymmetrisch" verleimen, wie schon bei den gewölbten Platten gehandhabt: Man schneidet das Brett an der vorgesehenen dicksten Profilstelle der Länge nach durch, wendet den vorderen Bretteil und leimt beides wieder zusammen.

Die weiteren Arbeitsgänge

Stützrippen am Profilbrett anleimen, und zwar bei höherer Temperatur. Dabei darauf achten, daß die Rippenenden in einer Fluchtlinie liegen.

Endfahne aus 1,5- bis 2-mm-Balsa anleimen, und zwar ebenfalls bei höherer Raumtemperatur. Letzteres deshalb, weil die mit den Fasern quer zu den Rippen liegenden Bretter bei Wärme in Rippenrichtung schrumpfen. Wird das Brett aber bei größerer Raumtemperatur aufgeleimt, kann es später nicht mehr schrumpfen und die Rippen verbiegen.

Profilbrett zuschneiden und zuhobeln, dann verschleifen. Bearbeitet man Profilbrett und Endfahne als ein Ganzes, dann kann man von der Endfahne her einen harmonischen Profilübergang herausbilden. Bei getrennter Bearbeitung harmoniert oft die Kontur des Profilblocks nicht mit der Endfahne.

Als Sandpapierfeile eignet sich sehr gut ein Alu-Vierkantrohr von 1 m Länge und etwa 25 mm Außendurchmesser, das noch mit Sandpapier beschichtet wird (siehe nochmals Abb. 49).

Kieferverstärkungen: Stoßleisten aus Kiefer an der Profilein- und -austrittskante sind üblich, bringen jedoch bei Temperaturänderungen Verzugsspannungen. Letztere können durch eine dritte Leiste zwischen Endfahne und Profilblock gemindert werden. Siehe auch Kapitel über Verzugsbekämpfung bei gewölbten Platten.

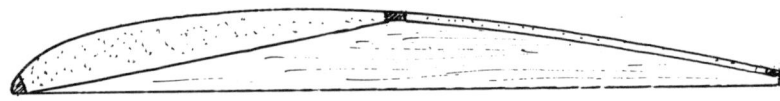

Abb. 139:   *Spannungsausgleich durch verteilte Kiefernholme.*

Andere Profilblöcke

Zur Gewichtsersparnis werden die Profilblöcke oft als *Vollbalsaschale* ausgebildet, sozusagen als „Hohlquerschnitt", bei dem ein Skelett aus Rippen oben und unten beplankt wird. Der Arbeitsaufwand ist natürlich wesentlich größer als bei einem Vollblock.
Ähnlich ist ein Hohlblock in „Costrubo"-Bauweise – siehe auch Abb. 36, 37 und 38. Nur sind hier die Stützrippen 100 mm weit auseinander, und die Unterseite der Beplankung besteht aus Füllrechtecken, deren Faserrichtung parallel zu den Rippen läuft. Es läßt sich mit dieser Bauweise eine merkliche Gewichtsersparnis erzielen, doch ist die Verdrehungssteifigkeit nicht so groß wie bei einem durchgehenden Block aus Vollbalsa. Die Füllrechtecke der Unterseite müssen unbedingt mit Papier bespannt werden, da sie sonst leicht in Faserrichtung aufsplittern. Sehr gut bewährt haben sich Profilblöcke aus *beplankten Schaumstoffkernen*. Profil-Styropor- oder auch Rohacell-Kerne werden beidseitig mit Balsa beplankt. Näheres darüber siehe bei den Bauplananweisungen für „F 1 E-Beginner" und RC-Modell „Synoptikus".

Oberflächenversiegelung

Anfänger streichen alles gerne dick mit Lackfarben an. Der Erfolg: Das Gewicht wird unerträglich – und bringt dabei doch keine Festigkeit! Das Holz splittert bei harten Landungen, und die Reparatur farbig lackierter Flügel ist zeitaufwendig. Der Lack wird mit der Zeit brüchig und rissig – ähnlich wie bei gestrichenen Fensterrahmen –, die Feuchtigkeit zieht ein, und der Flügel verzieht sich.
Um ein Splittern des Balsaflügels zu vermeiden, überziehen die meisten Leistungsflieger die Flügel mit einem Bespannpapier. Dabei wird die Farbe Weiß wenig genommen, da sie

sich trübt. Gelb dagegen nimmt sich immer schön aus – Gelb bleibt gelb! Zum Aufkleben nimmt man nicht Spannlack, da dieser Verzugsgefahr bringt. Zaponlack ist geeigneter. Damit das Papier aber noch besser gegen Feuchtigkeit imprägniert wird, bestreicht man es noch mit Epoxylack, mit Methanol verdünnt. Epoxylack ohne vorhergehenden Papierüberzug und noch dazu unverdünnt aufgetragen, bringt erhebliches Gewicht.

Wer eine besondere Oberflächenhärte, Rißfestigkeit und Verzugsunempfindlichkeit erreichen will, bringt eine dünne Glasseide auf (25 g/m^2). Dies geht mittels Porenfüller (Hartgrund) oder auch mit Epoxylack ganz gut. Bei der Standardbauweise wird die Glasseide schon vor dem Anleimen der Stützrippen aufgezogen. – Es muß allerdings das allerleichteste Balsa verwendet werden, weil der Glasseidenüberzug einiges an Gewicht bringt.

Bei Standardflügeln jeglicher Art müssen die Stützrippen und offenen Leimstellen gut versiegelt werden, wozu Epoxyharz oder Epoxylack gut geeignet sind. Natürlich ist dies bei Verwendung von Zellulosehartklebern nicht nötig. Doch muß man hier streng darauf achten, daß wirklich nur die sogenannten ,,Stoßstellen" und nicht auch die Ränder mit Klebstoff bestrichen werden, weil sich sonst das Holz verzieht.

Noch ein Wort zur Verwendung von Holzimprägniermitteln wie Xylamon, Xyladecor u. ä.: Sie geben bei geringer Gewichtserhöhung einen guten Feuchtigkeitsschutz, machen die Oberfläche jedoch etwas mürbe. Diese Mittel sind natürlich nur bei härterem Holz angebracht, und zwar bei unbespannten Balsaflügeln.

Die Beseitigung von Verzügen bei Balsaflügeln

Bei normaler Standardbauweise oder auch bei Vollbalsaflügeln helfen sogenannte „Anti-Torsions-Schnitte". Stellt man an den verzogenen Stellen einen schrägen Faserverlauf an der Profiloberseite fest, dann schneidet man hier mit dem Messer gegensinnnig zum Faserverlauf ein und füllt die Einschnitte mit Epoxykleber, UHU plus o. ä. aus.

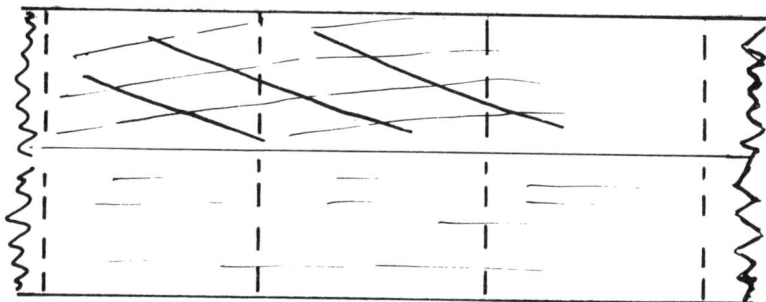

Abb. 140: „Anti-Torsionsschnitte" bei Standard- oder allgemein Vollbalsaflügeln.

Flügel immer spannungsfrei lagern und transportieren!

Skelettflügel mit Zungentasche (rechts), Halbrippen im vorderen und Diagonalrippen im rückwärtigen Profilteil.

„Balsalibelle" im Aufwind: Die Skelettflügel schimmern wie zarte Libellenflügel.

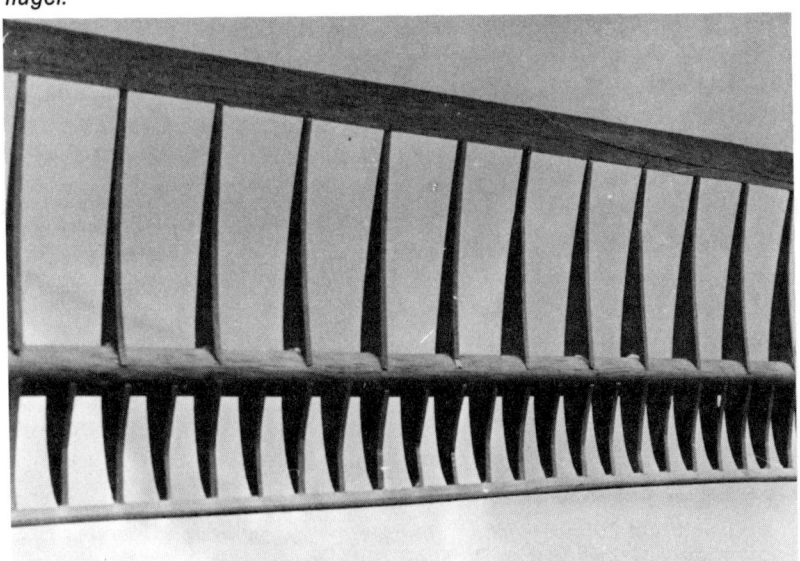

Ohne Holm- und Rippenbruch:
Feste Flügel für Leichtwindsegler mit geringstem Gewicht

Es entscheidet nichts mehr über die Flugleistungen als die Flügelbauweise. Im Prinzip geht es immer darum, möglichst leicht und fest zugleich zu bauen. Die nachfolgend niedergelegten Erfahrungen wurden aus rund 15 verschiedenen Konstruktionen gewonnen. Das Resultat war ein Flügel mit 40 dm^2 Flächeninhalt und 120 g Gewicht, der noch mit gut 200 g Ballast beladen werden kann. Er ist zwar für Super-Leichtwindsegler im Hangflug (Magnetsegler) gedacht, aber die dabei gewonnenen Erfahrungen lassen sich ebenso auf Leichtwindsegler für andere Zwecke anwenden.

Das größte Problem bei Leichtwindflügeln ist die Bespannung. Diese soll nicht erst die Festigkeit bringen, sondern ein entsprechend gebautes Gerippe. Man verwendet also kein zu schweres und dickes Papier. Bei unseren Super-Leichtwindflügeln erwies sich selbst das leichteste Papier noch als zu schwer, bedingt durch die vielen nötigen Spannlackanstriche. Es mußte hier erst das Problem der Bespannung gelöst werden, was durch Verwendung der sogenannten „Silberfolie" gelang, die in einem eigenen Kapitel beschrieben wird.

Für das Flügelsklelett verwendeten wir anfangs Rohrholme aus zwei Schichten Balsa von 0,6 mm Dicke, die eine große Torsionssteifigkeit ergaben, aber an der Oberseite noch mit

Die Abbildung links unten zeigt einen Flügel mit Rohrholm aus zwei Balsaschichten zu je 1 mm Dicke. Das Profil ist ein sogenanntes „Flamingoprofil" mit „Flamingobauch" im Rohrbereich. Dadurch ist ein größerer Rohrdurchmesser möglich.
Rohre haben eine große Torsionssteifigkeit, jedoch ist die Biegefestigkeit gering. Neuerdings werden Rohre aus kohlestoffaserverstärkten Glasfiberrohren geringeren Durchmessers verwendet, die sowohl eine extreme Torsionsfestigkeit als auch große Biegefestigkeit aufweisen.

Kiefer verstärkt werden mußten, um die Knickfestigkeit zu erhöhen. Leider konnte man bei dieser Bauweise nur dickere Profile verwenden, die weniger leistungsfähig als die üblichen dünnen waren. Für dünnere Profile gibt es Kunststoffrohre von 8 mm Außendurchmesser, die sich für etwas schwerere Flügel sehr gut eignen, aber mit einem Gewicht von 30 g pro Meter für Super-Leichtwindsegler nicht geeignet erscheinen. Es mußte also die bisherige Skelettbauweise neu überdacht und entsprechend geändert werden.

Zunächst mußten alle Holmquerschnitte nach dem Rezept „nimm die Hälfte" halbiert werden, und statt Balsarippen von 2 mm Dicke wurden solche von 1 mm Dicke genommen. „Quarter-grain" machte es möglich.

Abb. 141   ▬ = auf die Hälfte reduzierte Holmquerschnitte

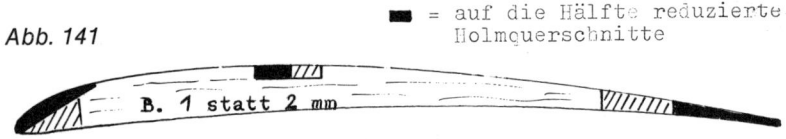

Es zeigte sich aber, daß die Flügel vor allem im Wurzelbereich *oben* einknickten und zudem wenig verdrehungssteif waren. Zunächst zum ersten Problem:

Warum knickt ein Flügel an der Wurzel zuerst oben ein?

Das Einknicken an der Wurzel ist vom langen Hebelarm her verständlich, aber weniger verständlich ist, daß der Flügel gerade oben einknickt und nicht etwa unten ausreißt.

Wer sich noch nicht näher mit Statik befaßt hat, dem ist nicht klar, welche Kräfte bei einer Biegung auf die Ober- und Unterseite eines Flügels bzw. auch eines Rohres einwirken.

Bei einem Flügel merkt man, daß sich bei Aufwärtsbiegung die Bespannung auf der Unterseite strafft, auf der Oberseite aber lockert. Die Straffung auf der Unterseite deutet auf *Zug* hin, die Lockerung auf der Oberseite auf *Druck*. Bei einem unbespannten Gerippe sehen wir auch, wie sich der Holm seitlich oder auch nach unten verbiegt, also zum *Ausknicken* neigt.

Ein typisches Beispiel für die verschiedene Beanspruchung sind Streben an einem Flugzeug:

Die unteren werden im Flug nur auf Zug beansprucht, die oberen auf Druck und Knickung. In der Regel sieht man auch nur untere Streben bei Hoch- bzw. Schulterdeckern, dagegen sehr selten obere bei Tiefdeckern.

Abb. 142

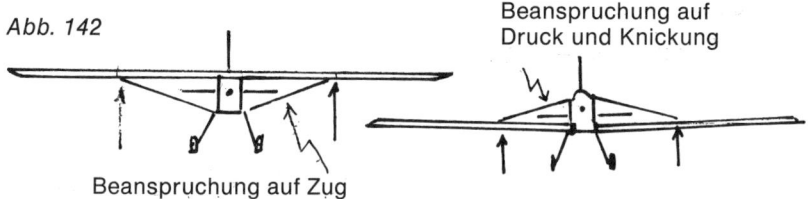

Beanspruchung auf Druck und Knickung

Beanspruchung auf Zug

Läßt man die Streben weg, übernehmen die Holme ganz die verschiedenen Beanspruchungen:

Die Untergurte werden auf Zug beansprucht, die Obergurte auf Druck und Knickung.

Schwierig ist die Abgrenzung von Druck- und Knickfestigkeit. Sie wird am besten verständlich, wenn man die Verfahren zur Messung der verschiedenen Kräfte betrachtet (siehe Abb. 143).

Abb. 143

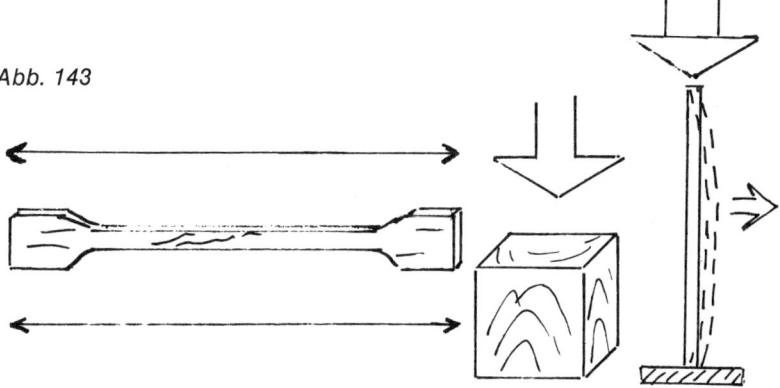

Bei der *Zugprobe* wird ein längliches Holz in Faserrichtung gezogen, bis es reißt.
Bei der *Druckprobe* werden Würfel in Faserrichtung zerdrückt.
Bei der *Knickprobe* wird ein senkrecht stehender Stab so lange belastet, bis er seitlich ausknickt und zerbricht.
Es geht hier besonders deutlich der Unterschied zwischen Druck- und Knickbelastung hervor. Man sieht, daß die Druckprobe nicht mit der Knickprobe eins ist, da ein Würfel nicht seitlich geknickt werden kann.
Die gemessenen Belastungwerte werden auf 1 cm² umgerechnet, bei Knickbelastungen kommt noch die Knicklänge hinzu.
Wozu sollen nun diese Unterscheidungen gut sein? Wenn wir die Meßwerte für die verschiedenen Beanspruchungen wissen, können wir ganz grob einmal sagen, ob das Brechen des oberen Holms auf Druck- oder Knickbelastung zurückzuführen ist.
Die Zugfestigkeit beträgt bei Kiefernholz 660 kg/cm² ($\sim$ 6 600 Newton/cm²), die Druckfestigkeit 330 kg/cm² ($\sim$ 3 300 Newton/cm²), also nur die Hälfte. Balsaholz soll bei einem spezifischen Gewicht von 0,14 eine Druckfestigkeit von 98 kg/cm² ($\sim$ 980 Newton/cm²) und eine Zugfestigkeit von 176 kg/cm² ($\sim$ 1 760 Newton/cm²) haben.
Die verschiedene Belastungsfähigkeit auf Druck und Zug hat nun bedeutende Folgen:
Die Druckelemente müssen demnach etwa den doppelten Querschnitt wie die Zugelemente haben!
Wenn wir so verschiedene Flügelquerschnitte mit Holmen betrachten, so stellen wir in der Regel fest, daß die oberen Elemente – die Druckelemente – sogar noch einen geringeren Querschnitt als die unteren aufweisen, gerade als seien die Modelle für Rückenflug konstruiert!

Abb. 144a

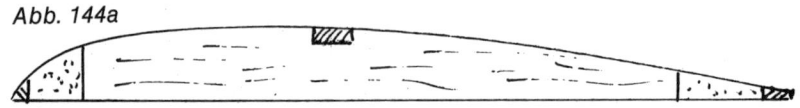

Es ist also kein Wunder, wenn die oberen zuerst brechen. Die Holmquerschnitte müßten also eher wie in Abb. 144b aussehen.

Abb. 144b

Es wird angenommen, daß man den Untergurt auf Nasen- und Endleiste verteilen kann, wobei man statt Kiefer einen entsprechenden größeren Querschnitt an Balsaholz bzw. Balsaholz mit Stoßkanten aus Kiefer nimmt. Der vertikale Abstand zwischen den oberen und unteren Holmen bleibt dabei derselbe. Wir werden später sehen, inwieweit man die Biegekräfte vom oberen Holm über die Rippen auf die unteren Holme übertragen kann. Unter der Annahme, daß dies vollauf gelänge, interessiert uns die Frage, welche Biegebeanspruchung die Holme überhaupt aufzunehmen hätten. Die am meisten beanspruchte Stelle ist dabei die Einspannstelle an der Flügelwurzel.

Wir ermitteln dabei die zulässige Randspannung σ_R, die bei gegenüberliegenden Ober- und Untergurten *an der Einspannstelle* auftreten würden, also welchen Druck der Obergurt und welchen Zug der Untergurt aufzunehmen hätten.

Was müssen die Holme an der Einspannstelle aushalten?

Unter „Einspannstelle" versteht man bei geteilten Flügeln das Ende der Flügelverbindung, also das Ende von Hochkantstahlbändern, Steckdrähten oder Zungen. Die hier auftretende „Biegespannung" läßt sich aus dem Verhältnis Biegemoment: Widerstandsmoment berechnen. Beim folgenden Beispiel ist ein Flügel mit Ober- und Untergurt nach Abb. 145 untersucht. Die Biegespannung wirkt sich am stärksten an den Holmaußenseiten aus und wird deshalb auch als Randspan-

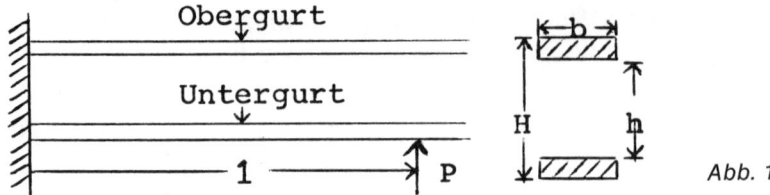

Abb. 145

nung σ_R bezeichnet. Die Randspannung an der Einspannstelle kann dann in kg/cm² (Newton/cm²) bzw. kg/mm² (Newton/mm²) nach der Formel

$$\sigma R = \frac{6 P \cdot l \cdot h}{b \cdot (H^3 - h^3)} = kg/cm^2$$

berechnet werden. Dabei sollen sein:
P = 0,2 kg (Rumpfgewicht 200 g + Ballast 200 g = 400 g; auf jede Flügelhälfte treffen dann 200 g),
l = Länge des Hebelarms, mit dem eine Punktlast in der Mitte einer Flügelhälfte angreift, wobei theoretisch von einer rechteckigen Auftriebsverteilung ausgegangen wird,
H = 2 cm (vertikaler Abstand der Holmaußenkanten),
h = 1,6 cm (vertikaler Abstand der Holminnenkanten),
b = 1 cm (Breite der Holme).
Dann ist die Randspannung pro cm² Holmquerschnitt:

$$\sigma R = \frac{6 \cdot 0{,}2 \cdot 50 \cdot 2}{1 \cdot (2^3 - 1{,}6^3)} = \frac{120}{3{,}904} \approx 30 \text{ kg/cm}^2 \ (\sim 300 \text{ Newton/cm}^2).$$

Pro mm² Holmquerschnitt ist die Randspannung 0,3 kg/mm² ($\sim$ 3 Newton/mm²). Da Kiefernholz eine Druckbelastung von 330 kg/cm² und eine Zugbelastung von 660 kg/cm² aufnehmen kann, kommen wir auf eine elffache Sicherheit für den oberen Holm und eine 22fache für den unteren. Die Holme mit den Querschnitten von 10 × 2 mm sind also reichlich dimensioniert, insbesondere der untere. Aber trotzdem muß gesagt werden, daß z. B. der obere nicht das elffache Bruchlastvielfache aushält, wohl aber der untere das 22fache. Dies kommt daher, daß der obere zwar die Druckkräfte aufnehmen könnte, aber kaum der Knickbeanspruchung standhält, es sei denn, eine entsprechende Abstützung verhindere ein Ausknicken.

Welche Kräfte müßten vom oberen Holm über die Rippen auf Nasen- und Endleiste übertragen werden?

Es gibt Skelettkonstruktionen, bei denen der untere Gurt weggelassen ist, wobei man sich der Hoffnung hingibt, daß die Kräfte dann auf Nasen- und Endleiste übertragen werden können.
Unsere Beispiel-Holme haben einen Querschnitt von je 20 mm². Die Randspannung ist 0,3 kg/mm², beträgt also für 20 mm² gleich 6 kg (~ 60 Newton) an der Einspannstelle. Dies gilt für jeden Holm.
Nun lassen sich Druck- und Zugkräfte von je 6 kg kaum vom Obergurt über die Rippen auf Nasen- und Endleiste übertragen, geschweige denn ein Vielfaches davon, z. B. im Hochstart. Bei Skelettflügeln bleibt deshalb nichts anderes übrig, als diese Spannung vom oberen Gurt auf einen senkrecht darunter liegenden zu übertragen.
Nun nützt diese Doppelgurtanordnung wenig, wenn sich die Gurte bei Biegebelastung verschieben oder gar ausknicken können. Um dies zu verhindern, verbindet man Ober- und Untergurt mit Stegen. Dabei entstehen dann U-Holme, Doppel-T-Holme oder Kastenholme

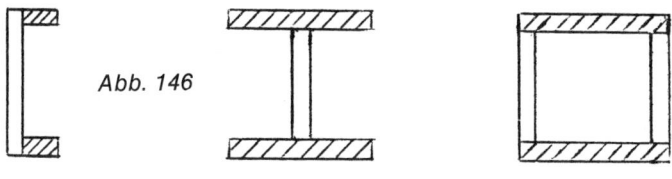

Abb. 146

U-Holm   Doppel-T-Holm   Kastenholm

Beim U- und Kastenholm kann man die Stege noch nach Einleimen der Rippen anbringen. Man beplankt die Holmseiten zwischen den Rippen mit Balsaplättchen, deren Fasern hochkant stehen. Diese Bauweise ist vor allem in den Ostblockländern bei A-2-Seglern verbreitet, die ja eine sehr starke Belastung im Hochstart erfahren. Oft findet man auch zwei be-

plankte Kastenholme, und trotzdem ist das Gewicht dieser papierbespannten Skelettflügel sehr niedrig.
Bei Super-Leichtwindflügeln wird man sich auf eine Abstützung im Innenteil beschränken. Wichtig ist auch, daß man die Holme an den Wurzeln gut verleimt. Die starken Druck- und Zugkräfte reißen die Home oft aus ihrer Verankerung an der Wurzel.

Abb. 147

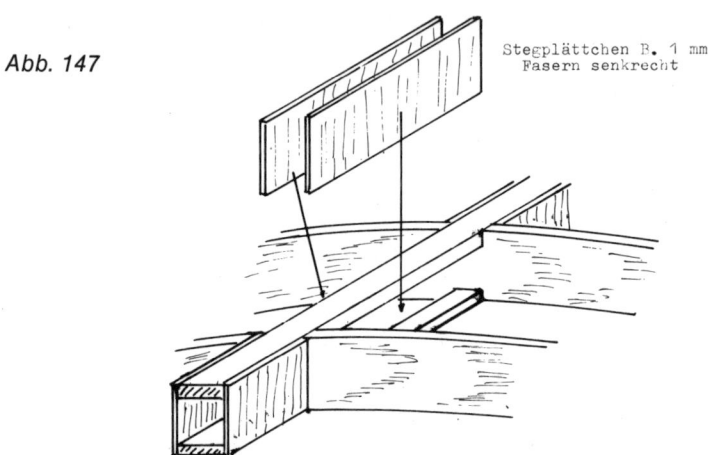

Stegplättchen B. 1 mm
Fasern senkrecht

Wären hochkant stehende Holme nicht besser? (Brettholme)

Natürlich setzt ein hochkant stehender Holm einer Biegung mehr Widerstand entgegen als ein flachkant liegender. Sobald aber dieser einzelne flachliegende Holm in einen Ober- und Untergurt mit weitem vertikalem Abstand aufgeteilt wird, hält er bei richtiger Abstützung noch wesentlich mehr Biegespannung aus als ein einzelner, senkrecht stehender Flachholm (siehe Abb. 148).

Abb. 148

Flach liegender Brettholm   Senkrecht stehender Brettholm   Doppelholm mit Ober- und Untergurt

Eine Berechnung der Widerstandsmomente w gegen Biegebeanspruchung mag die aufgestellte Behauptung erhärten:

$$W_1 = \frac{b \cdot (H^3 - h^3)}{6H} = \frac{10 \cdot (20^3 - 16^3)}{6 \cdot 20} = 325$$

$$W_2 = \frac{b \cdot (H^3 - h^3)}{6H} = \frac{b \cdot H^2}{6} = \frac{2 \cdot 20^2}{6} = 133$$

(Da h beim Brettholm = 0, wird $H^3 : H = H^2$; das Widerstandsmoment wächst im Quadrat der Höhe des Brettholmes)

Die Widerstandsmomente w_1 und w_2 stehen also im Verhältnis von 325 zu 133, d. h. die Doppelholmanordnung mit Ober- und Untergurt hält etwa das 2,5fache aus!

Je mehr Material in die Randfasern verlagert wird und je größer deren vertikaler Abstand ist, desto größer wird die Belastbarkeit.

Das Material in der Mitte bringt demnach so viel wie nichts, es liegt in der sogenannten Neutrallinie. Ungünstig sind besonders Rundholme als Vollkörper, bei denen gerade das meiste Material in der Mitte angehäuft ist (siehe Abb. 149).

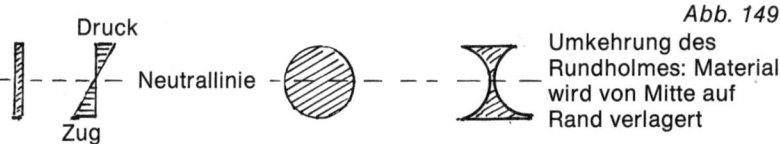

Abb. 149
Umkehrung des Rundholmes: Material wird von Mitte auf Rand verlagert

Wie soll man bei flachen Profilen die Holme anordnen?

Wir haben bisher immer 20 mm Holmhöhe außen angenommen. Im besten Fall kommen wir bei unseren dünnen Profilen auf 10–12 mm. Natürlich können wir den vertikalen Abstand der Holme vergrößern, wenn wir die Untergurte auf Nasen- und Endleiste verteilen. Aber wie schon klargelegt, ist die *Querkraftübertragung* über die Rippen schwierig, da bei der zu erwartenden Belastung das Rippenende mit der Endleiste ausgebeult wird (siehe Abb. 150).

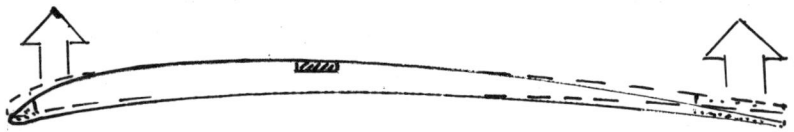

Querkraftübertragung der Biegespannung verformt Rippen bei leichten Skelettflügeln

Abb. 150

Eine entsprechend starke Bespannung kann das Ausbeulen nicht ganz einschränken, so daß nur die Übertragung der Biegespannung auf einen vertikal darunterliegenden Holm möglich ist. Um hier die Holmabstände zu vergrößern, verdikken wir einfach das Wurzelprofil. Dies ist bei tragendem Höhenleitwerk ohne aerodynamische Einbuße, ja sogar möglicherweise mit einer geringen Verbesserung möglich.

Wie bei der Behandlung der Umrißformen schon ausgeführt, sollen Tragflügel und Höhenleitwerk zusammen eine elliptische Auftriebsverteilung ergeben. Beim Tragflügel muß also im Höhenleitwerksspannweitenbereich der Auftrieb entsprechend reduziert werden, was am einfachsten und zweckmäßigsten durch eine Auffüllung der Unterseite geschieht.

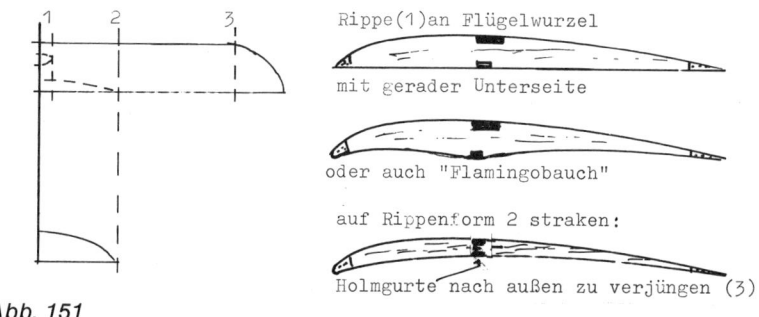

Abb. 151

Was aber bei sehr schwach tragenden Höhenleitwerken? Wir können bei geringfügiger Abschwächung des Auftriebs trotzdem eine große Holmhöhe gewinnen, wenn wir das Tragflügelprofil im Innenbereich nach Art von Flamingoprofilen ausbilden, also mit einem „Flamingobauch" aufdicken. Wie Versuche zeigten, wird der Auftrieb dabei nur wenig gemindert und auch der Widerstand ebenfalls nur wenig erhöht.

Zusammenschau

Das für Leichtwindmodelle Gesagte gilt in vielem für die meisten Modelle:
Der Wurzelbereich des Flügels muß statisch besonders gut durchgebildet sein.
Die Druckelemente müssen etwa den doppelten Querschnitt der Zugelemente aufweisen. Die Druckelemente werden dazu noch auf Knickung beansprucht und müssen deshalb gut abgestützt sein.
Die Querkraftübertragung ist bei leichten Skelettflügeln schlecht über die Rippen zu bewerkstelligen. Die Biegebeanspruchung läßt sich deshalb leichter vom Obergut auf einen senkrecht darunter angeordneten Untergurt übertragen. Der vertikale Abstand dieser Holme soll so groß wie möglich sein,

d. h. maximal an der Flügelwurzel. Von hier weg verringert man dann den Abstand, bis er ab Höhenleitwerkspannweite den bei einem dünnen Profil üblichen erreicht. Bei einem Rechteckflügel bleibt er also dann bis zum Randbogen gleich.

Die Holme sollen wegen Gewichtsersparnis von der Flügelwurzel bis zur Spitze gleichmäßig verjüngt werden, also linear. Die Zuspitzung soll dabei nicht übertrieben werden, damit die Enden Stauchbeanspruchungen bei harten Landungen standhalten. Bei Anfängermodellen hat die Einfachheit vor der Gewichtsersparnis Vorrang. – Trotzdem seien nachstehend einige Flügelschnitte zur Beurteilung vorgestellt, wie sie auch bei Leistungsmodellen verwendet werden. Finden Sie die Mängel? (Text rechts zuerst zudecken.)

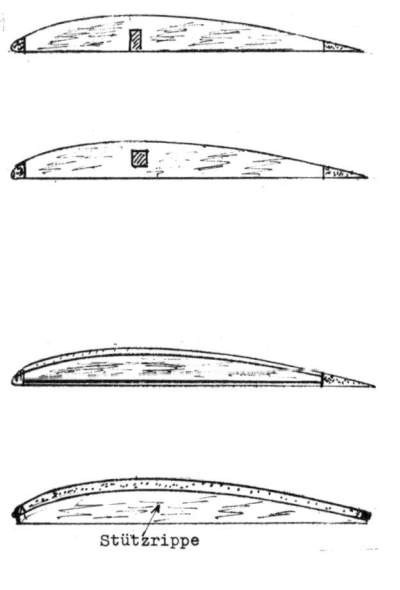

Druckseite zu schwach ausgebildet; Bespannung krümmt Flügel nach oben; trotz massiven Holms wenig biegesteif!

Flügel wird zwar wegen des höher liegenden Holms nicht nach oben gekrümmt, die Randfasern aber haben bei diesem Holmquerschnitt zu geringen Abstand; wenig biegesteife Konstruktion!

Druckseite zu schwach: Entweder mit Kiefer am Scheitel verstärken oder härteres und dickeres Balsa nehmen.

Druckseite zu schwach, da die tief liegenden Zugelemente noch dazu mit Kiefer verstärkt sind. Höhenleitwerke in dieser Bauart brechen in der Mitte oben. Für hohe Belastung Flügelmittelteil oben verstärken!

Abb. 152

Anm.: Druckseite ist hier statisch zu verstehen; in aerodynamischem Sinne wäre sie ja unten!

Verdrehungssteife Leichtkonstruktion mit dünnem Profil

Unglücklicherweise brauchen gerade leichte, langsam fliegende Modelle Flügel mit dünnem Profil, wenn man die beste Flugleistung erzielen will. Verwendet man dazu eine leichte Folienbespannung wie die schon erwähnte Silberfolie mit 17 g/m², dann ergibt eine Normalkonstruktion einen wenig verdrehungssteifen Flügel.
Was ist die Folge davon? Da der Druckpunkt bei kleinem Anstellwinkel nach rückwärts wandert, verdreht es den Flügel:

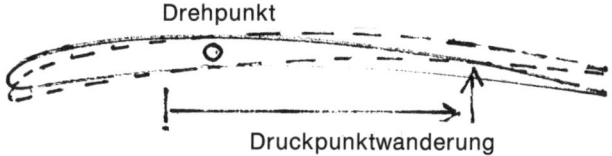

Wir erinnerten uns hier der geodätischen Bauweise, bei der die Rippen diagonal verleimt werden, scheuten aber den großen Bauaufwand, bei dem man obendrein sehr leicht einen Verzug hineinbaut, den man wegen der hohen Verdrehungssteifigkeit der Konstruktion nicht mehr herausbringt.
Als sehr guter Kompromiß erwies sich die halbgeodätische Bauweise, und zwar in zwei verschiedenen Versionen (siehe Abb. 153):

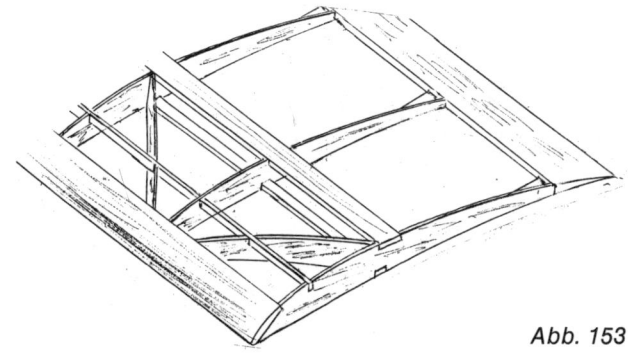

Abb. 153

1. Die sonst üblichen Halbrippen im Nasenteil wurden schräg gestellt. In Verbindung mit einer flachen, schräg gestellten Nasenleiste, die zugleich die Beplankung am stärksten gekrümmten Profilteil ersetzt, ergibt sich ein gut versteifter Flügel von geringstem Gewicht und wenig Arbeitsaufwand.
Die Vorderkanten von Ober- und Untergurt müssen bei dieser Anordnung genau übereinanderliegen (siehe Abb. 154).

Abb. 154

2. Man kann auch das Feld zwischen den Hauptholmen und der Endleiste mit Schrägrippen auskreuzen, wobei die Hinterkanten von Ober- und Untergurt übereinander liegen müssen (siehe Abb. 155).

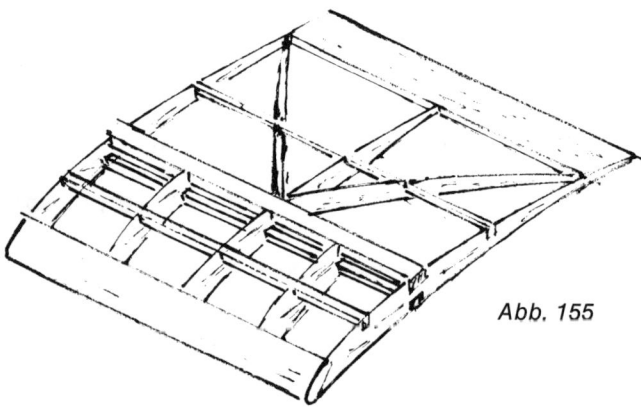

Abb. 155

Die erste Methode ist vorteilhaft, wenn das Profil im rückwärtigen Teil sehr dünn ist und der Rippenabstand nur so groß, daß nur vorne ein wirksamer Schrägwinkel (40–45 °) erreicht wird.
Die zweite Methode ist besser, wenn der Rippenabstand einen wirksamen Schrägwinkel erlaubt und die Profilhöhe rückwärts genügend groß ist. Bei ganz dünnen Profilenden erzielt man auch keine wesentlich größere Wirkung als beim Auskreuzen mit Stäben – die im übrigen nur wenig bringen!

Bei weitem Rippenabstand muß man auch an der rückwärtigen Oberseite einen Hilfsholm gegen Bespannungseinfall anbringen: siehe Skizze oben! Die Mehrarbeit aber lohnt sich: Kann man den rückwärtigen Teil mit Schrägrippen auskreuzen, hat man ein weitaus größeres Torsionsfeld gefestigt als vorne!

Das Auskreuzen mit Schrägrippen – ganz gleich, ob vorne oder hinten – hat allgemein noch einen großen Vorteil bei Holmausführung in Ober- und Untergurt: die Schrägrippen ersetzen zum Teil auch Längsstege. Sie verhindern zwar nicht ein Einknicken der Holme, aber erschweren doch ein Verschieben von Ober- und Untergurt.

Silberfolienbespannung – goldrichtig für superleichte Segler!

Die Entwicklung des Super-Leichtwindseglers nahm einen fast senkrechten Aufschwung durch die Verwendung der „Silberfolie" als Bespannmaterial. Es ist dies eine zähe Plastikfolie, die einseitig mit Aluminium bedampft ist und deren Gewicht bei 17 g/m² liegt. Sie hat damit gleich mehrere Vorteile: Als Plastikfolie ist sie unempfindlich gegen Feuchtigkeit, und die Aluminiumbeschichtung reflektiert über 99 % der Sonnenstrahlen, die ja durch ihre Wärmewirkung Verzüge verursachen können. Das geringe Gewicht schließlich ermöglicht erst den Bau von Super-Leichtwindseglern.

Wo gibt es die Folie? Man ersteht sie in Sportgeschäften, wo sie als „Super-Isolations-Rettungsdecke" der Fa. Söhngen deklariert wird. Sie wird nämlich für die Bergung und Temperaturabschirmung von Verletzten benützt. Der Preis für ca. 3 m² Faltdecke ist etwa 6,– DM (1978).

Man stellt zuerst fest, wo die beschichtete Seite ist. Es ist dies die Innenseite der Faltdecke. Man kann dies mit einem Stück Schmirgelpapier nachprüfen: Wenn man eine Ecke abschmirgelt und diese wird durchsichtig, dann hat man die Innenseite gefunden.

Die Folie wird mit Pattex verdünnt aufgebracht. Dabei bedient man sich am besten des Tricks mit der „Hitze-Reaktivierung": Man bestreicht zuerst das Gerippe mit verdünntem Pattex. Dabei kann man natürlich die Rippen schon im Block anstreichen. – Man läßt den Klebstoff staubtrocken werden und kann dann irgendwann einmal die Folie aufbügeln. Man stellt das Bügeleisen auf große Hitze, d. h. etwa „Wolle", ein. Dabei wartet man, bis der Einschaltstromstoß vorüber ist – das sind etwa 5 min – und beginnt dann mit dem Bügeln. Natürlich wird man zuerst kleine Bespannstücke versuchen.

Der Flügel bleibt so, wie die Bespannung aufgebügelt ist. Bügeln in verwindungsfreier Lage und stetiges Kontrollieren sind nötig. Bei der Lagerung und beim Transport vermeide man Berührung mit scharfen Kanten, Haken, Stiften usw. Dellen kann man wieder herausbügeln. Bei Rissen bessere man am besten gleich ganze Rippenfelder aus, wobei man nach der Hitze-Reaktivierungsmethode zuerst die Ränder der Flekken mit Kontaktkleber anstreicht. Wenn man die Bespannung erneuert, braucht man das Gerippe nicht wieder mit verdünntem Pattex anzustreichen. Der erste Anstrich genügt für alle weiteren Bespannungen.

Ein Konstruktionshinweis für den Tragflügel: Da die Folie nicht steif wie Papier wird, muß das Gerippe schon genügend verdrehungsfest sein, worüber an späterer Stelle geschrieben wurde.

Zungenbefestigung und Flügelknicke – die Angelpunkte beim Flügel

Neuerdings hört man bei Flügelbefestigungen mehr von Steckverbindungen mit Stahldrähten, die in Messingröhrchen geführt werden, oder von senkrecht stehenden Stahlbändern, die in Hülsen eingeschoben werden.

Die Zungenbefestigung hat aber trotzdem noch ihre Berechtigung, insbesondere bei Freiflugmodellen: Die Flügel sind

schnell montiert, bei Anprall klinken sie aus und haken sich daher im Geäst von Bäumen nicht so leicht ein, während bei Steckverbindungen das Modell sehr sperrig wird. Es darf auch nicht übersehen werden, daß man Zungen verbiegen und damit Verzüge ausgleichen kann.
Allerdings ist der Arbeitsaufwand für Zungen größer, und die Herstellung erfordert große Genauigkeit.
Die Zungen fertigt man in der Regel aus 1,5–2 mm starkem Dural an. Eine Breite von 40 mm genügt bei A-2-Modellen. Die Zungenachse sollte durch die Druckmittellinie des Flügels gehen, die im Normalflug bei etwa 40 % der Flügeltiefe liegt.
Die Umrisse sind Halbkreislinien, die von den Eckpunkten der Flügelwurzel gezogen werden (siehe Abb. 156a).

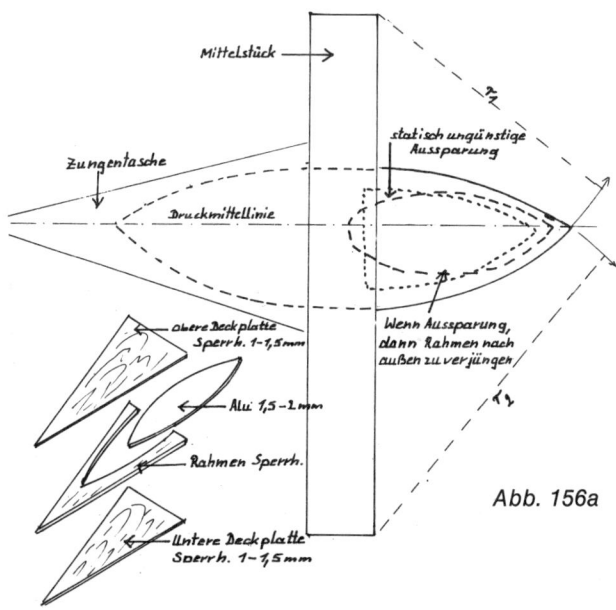

Abb. 156a

Zungenbefestigung bei Standardflügeln

Bei Standardflügeln mit vollem Profilblock läßt sich die Zunge nur weit vorne einführen, wodurch der Angriffspunkt bei etwa 20 % der Flügeltiefe zu liegen kommt, d. h. hier geht die Zungenachse dann durch. Das Druckmittel liegt aber im Normalflug bei etwa 40 % der Flügeltiefe, und bei größerer Belastung – etwa bei Bleizusatz für starken Wind – verdreht es den Flügel.

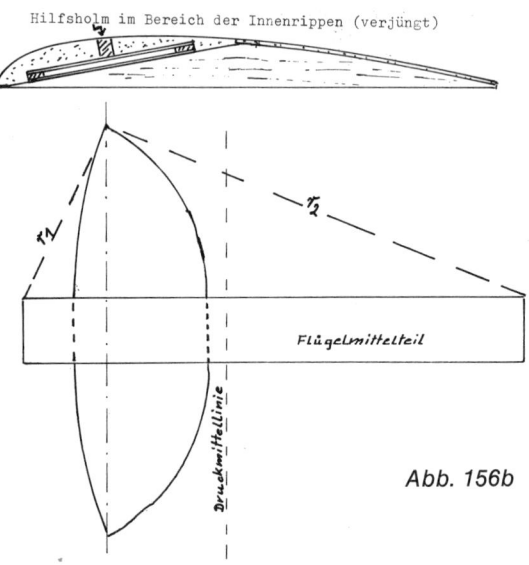

Abb. 156b

Knickverbindungen

Sie sollten, wie bereits in Abb. 22 dargestellt, stufenlos erfolgen, indem die *beiden* Stoßflächen im gleichen Winkel abgeschrägt werden. Die Knickverbindungen selbst kann man verschieden ausbilden:

a) Als feste Verbindung, wobei man eine Leimmuffe um den eingekerbten Stoßstellenrand legt (Abb.). Sehr gut hat sich auch eine Knickstellenverstärkung mit Glasseide bewährt, die man auch mit Porenfüller aufkleben kann.

b) Als Sollbruchstelle, wobei die beiden Stoßflächen mit Kontaktkleber aufeinandergeklebt werden.

c) Als elastische Verbindung mittels Stahldrähten von 2 mm ∅, die in Alu-Röhrchen geführt werden. Die Knickstellen werden dann noch mit Tesaband fixiert. Man kann bei dieser Methode auch den Einstellwinkel des Flügelohres verändern.

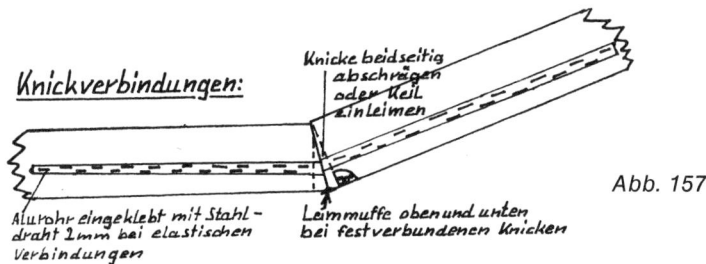

Abb. 157

Baumgerechte Modelle

Bekanntlich ist es leichter, ein Modell 200 m vom Himmel herunterzuholen als 20 m von einem Baum; denn die rechtwinklig zum Rumpf ausladenden Flügel und Leitwerke stellen ein äußerst sperriges Gebilde dar, das sich leicht im Geäst verhakt.

Es wurden deshalb baumschlüpfrige Konstruktionen erprobt, bei denen die sperrigen Teile durch einen leichten Stoß nachgeben und abgleiten.

Das meiste Kopfzerbrechen bereitete das Höhenleitwerk, aber letztlich war die Ausklinkbarkeit recht einfach und vor allem ohne Mehrarbeit gegenüber den bisherigen Ausführungen gewährleistet.

Die Hauptidee besteht darin, daß die Gummihaken so gebogen werden, daß die Gummis abgleiten können, wenn das Höhenleitwert nach Auslösen der Thermikbremse hochklappt und bei Baumberührung einen leichten Schlag bekommt.

Die Haltedrähte sind stärker nach oben abgewinkelt, um ein vorzeitiges Weggleiten der Gummis beim Hochklappen des Höhenleitwerts zu verhindern.

Die Haltedrähte könnten natürlich auch vorne stumpf enden, würden aber dann durch ihre scharfen Kanten eine Verletzungsgefahr für die Bespannung und auch allgemein darstellen. Sie sind deshalb scharf nach rückwärts zusammengebogen.

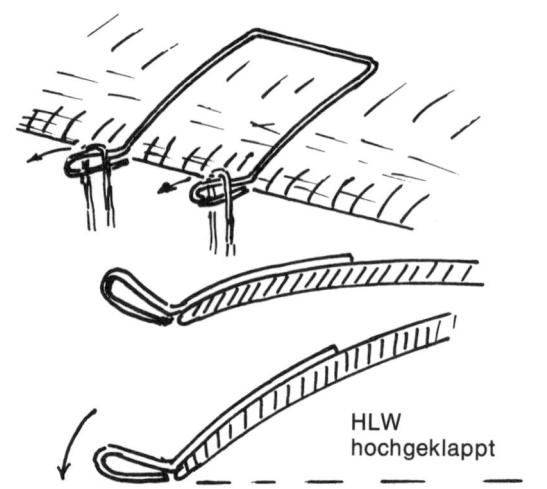

HLW
hochgeklappt   Abb. 158a

Da die Gummis bei dieser Befestigungsart nicht nach vorne ziehen dürfen, sondern nur nach unten, und weil das Höhenleitwerk sich dann verkanten könnte, ist die Auflage mit einer Einrastrille für ein Rundhölzchen versehen, das am Höhenleitwerk vorne unten angeleimt wird (s. Abb. 158b).

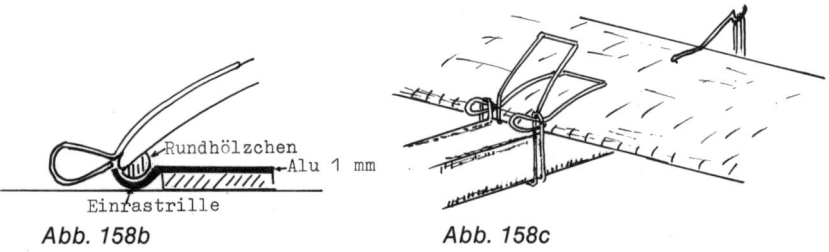

Abb. 158b   Abb. 158c

In der Regel wird der Höhenleitwerkausschlag mit einem Stück Schnur begrenzt. Diese aber würde das Höhenleitwerk nicht freigeben. Es ist deshalb vorne eine verbiegbare Ausschlagbegrenzung durch einen Stahldrahtbügel angebracht. Dieser Bügel hat noch den unschätzbaren Vorteil, daß er das Höhenleitwerk bei einem einseitigen Stoß von der Auflage abtrennt (s. Abb. 158c).

Das Seitenleitwerk kann durch eine elegante Rückpfeilung baumschlüpfriger gestaltet werden (siehe Abb. 159).

Abb. 159

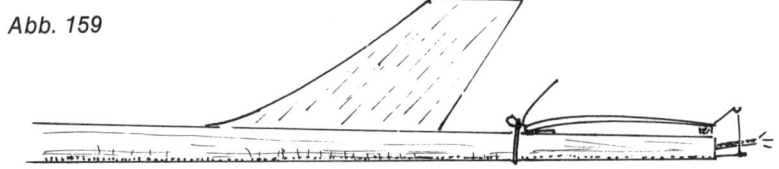

Die Flügelbefestigung besteht in einer Ausklinkzunge: In 12–15 mm Abstand vom Flügelanschluß wird die Zunge ganz leicht nach oben gewinkelt. Die Zungentasche erhält eine etwas größere Weite als die Zungendicke, so zum Beispiel 2,5 mm bei einer Alu-Zunge von 2 mm. Durch den Knick wird ein Klemmsitz erreicht, wenn der Flügel ganz aufgeschoben ist. Sobald er einen Spalt weit vom Flügelanschluß weggedrückt wird, läßt die Klemmwirkung nach und der Flügel springt weg.

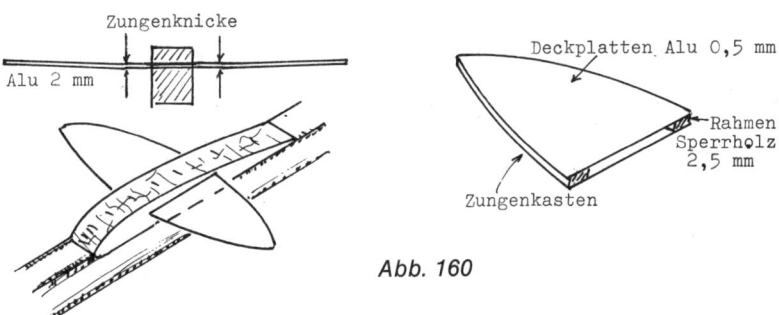

Abb. 160

Natürlich könnte man die Zunge innen auch durch einen Anstrich mit UHU plus verdicken, wobei man etwas in der Dicke zugibt. Durch vorsichtiges Abschleifen der Klebstoffschicht kann man die Klemmwirkung verändern.

Derart durchgebildete Modelle lösen sich bei Landung in weitästigen Bäumen meistens sofort in Einzelteile auf oder kommen wenigstens bei stärkerem Wind nach und nach in Stücken herab. Es ist schon viel gewonnen, wenn ein Modellteil am Boden den Fundort verrät.

Noch andere Lösungen

Bei der nun folgenden Ausführung kann man sich drei Details ersparen, nämlich die Einrastrille, das Einrasthölzchen und den Anschlagbügel, drei Dinge, die zunächst als großer Clou angesehen wurden.
Der Trick besteht darin, daß man die Haltehaken etwas zurückversetzt. Die Haltegummis ziehen dann das Höhenleitwerk vor und drücken die Nasenkante gegen das Anschlagwinkelblech, wie in Abb. 161 dargestellt. Das Seitenleitwerk kann dann als Ausschlagbegrenzung für das Höhenleitwerk genommen werden. Das wäre alles!

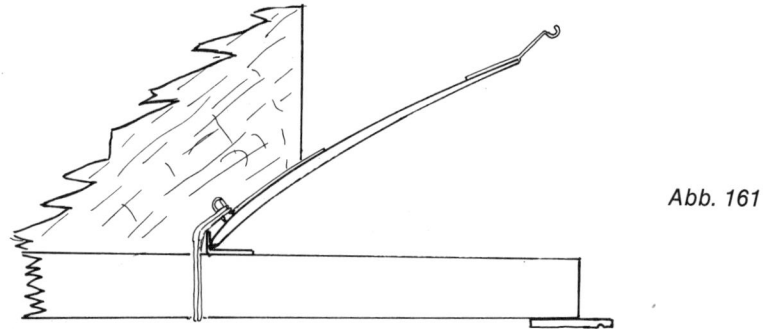

Abb. 161

Es muß nun allerdings zugegeben werden, daß bei all diesen Systemen sich das Höhenleitwerk vor dem Hochklappen des Höhenleitwerks nicht ganz leicht löst.
Diesem Mangel hat *B. Schüßler* bei seiner Konstruktion einer Höhenleitwerkswippe ein Ende bereitet. Auf dieser Wippe wird das Höhenleitwerk mit einem Gummiring befestigt, und bei einem leichten Anstoß schon springt es weg, ganz gleich, ob die Wippe hochgeklappt ist oder nicht.

Abb. 162

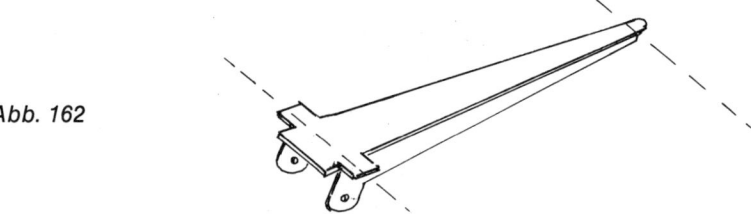

Fragen zu den besonderen Flügel- und Leitwerkbauweisen

1. Was sind die Bauelemente der „Standardbauweise"?
2. Welche bauliche und aerodynamische Vorteile haben Flügel in Standardbauweise?
3. Wie wird eine Trapezform bei Standardflügeln erzielt?
4. Wie stellt man selbst Standardflügel her?
5. Wie behandelt man die Oberfläche?
6. Warum knicken Skelettflügel vorzugsweise an der Wurzel und auf der Oberseite ein?
7. Was ist der Unterschied zwischen Zug-, Druck- und Knickbeanspruchung?
8. Wie groß ist ungefähr die Druck- und Zugfestigkeit des Kiefernholzes pro cm^2 Querschnitt? Was sind die Konsequenzen?
9. Kann man die Biegespannung vom oberen Holm (Hauptholm) über die Rippen auf Nasen- und Endleiste übertragen?
10. Wie kann man das Verschieben und Einknicken der Holme verhindern?
11. Welchen Nachteil haben Rundstäbe als Holme?
12. Welche Möglichkeiten gibt es, den Wurzelbereich zu verstärken?
13. Unter welchen Voraussetzungen sind Halb-Diagonalrippen vor oder hinter dem Hauptholm günstiger?
14. Welche Vorteile hat eine Flügelzunge?
15. Wie wird eine Flügelzunge konstruiert?
16. Welche Möglichkeiten von baumgerechten Höhenleitwerkbefestigungen gibt es?

Entstehung des Aufwindes
Natürliche Energien: Thermik und Hangaufwind

Die nicht mehr wegzuredende Energiekrise bringt die Nutzung natürlicher Energien immer mehr ins Gespräch. Freilich ist die Frage im Modellflug nicht so brennend, da der Energieverbrauch hier unerheblich ist. Doch dürfte das Interesse für natürliche Energien schon deswegen so groß sein, weil sie sich im Modellflug bestens ausnützen lassen und obendrein keine Lärmbelästigung verursachen. *Da es sich im Modellflug nicht um Beförderung von Lasten oder Passagieren über weite Strecken handelt, sondern Modellflug sich immer in einem begrenzten Raum abspielt, in dem natürliche Energien wie Thermik oder Hangaufwind ausgenützt werden können, kann man nichts Besseres tun als sich dieser Energiequellen zu bedienen.*
Modelle bringen auch eine weitere günstige Voraussetzung mit: Bei richtiger Konstruktion kann man mit ihnen eine Sinkgeschwindigkeit erreichen, mit der sie Flugzeuge und sogar Vögel weit unterbieten können. *Mit Hochleistungsmodellen lassen sich Hangaufwinde an kleinen Hügeln und schwächste Thermik schon für längere Flüge ausnützen.* Allerdings wirbt niemand für diese kostenlosen Energiequellen, und so sind auch die Kenntnisse darüber nicht zu sehr verbreitet.
Am wenigsten ist über die Thermik bekannt, wie sie der Modellflieger braucht. Man weiß vielleicht, daß sie sich in den wärmeren Jahres- und Tageszeiten entwickelt. Es ist die Zeit, in der man Segelvögel wie Bussarde und Milane im Blau des Himmels ohne Flügelschlag höher kreisen sieht. Es mag dazu auffallen, daß diese Segelvögel nicht dicht über dem Boden, sondern erst in größerer Höhe kreisen. Die Thermik muß sich demzufolge in größerer Höhe ausbilden, und sie muß auch nur an bestimmten Stellen im Luftraum zu finden sein, die

kreisend ausgeflogen werden müssen – sonst könnten ja die Vögel im bloßen Geradeausflug himmelwärts segeln. *Nun, mit Modellen diese Thermikstellen zu suchen, ist ein wunderbarer Sport,* der allerdings mehr auf die wärmere Jahreszeit beschränkt ist.

Auch wenn die Sonnenwärme nachläßt, kann man segeln, und zwar am Hang. Am einfachsten geht dies natürlich mit Fernsteuerungen. Wer aber mehr Wert auf sportliche Bewegung legt und sich gerne damit beschäftigt, technische Systeme auszuknobeln und zum Funktionieren zu bringen, kommt mit Selbststeuerungen auf seine Rechnung. Es kann mit ihr gelingen, ein Modell durch ,,Standsegeln" lange über dem Hang zu halten oder auch nach einem Vorwärts-Steigflug kreisend wieder zum Startgebiet zurückkommen zu lassen.

Thermik und Hangaufwind sind sowohl im RC- als auch im Freiflug gut auszunützen. *Im Freiflug wäre die Kombination Thermikflug–Hangflug im Sinne eines raumsparenden Modellflugs;* denn Thermik bildet sich vor allem bei warmem, windschwachem Wetter aus, Hangaufwind bei etwas mehr Luftbewegung. In beiden Fällen würde das Modell nicht weit abtreiben.

Abb. 163: Die zwei Hauptaufwindquellen: Thermik und Hangaufwind.

„Bodenthermik" –
kein Aufwindkamin vom Boden aus!

Wie eingangs erwähnt, sieht man Bussarde oder Milane kaum jemals ganz knapp über dem Boden im Kreisflug segeln, geschweige denn erst Großsegelflugzeuge. Die Thermik muß sich also erst in größerer Höhe ausbilden.

Nun hat die Thermik, wie sie die Segelvögel und Modelle überwiegend benutzen, ihren Ursprung am Boden, ist also eine sogenannte „Bodenthermik" – und doch wirkt sie sich erst in größerem Abstand vom Boden aus. Im Gegensatz dazu gibt es noch die „Höhenthermik", die ihren Ursprung in der Höhe hat, wenn zwei Luftmassen verschiedener Temperatur in der Atmosphäre aufeinanderstoßen. Weil diese Art von Thermik in der Hauptsache nur von Segelflugzeugen ausgenützt wird, soll erst später von ihr die Rede sein. Für uns ist zunächst die Bodenthermik vorrangig.

Man weiß, daß die Bodenthermik durch verschieden starke Erwärmung der Erdoberfläche entsteht, wobei sich die Luft über trockenem und festem Boden stärker erwärmt als über feuchtem und lockerem. Diese Thermik geht also von der Heizplatte Erde aus. Erwärmte Luft ist spezifisch leichter als kühle und will deshalb nach oben steigen – ähnlich wie ein Heißluftballon. Der Uneingeweihte nimmt dabei an, daß die warme Luft in einem ständigen Strom nach oben steigt, ähnlich wie eine starke Rauchsäule. Vielleicht wird diese Vorstellung auch durch allzu schematische Darstellungen über die Thermik genährt (s. Abb. 164).

Nach solchen Darstellungen geht von den erhitzten Bodenstellen ein ständiger Aufwindstrom nach oben, wobei die Feuchtigkeit in der Warmluft in größerer Höhe zu Kumuluswolken – den Haufenwolken – kondensiert. Diese Skizzen wollen jedoch nur den Ursprung einer Kumuluswolke schematisch anzeigen. Werden sie falsch ausgelegt, dann entsteht der Eindruck, als brauche man nur unter einer solchen Wolke am Boden zu starten, und das Modell schraube sich dann in die Höhe. Nun ist dem nicht so, und der Aufwind muß sich also in anderer Form bilden.

Abb. 164: Schematische Darstellung, die Thermik als durchgehenden Aufwindkamin vortäuschen kann.

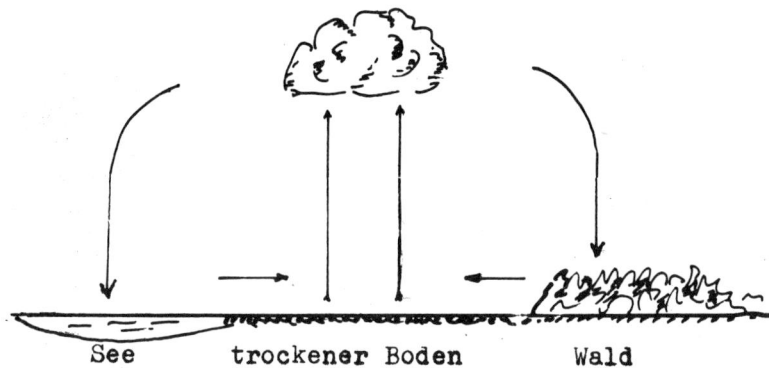

See	trockener Boden	Wald

Steht man auf einer größeren trockenen Fläche, wie z. B. einem brachliegenden Ackergelände, und würde hier die warme Luft gleichmäßig vom Boden wegströmen, dann müßte dafür kühlere Luft ebenso gleichmäßig nachfließen, es müßte hier also dauernd Wind wehen. Aber man kann beobachten, daß die besten Segelbedingungen gerade bei ruhiger Luft herrschen, wobei sie hin und wieder von schwachen Böen gestört wird. Schon E. H. Hankin, Regierungsmeteorologe in Indien, berichtete in seinem 1913 erschienenen Buch, daß die dort in Überzahl auftretenden Geier auch dann weitersegelten, wenn die Luft am Boden vollkommen ruhig war.

Es kann auch nicht sein, daß die sich langsam ausdehnende Warmluft Segler in die Höhe trägt. Auf diese Weise wäre es nicht möglich, daß Modelle innerhalb einer Minute oft von 50 auf 100 m steigen! Die Ausdehnung der Warmluft müßte dabei fast explosionsartig vor sich gehen; in Wirklichkeit aber ist es nur ein ganz langsamer Prozeß.

Man weiß heute, daß sich die Warmluft nur schubweise, also pulsierend, in gewissen Zeitabständen ablöst. Die Ablösung merkt man oft, wenn sich plötzlich Gräser, Halme, Blätter oder Staub wirbelig bewegen. Aber auch in diesen Augenblicken könnte kein Modell direkt vom Boden weg hochkreisen – der Aufwindstrom ist hier zu schmal!

Warum wirkt sich die „Bodenthermik" erst in der Höhe aus?

Thermikblasen gibt es erst ab etwa 30 bis 50 m über Grund! Tatsache ist, daß Segler dicht über dem Boden kaum jemals Anschluß finden. Wurfgleiter allerdings können schon in Miniblasen ab 15 bis 20 m segeln, während man Freiflugmodelle auf etwa 50 m Höhe bringt. Um zu verstehen, warum es hier erst größere Blasen gibt, müssen wir nun den Vorgang der Ablösung genauer betrachten, wie er aufgrund wissenschaftlicher Forschungen dargestellt wird.([28])

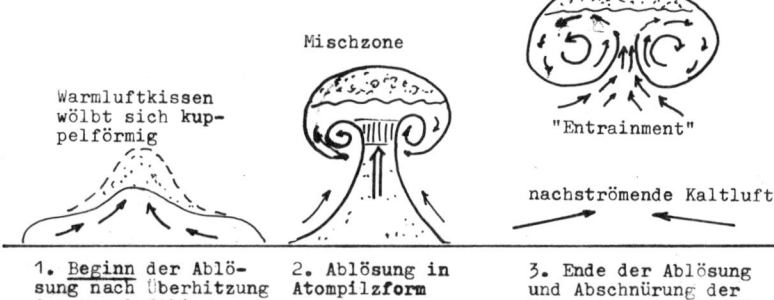

Abb. 165: *Phasen der Ablösung einer Thermikblase.*

Man könnte natürlich dazu mehrere Fragen stellen, so z. B., warum sich ein Warmluftkissen nicht so ohne weiteres abhebt. Man muß bedenken, daß die darüberliegende, etwas kühlere Luft schwerer ist und auf das Warmluftkissen drückt. Diesen Druck kann es leichter überwinden, wenn es sich zunächst wie ein Keil nach oben zwängt.

Unsere „Modellblasen" bilden sich erst in 30 bis 50 m Höhe aus, gehen also hier wie ein Atompilzkopf auseinander. Man muß sich hier wiederum fragen, warum dies gerade in dieser Höhe geschieht. Nun, die Temperatur nimmt bei starker Bodenerwärmung bis zu dieser Höhe stark ab und von da weg normal, d. h. etwa 0,6 bis 0,8 °C pro 100 m. In 30 bis 50 m Höhe haben wir sozusagen einen „Temperaturknick".

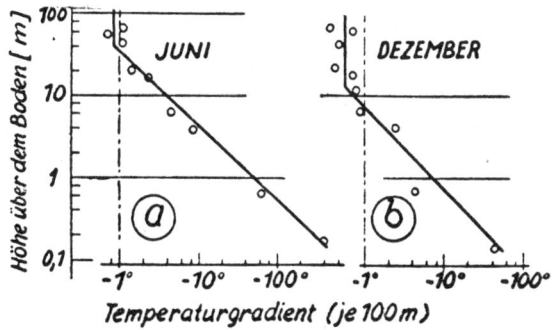

Abb. 166: Knick des „Temperaturgradienten" bei etwa 40 m im Juni, bei etwa 15 m im Dezember. Die Punkte stellen Messungen in verschiedenen Höhen dar. Die Werte sind doppelt logarithmisch aufgetragen.

Höhenabhängigkeit des Temperaturgradienten nach K. Brocks.

Die Aufsteiggeschwindigkeit der Warmulft wird nun verlangsamt, wobei sich die aufströmende Luft wegen des Widerstands einrollt und ein förmlicher Wirbelring entsteht, um den kühlere Umgebungsluft rotiert.

Thermikblase wird abgeschnürt

Wenn einmal die Ablösung abgeschlossen ist, hat die Blase keine Aufwindverbindung mehr mit dem Boden. Die unten am Boden einströmende kühlere Luft schnürt sie vollends ab.
Daß eine abgeschnürte Blase tatsächlich ein abgeschlossener Aufwindkörper ist, beweisen z. B. Beobachtungen an segelnden Vögeln und Modellen. Schon *Hankin* beobachtete, wie oft hoch fliegende Geier ohne Flügelschlag kreisen, während knapp darunter fliegende heftig mit den Flügeln schlagen mußten, um den „Anschluß" an die Blase zu erreichen. Bei Wettbewerben wird auch oft versucht, einem Modell, das Thermikanschluß gefunden hat, nachzustarten. Oft aber ist die Blase schon auf eine Höhe gestiegen, die man mit den vorgeschriebenen Hochstartschnurlängen nicht mehr erreichen kann.

Warum eine abgeschnürte Blase weiter steigt und wächst

Obwohl nun die Blase keine Aufwindverbindung mehr mit dem Boden hat, wächst sie weiter und steigt immer schneller. Voraussetzung ist, daß sie den Anfangswiderstand überwinden kann. Wenn nicht, dann kann sie von anderen Blasen eingeholt werden, die sich mit ihr vereinigen. Dieses Knäuel hat dann die nötige Überlebensenergie. Nicht nur das: Es dehnt sich immer weiter aus, steigt immer schneller und kann schließlich Wolkengröße erreichen. Wieso?

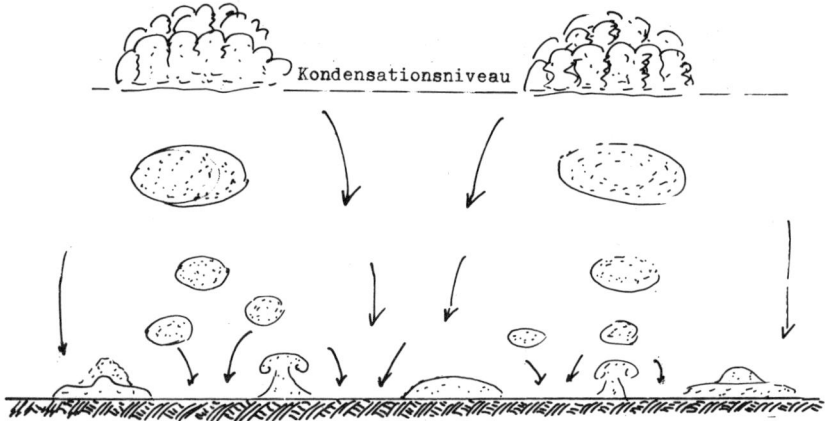

Abb. 167: Thermikblasen über erhitztem Gelände. Das Aufsteigen der Blasen ist ähnlich wie in einem leicht siedenden Wasserkessel. Mit zunehmender Höhe vergrößern sich die Blasen.

Beim Steigen gelangt die Blase in kältere Luftschichten, wodurch der Auftrieb der Blase wächst. Sie steigt um so schneller, je kühler die neue Umgebungsluft ist. Dabei wird die Zirkulation um den Wirbelring lebhafter und damit die Einbeziehung von Außenluft in die Blase, das sogenannte „Entrainment". Der thermische Aufwind wird also mit der Höhe kräftiger und weiträumiger, weshalb ja schwerere Segler eine größere Ausklink- bzw. Anschlußhöhe anstreben.

Genaugenommen dehnt sich eine Blase nur wegen der Zirkulation um einen Wirbelring aus, wobei Außenluft einbezogen wird, die die Blase vergrößert. Wir werden sehen, daß eine Zirkulation noch weitere wichtige Auswirkungen hat.

Warum bleibt ein Modell in der Thermikblase?

Das ist eine berechtigte, aber selten beantwortete Frage. Tatsache ist, daß ein Modell in der Regel in der Thermik bleibt, wenn es auf Kreisflug eingestellt ist, und man hört doch immer wieder, daß Modelle hartnäckig mit einer Thermikblase davonkreisen, weshalb man ja dazu übergegangen ist, sogenannte „Thermikbremsen" einzubauen, die den Flug nach einer bestimmten Zeit beenden. Die Thermikbremse funktioniert in der Weise, daß das Höhenleitwerk einfach hochklappt, worauf das Modell zu Boden sackt.

Stellt man sich das Modell in einer Blase kreisend vor, dann muß man sich doch die Frage stellen: Fällt es nicht nach unten oder nach der Seite heraus?

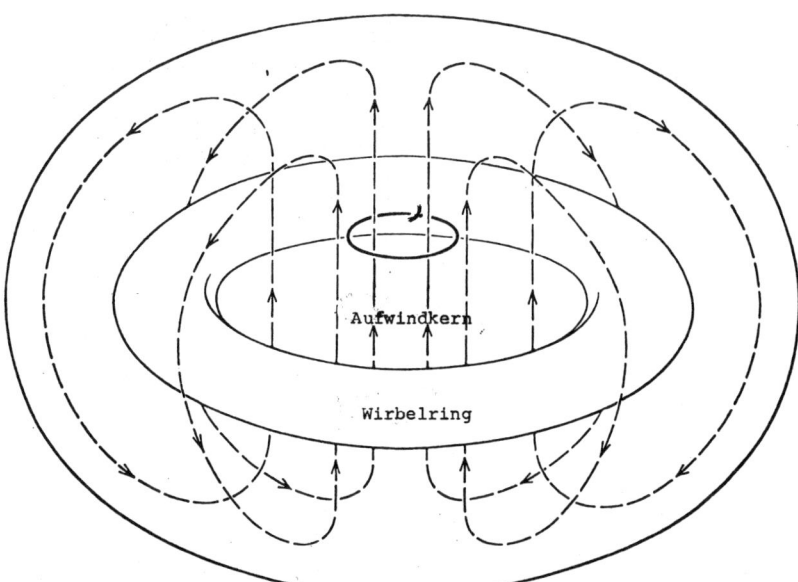

Abb. 168: *Originaldarstellung der Zirkulation in einer Thermikblase aus „American Scientist" März 1962: Um den mit Warmluft gefüllten Wirbelring rotiert kühlere Außenluft. Diese strömt im Ringinnern aufwärts und an der Außenseite abwärts. Durch den Aufwärtsstrom im Blaseninnern wird ein Segler in der Höhe gehalten, vorausgesetzt, daß die Rotationsgeschwindigkeit im Aufwindkern größer als die Sinkgeschwindigkeit des Modells ist.*

Warum ein Modell nicht nach unten aus der Blase fällt
Wäre der thermische Aufwind eine durchgehende Aufwindsäule vom Boden weg, was man früher fälschlicherweise annahm, dann wäre immerhin erklärlich, warum ein Modell in der Thermik steigen kann oder zumindest „oben" bleibt.
Nun wissen wir aber, daß sich die Thermik in Blasen ablöst, die ähnlich großen Ballonen dahintreiben. Wäre aber die Luftmasse in der Blase so ruhig wie in einem Ballon, dann müßte das Modell doch allmählich auf den Boden der Blase sinken und die Thermik verlassen.
Wir deuteten bereits an, daß die Luft in der Blase nicht ruht, sondern um einen Wirbelring zirkuliert, der mit Warmluft gefüllt ist. Man fand dies in Laboratoriumsversuchen und aus Beobachtungen bei Gasexplosionen heraus. Thermikflieger berichteten, daß ihre Modelle in eine sogenannte „Rotationsthermik" gelangt seien, in der es die Modelle stark herumgeschleudert hätte. Es kann sich dabei nur um den Wirbelring in der Blase gehandelt haben, in den die Modelle gerieten.
Nun, die Zirkulation um den Ring hält ein Modell in der Blase, wenn die Rotationsgeschwindigkeit im Innern größer als die Sinkgeschwindigkeit des Modells ist.

Warum ein Modell nicht seitlich aus der Blase fällt
Auch das kann uns der Zirkulations- bzw. Rotationsmechanismus der Blase erklären:
Am Boden der Blase strömt die Luft einwärts auf den Kern zu, und das auch noch weit unterhalb, im Gebiet des sogenannten „Entrainment". Ein Modell, das die Blase unterhalb am „Boden" anschneidet, muß deshalb dem Kern zugeschoben werden, wobei sich die Kreise verengen. Das bisher so rätselhaft gehaltene Engerwerden der Kreise beim Anschneiden der Thermik findet hiermit eine einleuchtende Erklärung.
Was geschieht nun weiter, wenn das Modell auf den Kern hin zentriert wird? Im Blasenkern strömt die Luft gerade hoch. Die zentrierende Wirkung der Strömung läßt nach. Entfernt es sich nun wieder vom Kern, gelangt es in eine schwächere Aufwindzone, da ja außerhalb des Kerns die Aufwärtsströ-

mung nachläßt. Das Modell sinkt dann wieder in das Gebiet der stärkeren Einwärtsströmung im unteren Teil der Blase. Das Modell pendelt sich sozusagen auf einen Kurvenradius ein, bei dem die Rotationsgeschwindigkeit im Aufwind gleich der Sinkgeschwindigkeit des Modells ist.

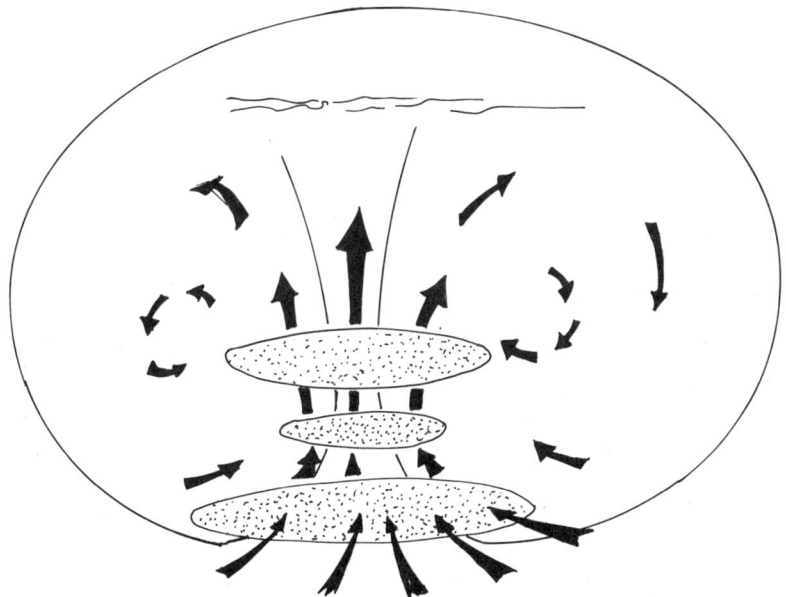

Abb. 169: *Modellbahnen in der Thermikblase, bedingt durch Rotationsmechanismus der Blase.*
Zeichnung: A. Schandel

Natürlich kommt es noch auf die Modellauslegung an, die die ,,Thermikstabilität" beeinflußt und auch die ,,Thermikgierigkeit". Doch hierfür ist ein eigenes Kapitel vorgesehen.

Bei Wind verlagern sich oft die Ablösungen

Bisher stellten wir die Thermik so dar, als löse sie sich bevorzugt an erhitzten Bodenstellen ab. Dies gilt zweifelsohne für windschwaches Wetter, das typische „Thermikwetter".
Bei Wind kann sich zunächst einmal gar nicht soviel Thermik bilden, da sich die Warmluft schlecht sammeln kann. Bauen sich aber dennoch flache Warmluftpolster über dem Boden auf, so verlagert sich oft die Ablösung:
Wenn sich über einer großen, trockenen Fläche die Luft erwärmt und diese Schicht dann über eine feuchte, kühle Fläche getrieben wird, löst sich meistens erst dort die Thermik ab. Man sieht z. B. oft Segelvögel ohne Schwingenschlag über dem Wasser schweben und sogar Höhe gewinnen. Dies ist der Fall, wenn eine trockene Fläche vorgelagert ist, über der sich die Luft erwärmt und die sich dann sofort beim Streichen über die kühle Luft abhebt – das spezifisch leichtere Medium steigt in einem schwereren.

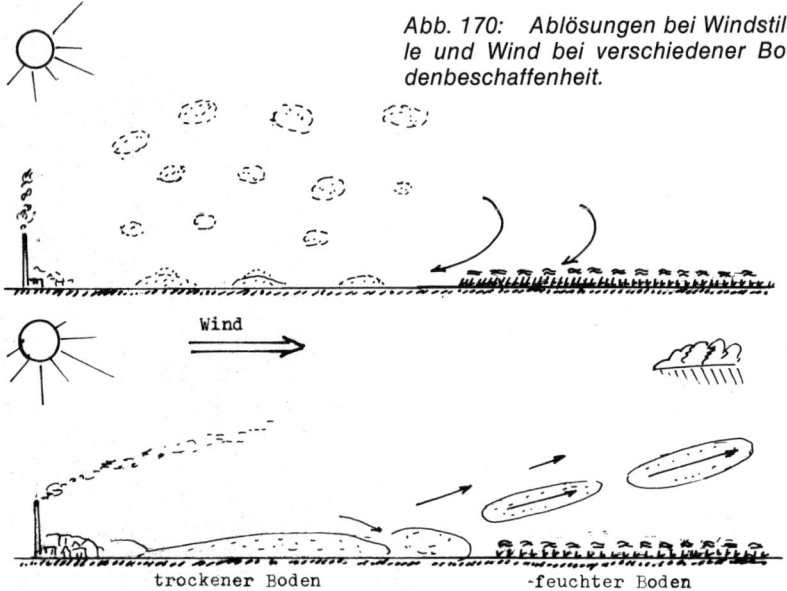

Abb. 170: Ablösungen bei Windstille und Wind bei verschiedener Bodenbeschaffenheit.

Es kann sich dabei fast so etwas wie ein stationäres Aufwindfeld wie am Hang entwickeln. Außer dieser Temperaturauslösung gibt es auch eine geländebedingte (orografische) Auslösung durch Hindernisse wie Hecken, Waldränder, Hangkanten usw.

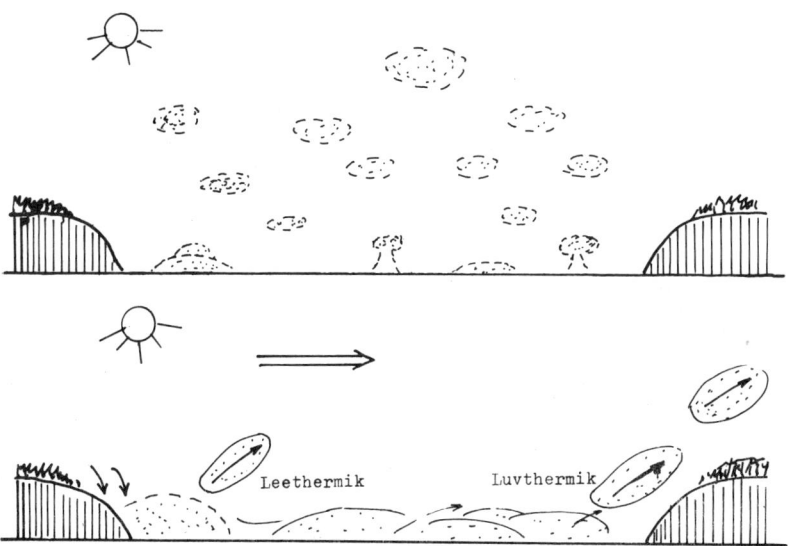

Abb. 171: *Verlagerung der Ablösungen in Form von Luv- und Leethermik.*

Bei Wind bilden sich die Ablösungen mehr an den sonnenbeschienenen, windgeschützten Leeseiten größerer Hindernisse, eine sogenannte „Leethermik" im Gegensatz zur „Luvthermik", die sich an der Luvseite von Hindernissen abschält. Doch darüber bei der Behandlung der Hangthermik mehr!

Abends kehrt sich die Thermik um

Trockener, fester Boden kühlt abends rasch ab, während feuchter Boden, Wälder oder Gewässer die tagsüber gespeicherte Wärme länger behalten und wieder zurückfließen lassen. Nunmehr erfolgt die Umkehrung des Wärmeaustausches. Sie kann schon am späten Nachmittag einsetzen. Die Umkehr- oder Abendthermik ist schwächer als die Mittagsthermik, aber großflächiger.

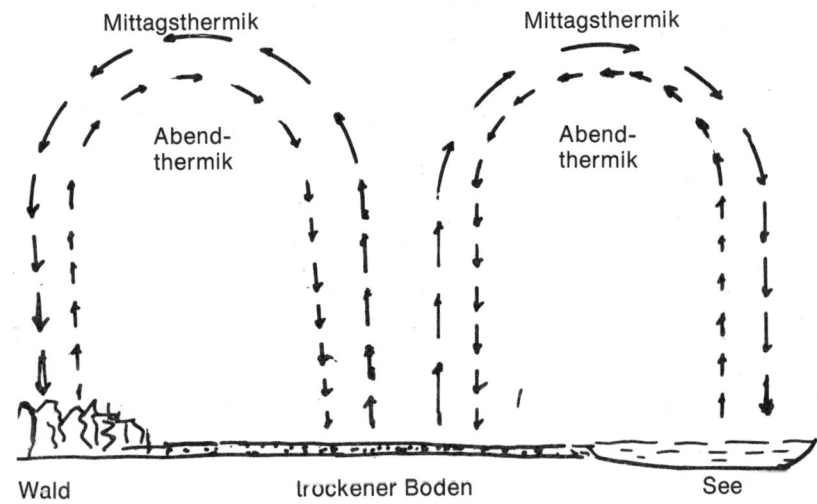

Abb. 172:   Wärmeaustausch tagsüber und abends (schematisch).

Noch andere Thermikquellen

Feuchte Luft

Feuchte Luft kann eine ähnliche Eigenschaft wie eine erwärmte haben. Zur Erklärung vorher eine Frage: Was ist leichter, feuchte oder trockene Luft? Die Antwort mag zunächst verblüffen: Feuchte Luft ist leichter! Man möchte meinen, daß der Wasseranteil mehr Gewicht bringt. Doch ist es anders: Es sei betont, daß die Luftfeuchtigkeit hier in gasförmigem Zustand verstanden wird. Der die Luftfeuchtigkeit bewirkende gasförmige Wasserdampf hat nur $5/8$ des Gewichtes der Luft, und zwar wegen des hohen Anteils an Wasserstoff. Verständlich, daß dann ein Wasserstoff/Luft-Gemisch leichter als trockene Luft sein muß!

Nun, wenn feuchte Luft leichter als trockene ist, dann will sie aufsteigen, sofern sie unter der trockenen liegt. Man spricht dann von einer „feucht-labilen" Schichtung. Die Schichtung kann eintreten, wenn Bodenfeuchtigkeit verdunstet. Dies kann auch bei bedecktem Himmel der Fall sein. So ist es erklärlich, daß man eigentlich zu jeder Jahreszeit „Thermik" finden kann, so bei Nebelwetter im November, wo uns schon die schönsten Segelflüge im Hochstart gelangen.

Clevere Modellflieger kamen auf die Idee, künstlich feuchte Luft zu schaffen: Man könnte größere erhitzte Bodenflächen mit Wasser besprengen, worauf sich dann „feuchte Blasen" ähnlich den Thermikblasen bilden würden. Aber es geht einfacher: Man braucht nur auf Regen zu warten, der auf warmem Boden verdunstet. Wenn dann noch dazu die Sonne herauskommt, gibt es sowohl Feuchtluft- als auch Warmluftblasen.

Bei unseren jahrelangen Aufwindbeobachtungen fiel besonders auf, daß es bei tau- oder regenfeuchtem, aber nicht kaltem Boden in den Vormittagsstunden während der Abtrocknungszeit besonders guten Aufwind gab, vor allem an Hängen.

Abb. 173: Links Kaltlufteinbruch, rechts Aufgleiten von Warmluft.

„Höhenthermik", in der Atmosphäre ausgelöst

Im Gegensatz zur „Bodenthermik" gibt es noch die „Höhenthermik". Es mag auffallen, daß sich gerade bei kühlem Wetter mächtige Quellwolken am Himmel bilden. Sie können nicht von erwärmter Bodenluft stammen, so wie die Schönwetterkumuli, die das Produkt der Bodenthermik sind.

Die Höhenthermik mit ihrer mächtigen Quellwolkenbildung kommt vorwiegend bei Einbruch einer Kaltluftfront zustande. Die vorhandene Warmluftmasse wird dann gleichsam wie von einem Bulldozer in die Höhe gestemmt – das spezifisch leichtere Medium steigt im schwereren. Wenn nun die warme Luft in größere Höhen treibt, kondensiert sich der Wasserdampf, und es entstehen Haufenwolken, die ungleich stärker quellen als die sogenannten „Schönwetterkumuli". Es türmen sich förmliche Wolkengebirge auf, in denen Segelflieger Aufwinde bis zu 15 m/sec fanden.

Für die Modelle spielt diese „Höhenthermik" eine geringere Rolle. Doch sahen wir schon so manche Balsavögel Anschluß an die „Höhenthermik" finden, und sie kamen auch mit eingeschalteter Thermikbremse nicht mehr herunter.

Was die Wolken dem Modellflieger am Boden sagen

Im allgemeinen haben die Wolken für den Modellflieger nicht dieselbe Bedeutung wie für den Großsegelflieger, der ja in der Hauptsache den Wolkenaufwind ausnutzt. Er kennt auch die verschiedenen Wolkenarten nach ihren Aufwindeigenschaften und spricht von Cumulus humilis, Cumulus mediocris, Altocumulus, Cumulus congestus, Cumulonimbus cappilatus, Cumulonimbus mammatus, Cirrus uncinus usw.
Was soll der Modellflieger am Boden mit diesem verwirrenden Wolkenlatein anfangen? Für „Erdenbürger" reicht vorerst eine einfache Zweiteilung: *Es gibt Haufenwolken und Schichtwolken.*

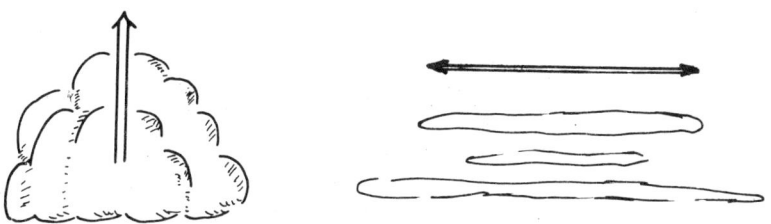

Abb. 174: *Haufen- und Schichtwolken.*

Bei welcher Bewölkung kann man nun mit mehr thermischer Aktivität rechnen? Natürlich bei Haufenbewölkung. Die Aufwindgeschwindigkeit wird hier in m/sec gemessen, bei Schichtwolken in cm/sec.
Bei den Haufenwolken wären für uns die Schönwetterkumuli von einigem Interesse, weil sie durch die Bodenthermik aufgebaut werden – im Gegensatz zur Quellbewölkung bei Einbruch einer Kaltfront, die „Höhenthermik" ergibt. – Wie erkennt man die Schönwetterkumuli? Sie sind in der Regel stationär, d. h. sie bilden sich über einem bestimmten Ort, „fahren" ein Stück und lösen sich dann wieder auf.

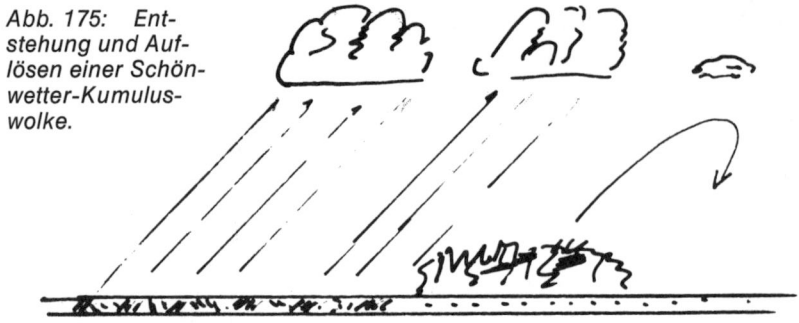

Abb. 175: Entstehung und Auflösen einer Schönwetter-Kumuluswolke.

Für uns Modellflieger wäre das Anfangsstadium, nämlich die Ablösung der ersten Blasen und auch weiterer Nachschubblasen, wichtiger als das Endstadium. Die Quellen liegen jedenfalls immer über erhitzten Bodenstellen gegen den Wind. Über kühlen Großflächen lösen sich die Schönwetterwolken wieder auf. – Im übrigen sieht man sie vorwiegend bei Hochdrucklagen.

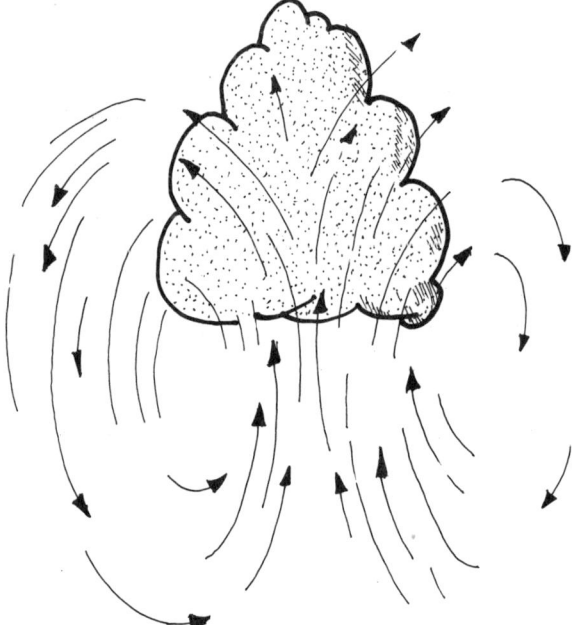

Abb. 176: Aufwind in und unter der Wolke, bedingt durch den Rotationsmechanismus und das „Entrainment". Die Haufenwolke – eine abgeschnürte Thermikblase.
Zeichnung: A. Schandel

Als direkte Aufwindquelle haben die Wolken für den Modellflieger eigentlich nur im Gebirge Bedeutung. Unter tief hängenden Wolken saugt es die Modelle förmlich in die Höhe. Es ist das Gebiet des sogenannten „Entrainment". Wir haben an Gebirgshängen oft die herrlichsten Wolkenflüge erlebt und die Modelle sogar mit Selbststeuerungen wieder heruntergebracht, d. h. nach gesteuerten Kurvenflügen durch Auslösen der Thermikbremse (s. Abb. 176).

Wolkenschatten am Boden beachten!

Auch wenn sich der Modellflieger am Boden wenig von den Wolken verspricht, so sollte er doch ihren Schatten beachten. Es ist Tatsache, daß man im Wolkenschatten selten Aufwind findet, besonders wenn eine längere Abkühlung des Bodens miteinhergeht. Im Wolkenschatten geht die thermische Aktivität zurück: Das Hitzeflimmern über trockenen Bodenstellen hört auf, die Ablösungen bleiben aus. Es folgt sogar oft ausgedehnter Abwind. Man wartet besser, bis sich der Schatten verzogen hat, denn nach seinem Durchzug bildet sich auf seiner Luvseite bald wieder Bodenthermik aus.

Abb. 177: *Wiederaufleben der Thermik nach Durchzug eines Wolkenschattens.*

Wolkenanhäufungen können Windrichtung ändern

Ballungen von Schlechtwetterwolken wie Gewitter- und Schauerwolken haben oft eine zeitweise Änderung der Windrichtung zur Folge, und zwar weht dann der Wind auf diese Wolkenballung zu. Es sieht so aus, als ob das Schlechtwettergebiet gegen den Wind ziehe. Die Windrichtungsänderung kommt daher, daß diese Gebiete meist kräftige Aufwindfelder enthalten, deren „Entrainment" Luft von allen Seiten herbeizieht.

Bei Hangwettbewerben vor allem werden dann oft zeitraubende Startstellenwechsel zu einem anderen Gelände vorgenommen, wobei es nicht selten geschieht, daß nach dem Umzug der Wind wieder aus der ursprünglichen Richtung weht, weil sich inzwischen das Schlechtwettergebiet verzogen hat.

Rätsel Wolke: Kommen die Wolken vom Meer?

Kindern erklärt man oft, daß die Wolken vom Meer her kommen. Das stimmt natürlich nur halbwegs. Auf jeden Fall aber stammt die feuchte Luft zum großen Teil vom Meer, und sie bildet deshalb den „Rohstoff" für die Wolken. Wie heißt es in den Wetterberichten? „Feuchte Meeresluft" – „trockene Festlandluft" wird herangeführt und ...

Man möchte tatsächlich meinen, daß feuchte Luft in Form von Wolken als „Fertigprodukt" zum Festland verfrachtet wird. Zweifel aber tauchen auf, wenn man morgens und abends den Himmel betrachtet: Mit Ausnahme von grauen Schichtwolken und gelegentlich auch Gewitterwolken am Abend sieht man keine besonderen Wolkenformationen. Das Erstaunliche: Ist der Himmel morgens noch so klar, dann ziehen tagsüber mächtige Wolken auf und verschwinden abends wieder. Es sind die „Tageswolken", die bei Zufuhr feuchter Meeresluft am Himmel dahinziehen. Man muß sich doch nun fragen: Wenn die Wolken vom Meer her kommen, daß müßte doch die Zufuhr Tag und Nacht gleich sein. Warum ist sie es nicht? Es kann sich also um keine Fertigprodukte handeln!

Eigentlich haben wir die Frage schon teilweise bei der Entstehung der Haufenwolken beantwortet. Nur wenige Wolken werden sozusagen vom Meer her „importiert". Die meisten entstehen bei uns auf dem Lande.

Wolken sind nichts anderes als kondensierte Feuchtigkeit, wobei feuchte Luftmassen durch Aufwinde in größere Höhe gelangen – zunächst noch als „unsichtbares Wasser", dann aber als „sichtbares Wasser" in Form von Wolken, die aus unzähligen Dunsttröpfchen bestehen.

Diese Aufwinde sind einmal die Bodenthermik, dann die Höhenthermik. Bei beiden bilden sich Quellwolken, die bei der Höhenthermik besonders kräftig sind, weil eingebrochene Kaltluft Warmluftmassen förmlich in die Höhe stemmt. Die Schichtwolken kommen, wenn eine Warmluftfront auf eine ruhende Kaltluftmasse aufgleitet. Es geht hier wie auf einer „schiefen Ebene" hoch. Ähnlich ist es beim Bergaufwind, durch den feuchte Luftmassen gehoben werden, die dann in der Höhe zu Wolken kondensieren.

Am Abend kommt die atmosphärische Tätigkeit mehr zur Ruhe, weil die Sonneneinstrahlung zu Ende geht. Die Aufwinde in der Atmosphäre lassen nach, und die „Tageswolken" senken sich herab, d. h. sie lösen sich auf, wenn sie wieder in die wärmeren unteren Schichten gelangen. – Am nächsten Tag beginnt dann das Spiel wieder von vorne.

Was hält die Wolken oben?

Natürlich wird man als Ursache den Aufwind nennen. Doch könnte man entgegenhalten, daß dieser Aufwind mit dem Wind ziehen müßte, mit dem sich die Wolken fortbewegen, und daß auch hier die Wassertröpfchen allmählich nach unten sinken müßten.

Nun, es ist hier wieder derselbe Rotationsmechanismus im Gange, den wir bei der Bildung von Thermikblasen kennengelernt haben. Es kommt hier noch hinzu, daß bei der Kondensation des Wasserdampfes Wärme frei wird, die den Auftrieb weiter steigert. Wenn man nun erfährt, daß in einer Gewitterwolke mittleren Ausmaßes etwa 100 000 t Wasser enthalten sind, dann kann man sich eine Vorstellung von dem starken Aufwindstrom machen, der in einer solchen Wolke herrscht. Im Kern werden die Wassertröpfchen hochgerissen, am Rand fallen sie herab und verdampfen wieder. Dadurch aber wird der Umgebung Wärme entzogen (Verdunstungskälte!), so daß sich die Feuchtigkeit wieder kondensiert und Tröpfchen bildet... Etwas kompliziert!

Was aber hält die Schichtwolken oben, bei denen kein Rotationsmechanismus sichtbar ist? Nun, geringe „Eigenaufwinde" entstehen hier ebenfalls durch die Kondensation des Wasserdampfes. Freilich wird dabei nur Wärme frei, solange die Kondensation anhält. Es kommt aber noch die Strahlungswärme der Erde hinzu, d. h. die Unterseite der Wolke wird durch die von der Erde abgestrahlte langwellige Infrarotstrahlung aufgeheizt (Treibhauseffekt). Sehr kleine Tröpfchen unterliegen auch der sogenannten *Bronwnschen* Molekularbewegung, einer Wärme-Zitterbewegung der Luftmoleküle, wodurch das Fallen gebremst wird.

Wolken am Boden = Nebel.
Kann der Nebel steigen und fallen?

Im Volksmund sagt man oft, daß der Nebel steige oder falle. Doch das ist nicht richtig, wie wir noch sehen werden.

An sich nimmt man ja beim Nebel an, daß er sich ähnlich wie die Wolken verhalte. Nebel ist an sich dasselbe: kondensierter Wasserdunst. Es kommt nur auf den Ort der Betrachtung an. Die Wolken sind oben, und der Nebel ist unten. Man kann nun Wolken an Berghängen hochsteigen sehen, und man nimmt vom Nebel ebenfalls an, daß er sich vom Boden abhebt oder auch zu Boden fällt.

Es müßte nur auffallen, daß sich der Nebel oft innerhalb kurzer Zeit auflöst und daß er eigentlich gar nicht so schnell in die Höhe weggestiegen sein kann, und wenn man meistens dann den blauen Himmel sieht, dann fragt man sich, wohin denn nun der Nebel verschwunden sei. – Umgekehrt „fällt" auch oft plötzlich Nebel ein, der vorher in der Höhe gar nicht sichtbar war, also gar nicht gefallen sein kann.

Des Rätsels Lösung: Dieser Nebel steigt und fällt nicht im üblichen Sinne, sondern er löst sich einfach auf oder bildet sich aus der vorhandenen Luftfeuchtigkeit, die man vorher nicht sehen konnte. Er löst sich auf, wenn sich die Luft durch Sonneneinstrahlung erwärmt. Warme Luft kann mehr Luftfeuchtigkeit in gasförmigem Zustand aufnehmen als kalte. Erwärmt sich die Luft, geht der bisher sichtbare Wasserdampf in gasförmigen Zustand über. Wenn sich umgekehrt die Luft abkühlt, dann kondensiert sich der bisher nicht sichtbare, gasförmige Wasserdampf.

So bildet sich Nebel am kalten Boden oder wenn warme und kalte Luft zusammenstoßen. Wir denken da zum Beispiel an den Atemdunst im Winter: Warme Atemluft stößt auf kalte Außenluft, die nur wenig Wasserdampf aufnehmen kann und deshalb den Großteil kondensiert. Ähnlich ist es, wenn Dampf aus einer Waschküche, einem Kessel oder einer Lokomotive strömt.

Abb. 178: Atemluft kondensiert sich in Kälte = Nebelbildung im kleinen.
Zeichnung: A. Schandel

Im übrigen macht man sich meistens übertriebene Vorstellungen von der in der Luft enthaltenen Wassermenge. Wieviel die Luft davon in gasförmigem Zustand – also nicht als Dunst sichtbar – aufnehmen kann, hängt von der Temperatur ab:

Wasserdampfmenge pro cbm in g:	30,3	17,3	9,4	4,8	2,4	1,1
Temperatur in °C:	+39	+20	+10	0	−10	−20

Sind diese Wasserdampfmengen bei den angegebenen Temperaturen nicht in der Luft enthalten, dann gibt es keinen Nebel. Sind sie genau nach der Tabelle in der Luft enthalten, dann spricht man von 100 % relativer Luftfeuchtigkeit. Die Luft ist dabei mit Feuchtigkeit „gesättigt". Ist die Feuchtigkeit geringer, dann spricht man von soundsoviel „relativer Luftfeuchtigkeit" in Prozenten, je nachdem, wieviel die Luft bei den angegebenen Temperaturen Feuchtigkeit aufnehmen könnte.

Wir können nun nochmals auf das Problem „leichter oder schwerer?" zurückkommen: Luft mit großer relativer Feuchtigkeit ist leichter als mit kleiner. Feuchtigkeit ist hier in *gasförmigem* Zustand zu verstehen. Bei *sichtbarem Dunst*, also bei ausgeschiedenen Wassertröpfchen, spielen verschiedene Aufwindvorgänge eine Rolle, worüber schon berichtet wurde.

Gesprächsthema Wetter – ein Dauerbrenner!

Ist es beim normalen Erdenbürger schon so, wie erst dann belm Modellflieger, der mit der Luft und damit mit der Atmosphäre „innigen und ständigen Kontakt" hat! Ein Meteorologe hat einmal gesagt, der Mensch sei ein Luftwesen, ähnlich wie der Fisch ein Wasserwesen sei. Der Modellflieger ist aber mit dem Modell noch mehr zum Luftwesen geworden.

Das Aufwindproblem hat uns in einen wichtigen Bereich der Meteorologie eingeführt, doch was darüber hinausgeht, müssen wir Fachbüchern über das Wetter überlassen, deren Studium äußerst lohnend sein kann, schon weil man dann ein unerschöpfliches Gesprächsthema hat.

Thermikortung

Warum Thermikflieger oft halb nackt herumlaufen

(wie böse Zungen behaupten)

Oder: *Thermikortung durch Temperaturbeobachtung*

Sicher läuft es sich bei warmem Wetter ohne Hemd leichter. Doch würde bei unserem Sport noch ein weiterer Grund dahinterstecken, das Hemd auszuziehen:

Man weiß nun, daß Thermikblasen Warmluftkissen sind, deren Temperatur höher liegt als die der umgebenden Luft. Man dachte immer wieder daran, eigene Temperaturmeßgeräte einzusetzen. Von der Höhe der Temperaturänderung her allerdings wären sie kaum nötig. Die Temperaturänderung beträgt bei Thermikablösungen etwa 0,5 bis 1,5 °C, und da stellt man sich die Frage, ob nicht der Temperatursinn der Haut genüge.

In der Tat ist der Temperatursinn der Haut sehr fein ausgeprägt. Da sind zuerst die Augenlider: Sie unterscheiden ½₀ °C, dann die Lippen ⅒ °C, die Armaußenseite ¼ °C, die Hand ½ °C Temperaturunterschied. Wozu dann den ganzen Oberkörper freimachen?

Daher: Hemd wieder anziehen!

Nun zeigt es sich allerdings, daß die Ablösung der Warmluft erfolgt, wenn die Temperatur wieder sinkt, d. h. in demselben Augenblick. Das wäre also das Signal zum Starten! Oft ist aber die Ablösung dann schon mit dem Wind abgewandert und nicht mehr einzuholen.

Verschiedentlich versuchte man auch, den Ablösungszeitpunkt selbst zu bestimmen, indem man durch „Wedeln" mit Kleidungsstücken eine Störung in ein Warmluftkissen brachte, und sofern die Blase schon „reif" war, gelang auch gelegentlich die künstliche Ablösung. Die Methode geht auf Arbeiten des amerikanischen Gelehrten *Huffacker* zurück, der schon Ende des 18. Jahrhunderts Versuche mit künstlicher Aufwinderzeugung anstellte, wobei er durch Wedeln mit einem Fächer Seidenstreifen zum Steigen in große Höhe brachte, sofern die Luft „labil" geschichtet war, d. h. die Bodenschicht stärker erwärmt war als die darüberliegenden.(^{31}) Beim modernen Modellfliegen hat es sich als sicherer herausgestellt, die Temperaturen zu beobachten und den Ablösungszeitpunkt festzustellen.

Nun, Thermikanzeigegeräte hätten dabei gegenüber der „Hautanzeige" doch einen Vorteil: Man kann sie *vor* der Startstelle postieren, wobei die Anzeige mit besonderen optischen Vorrichtungen erfolgen muß. Das Postieren vor der Startstelle gegen den Wind hätte den Zweck, daß auf die Startstelle zukommende Blasen bzw. Ablösungen rechtzeitig bemerkt würden und nicht mit dem Wind eingeholt werden müßten. Es stellt sich dabei heraus, daß Anzeige der Temperaturerhöhung die Bildung eines Warmluftkissens bedeutet, plötzlicher Temperaturabfall aber den eigentlichen Beginn der Ablösung.

Natürlich sind auch die Einsatzgrenzen solcher Geräte deutlich: Sie zeigen nur einen kleinen Bereich an, und die in der Höhe vorüberziehenden Blasen können sie überhaupt nicht erfassen: Dazu müßte man Meßgeräte an Drachen montieren, wie es Professor *Idrac* 1921 bei Expeditionen in tropische Gebiete machte. Er vermaß dabei Auf- und Abwinde und die dabei auftretenden Temperaturänderungen in über 100 m Höhe.(^{30})

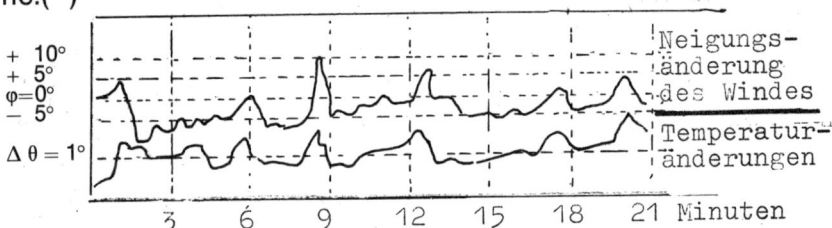

Abb. 179: *Diagramm von Prof. Idrac. Es zeigt, daß mit Temperaturänderung fast gleichzeitig eine Neigungsänderung des Windes einhergeht. Dabei sind die Aufwindphasen wesentlich kürzer, aber ausgeprägter. Die Blasen zogen in der Höhe in Intervallen von 3 bis 5 Minuten durch. Zwischen ihnen lagen gestreckte Gebiete leichteren Abwindes.*

Warum Thermikflieger oft Fahnen im Gelände aufstellen

Luftströmungen verraten auch Ablösungen am Boden
Nicht nur Änderungen der Temperatur, sondern auch der Strömung können Ablösungen am Boden anzeigen.
Bei einer starken Ablösung bemerkt man oft, wie Zweige an Bäumen und Sträuchern oder lange Grashalme wirbelig im Kreis bewegt werden – also nicht wie Windfahnen in einer Richtung. Lose Blätter, Staub oder Sand wirbeln dann um eine senkrechte Achse nach oben. Diese Ablösungswirbel gehen von einer sich abschnürenden Thermikblase aus, die die Strömung an sich saugt. Kräftiger sind noch die sogenannten „Windhosen", die ihren Ursprung meist im Wolkenniveau haben, von wo aus der Wirbelsaugtrichter bis auf den Boden herabreichen kann. Solche Windhosen sind natürlich bei uns sehr selten.

Abb. 180a: Windhose, meist von einem Saugtrichter in den Wolken ausgehend. Bei uns sehr selten. Häufig sind Ablösungswirbel von Thermikblasen in Bodennähe.
Zeichnung: A. Schandel

Uns geht es in erster Linie um die zahllosen schwächeren Ablösungen der Bodenwarmluft, bei denen die Lokalisation schwierig ist und für die man deshalb eigene Indikatoren eingesetzt hat: Zuerst montierte man Seifenblasenmaschinen an hohen Stangen, dann lange Silberfolienstreifen, die denselben Zweck auf einfachere Weise erfüllen sollten.
Nur: *Eine* Fahne zeigt zu wenig an – es müßte sich die Ablösung direkt fast unter der Fahne ausbilden!

Abb. 180b: Lange Folienstreifen als Ablöse-Anzeiger.

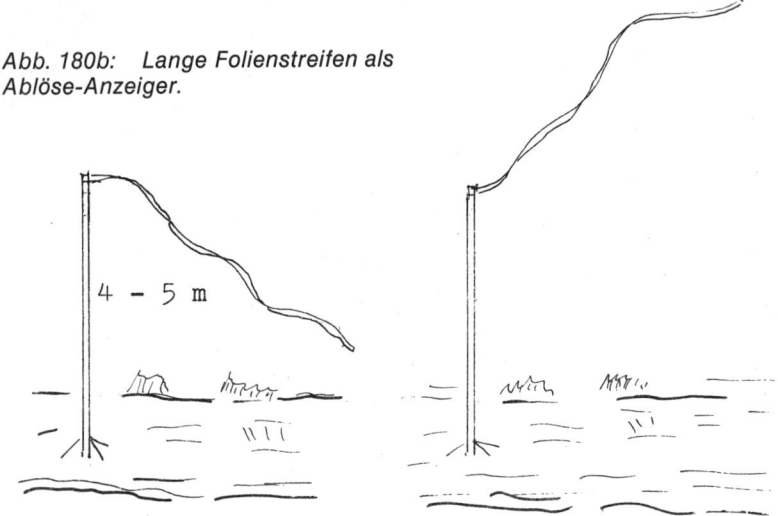

Mehrere Fahnen dagegen erfassen die dazwischen liegenden Ablösungen, und zwar dadurch, daß sie bei einer Luftnachfuhr oft verschiedene Windrichtungen oder auch Windstärken anzeigen. Wir haben dies durch viele Experimente herausgefunden.
Man wird sich nun fragen, was die Strömungsänderungen mit einer Ablöseblase zu tun haben. Die Antwort kann man nur wiederum vom Rotationsmechanismus einer Thermikblase ableiten. Aus diesem Mechanismus entsteht die Einbeziehung von Außenluft in die Blase, so daß man die Regel ableiten kann:
Die Ablösung ist dort, wohin sich die Strömung bewegt! Die Strömung bewegt sich ja zum Kern der Blase hin.

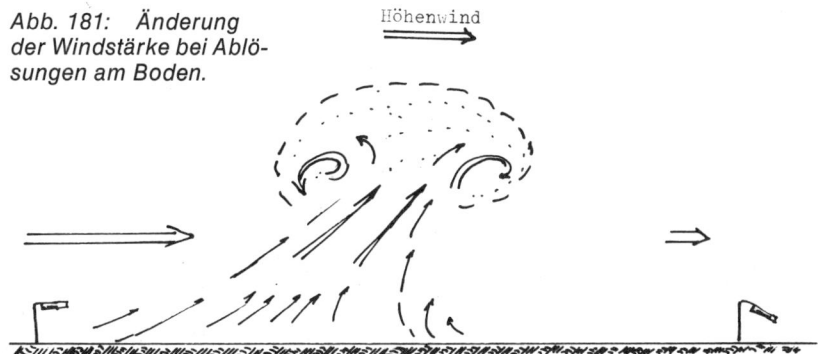

Abb. 181: Änderung der Windstärke bei Ablösungen am Boden.

Zu beachten ist, daß die in die Blase einströmende Luft eine bereits bestehende Windbewegung abschwächen, verstärken oder in der Richtung verändern kann:
Liegt die Ablösestelle vor dem Startplatz, wird der Wind abgeschwächt. Liegt sie hinter dem Startplatz, so verstärkt sich der Wind. Liegt sie seitlich vom Startplatz, ändert der Wind die Richtung zur Ablösestelle hin.
Natürlich kann ein Thermikflieger sein Modell nur gegen den Wind oder etwas seitlich dazu schleppen. Er muß aber starten, wenn der Wind abflaut, weil dann die Blase davorliegt. Hat sich der Wind verstärkt, ist die Ablösung schon durchgezogen bzw. ist sie hinter dem Starter erfolgt. Diesen Sachverhalt muß man ganz besonders auch am Hang berücksichtigen, wenn man etwa auch die Thermik ausnützen will.
Es wäre noch zu überlegen, ob man nicht Anhaltspunkte für die Entfernung der Ablösestelle finden könnte. Die Temperaturbeobachtung mag uns hier zu Hilfe kommen: War die Temperatur vor Beginn der Ablösung höher, befand man sich direkt im Warmluftkissen. War die Temperatur nach wie vor gleich, muß die Ablösung weiter weg sein.
Eigentlich ist alles logisch, wenn man den Mechanismus der Ablösung verstanden hat.

Sie sehen sogar Luftlöcher

Thermikflieger beobachten den Himmel: Thermikblasen in der Höhe

Am Boden sind oft keinerlei Anzeichen für eine Ablösung festzustellen: Keine Temperatur- oder Luftströmungsänderungen machen sich bemerkbar, und trotzdem kann in der Höhe thermischer Aufwind zu finden sein. Wind kann nämlich Thermikblasen herantreiben, die sich weit weg irgendwo abgelöst haben.
Kann man Thermikblasen sehen? Sind es riesige Luftpakete, dann erscheint dort bei sonst blauem Himmel die Luft oft etwas milchig-trüb. Warmluftblasen nehmen gierig Feuchtigkeit auf, was ja auch in einem späteren Stadium an der Bildung von Wolken ersichtlich ist. In niederen Höhen allerdings ist die Luftfeuchtigkeit noch gasförmig und eigentlich unsichtbar. Zum Teil aber ergibt der gasförmige Wasserdampf eine andere Lichtbrechung, und die Luft erscheint dadurch etwas trübe. Neben Ablösungen erscheint die Luft klarer. Den besten Beweis dafür liefern die Haufenwolken: Neben ihren scharfen Rändern ist der Himmel meist tiefblau – das sind die „Luftlöcher", d. h. der Abwind, der den Ausgleich für die Aufwärtsströmung in der Wolke bildet. Hier wirkt das „Föhnprinzip" der fallenden Luft: Diese gelangt in wärmere Schichten und wird dadurch „trockener" – grob ausgedrückt.
Leider verraten sich nur die größeren Blasen durch Lufttrübung, aber gottlob gibt es noch andere „Blasenanzeiger": Vögel! Da sind einmal Segelvögel wie Bussarde oder Milane. Sie kreisen etwa in den gleichen Höhen wie üblicherweise unsere Segelflugmodelle. Leider sind diese Segler nicht allzu zahlreich am Himmel vertreten. Seltsamerweise können aber andere Vögel, die an sich gar keine Segler sind, Aufwinde anzeigen wie z. B. Krähen oder Schwalben. Krähen fliegen in der Regel in einer geraden Linie dahin; wenn sie aber einmal in der Höhe in Kreisen dahinschwirren, dann haben sie thermischen Aufwind gefunden, in dem sie zwar mit den Flügeln schlagen, aber doch Kraft für den anschließenden Strecken-

flug sparen. Schwalben jagen oft plötzlich in die Höhe wie zu einer hochgelegenen Sammelstelle, heftig mit den Flügeln schlagend: Sie haben Aufwind gefunden, in dem Mücken und Fliegen in die Höhe verfrachtet wurden! Im Sommer sind die Schwalben die zuverlässigsten Thermikanzeiger – weil sie unendlich häufiger als Bussarde sind!

Abb. 182: Vögel als Thermikanzeiger.
Zeichnung: A. Schandel

Sind aber überhaupt keine Vögel als Aufwindanzeiger vorhanden, dann kann die Beobachtung bereits segelnder Modelle Nutzen bringen, denen man sofort nachstartet. „Saufen" aber andere Modelle ab, dann muß außerhalb dieses Bereichs irgendwo Aufwind herrschen. Mit anderen Worten: Abwind kann auch Aufwind verraten!

Was aber, wenn jegliche Thermikanzeiger am Boden und in der Luft fehlen, wenn keine Änderung der Temperatur und der Windströmung Aufwind verraten? Dann gibt es noch eine Möglichkeit, Thermik zu finden, und zwar durch unmittelbaren Thermikkontakt: Es ist die Hochstartschnur selbst, bei der ein länger anhaltender Zug Aufwind anzeigt! Davon handelt das nächste Kapitel.

Thermikflieger führen ihre Modelle an der Leine spazieren:

Kräftesparende und sicherere Thermikortung durch Kreisschlepp

Die erfolgreichste Methode, Thermikanschluß zu gewinnen, ist das Erspüren des Aufwindes mit der Hochstartleine. Früher mußte man dazu bei schwachem Wind weite Strecken laufen, bis eine länger anhaltende Leinenstraffung das Anschneiden einer Thermikblase vermuten ließ.

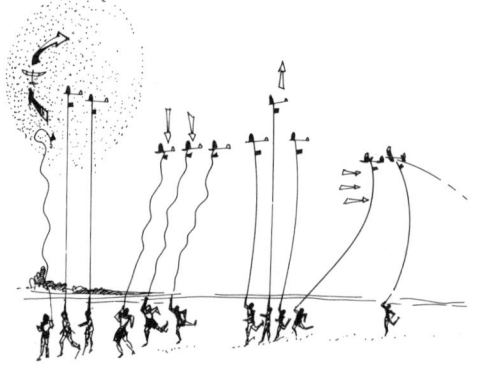

Abb. 183a: Hochstartschlepp bei böigem Gegenwind: Verschiedene Schlepp-Phasen bis zum Thermikanschluß. Horizontalböe, Vertikalböe, Abwind, Aufwind (Normalschleppmethode).
Zeichnung: A. Schandel

Die nunmehr entwickelte Technik des Kreisschlepps hilft dem Starter einerseits Kräfte sparen und andererseits sicherer Anschluß finden: *Der Starter kann das Modell zeitweise an der Leine im Kreisflug gleiten lassen und merkt dabei nach wenigen Runden, ob sich das Modell in einem Aufwindfeld befindet oder nicht.* Wenn nicht, schleppt er das Modell gerade weiter, bis eine erneute anhaltende Straffung des Seiles zum Kreisflug rät. Verliert das Modell dabei nicht an Höhe, wird es freigegeben. Der Probeflug im Kreisen zeigte an, ob die Leinenstraffung leichter Windauffrischung oder Aufwind zu verdanken war. *Es ist dabei eine Kurvenautomatik vonnöten, die bei starkem Leinenzug das Ruder gerade stellt, bei schwachem aber auf Kurve.* Die ersten Vorrichtungen waren feinmechanische Kunstwerke, die heutigen kann jeder herstellen.

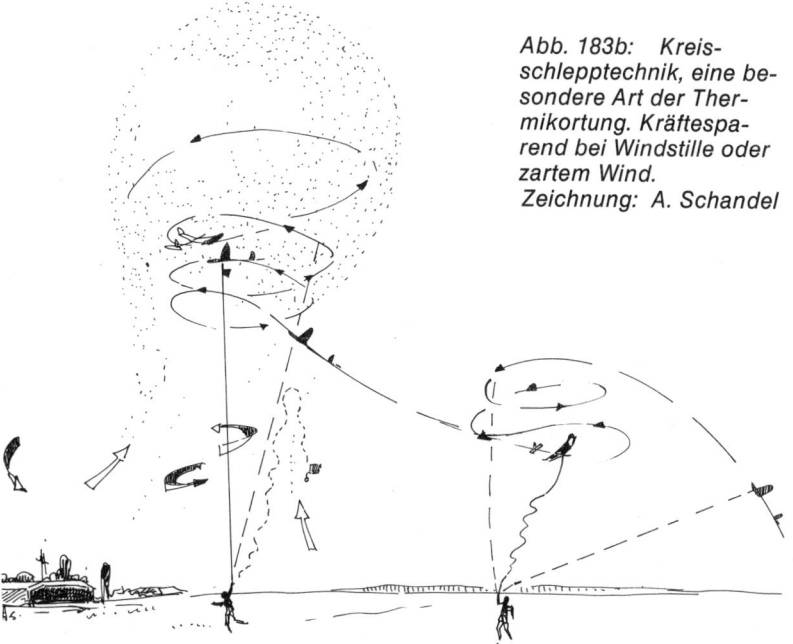

Abb. 183b: Kreisschlepptechnik, eine besondere Art der Thermikortung. Kräftesparend bei Windstille oder zartem Wind.
Zeichnung: A. Schandel

Eines von den heutigen einfachen Systemen ist in Abb. 184 skizziert: Es besteht im wesentlichen aus einem Federhaken von 1,2 mm ⌀. Wird der Hochstartring eingehängt, zieht es bei starkem Zug den Federhaken herab. Dieser ist mit einem Perlonfaden von etwa 0,8 mm ⌀ verbunden, der über eine Drahtschleife umgelenkt wird (1–2), wodurch sich die Zuglänge verdoppelt und das Seitenruder (3) geradegestellt wird. – Will man Kreise fliegen, zieht man nicht oder weniger an der Leine.

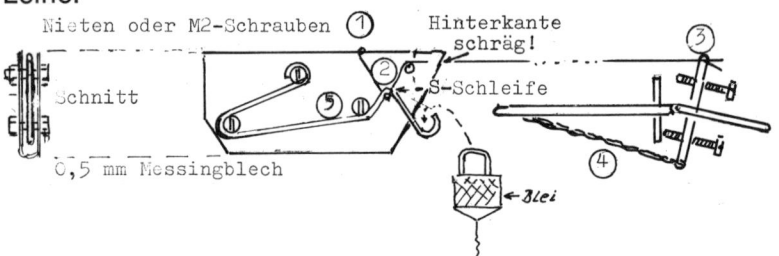

Abb. 184: Einfaches Schlepphakensystem für Kreisschlepp.

Der Gummiring (4) stellt das Seitenruder auf Kurvenflug. Will man ausklinken, zieht man ruckartig an und läßt den Hochstartring mit dem kleinen Bleigewicht hochschnellen. Der Federhaken schlägt an der Schraube (5) an, und der Hochstartring wird ausgeschleudert. Damit der Hochstartring nicht wieder in den Haken zurückfällt, muß die Hinterkante des Hakengehäuses schräg sein.

Wie wird der Flug zur rechten Zeit beendet?

Noch zu erwähnen ist, daß man bei jeglicher Art von Thermiksuche mit dem Modell die Thermikbremse zweckmäßigerweise nicht mit einer Zündschnur auslöst – es sei denn bei Anfängermodellen –, da man im voraus die Suchdauer nicht weiß und die Zündschnur schon vor dem Ausklinken der Hochstartleine ausgebrannt sein kann. Daher verwendet man einen Zeitschalter, der beim Ausklinken der Leine in Funktion tritt. Die Verwendung von Zeitschaltern hat darin seinen eigentlichen Grund und nicht so sehr in der Brandgefährdung durch die Zündschnur. Hierfür gäbe es nämlich eigene Schutzvorrichtungen.

Bild oben: Blumenkohlköpfe aus Wasser – so möchte man diese Quellwolken bezeichnen, die durch Hochstrudeln von Warmluft bei Einbruch einer Kaltfront entstehen. Wegen der mächtigen Vertikalbewegungen ist die Luft bei einer derartigen Bewölkung sehr böig. Verkehrsflugzeuge weichen solchen Wolkengebirgen aus, auch wegen der ,,Luftlöcher" ringsum. Solche Wolken sind aber Aufwindanzeiger für Segelflieger.

Bild auf der nächsten Seite oben: Nimbo-Stratus-Bewölkung (Regen-Schicht- Bewölkung) liefert mit Regen auch ruhigen Wind, wenn auch nicht direkten Aufwind – dafür sorgt der Hang! Die Wolkenschichten sind auf dem Bild deutlich zu sehen.

Bild auf der nächsten Seite unten: A-2-Modell im Wettbewerbseinsatz. Der Leitwerksträger besteht aus einer Angelrute.

Wesentliches
über Freiflug-Thermikmodelle

Freiflug-Thermikmodelle sind auch heute noch berechtigt: Thermik bildet sich vor allem bei windschwachem Wetter, bei dem also Modelle nicht weit abtreiben. Freiflugmodelle lassen sich auch leicht in die Thermik schleppen. – Bei Wettbewerben freilich wird man mit jedem Wetter fertig werden müssen. Damit bei stärkerem Wind die Modelle nicht zu weit versetzt werden, hat man die Höchstwertungszeit auf drei Minuten beschränkt, wobei man von einer Hochstartschnurlänge von 50 m ausgeht.

Die erste Forderung an ein Hochleistungs-Thermikmodell ist wohl eine sehr geringe Sinkgeschwindigkeit: In der Tat erreichen hochgezüchtete A-2-Segler Sinkgeschwindigkeiten von 27 bis 30 cm/sec und liegen damit weit unter den Sinkgeschwindigkeiten von Segelvögeln, was natürlich in erster Linie auf die wesentlich niedrigere Flächenbelastung zurückzuführen ist. Dazu kommen die heute verwendeten, sehr leistungsfähigen Vogelprofile und eine hohe Streckung, die zwischen 15 und 20 liegt.

In ruhiger Luft erreichen A-2-Modelle mit 50 m Schnurlänge Zeiten zwischen zweieinhalb und drei Minuten. Bei Wettbewerben gilt es, wenigstens etwas Aufwind zu finden, um die Höchstwertungszeit von drei Minuten zu erreichen. Bei reinem Thermikwetter, das in der Regel mit wenig Wind verbunden ist, lassen sich auch herrliche Höhenflüge zum reinen Vergnügen durchführen.

Neben der geringen Sinkgeschwindigkeit ist für Freiflugmodelle eine geringe Schleppgeschwindigkeit wesentlich, um die Modelle an der Leine zu führen, bis Thermik gefunden ist. Bei A-2-Modellen beträgt die Fluggeschwindigkeit 4 bis 4,5 m/sec, so daß sie auch bei Windstille im normalen Laufhochstart geschleppt werden können. Könnte man die Modelle nicht im normalen Lauf schleppen, bräuchte man die Hilfe eines Gummiseils oder einer Umlenkrolle. Diese Starthilfen erfordern jedoch eine Verankerung im Boden. Es wäre aber dann ein gezieltes Thermiksuchen ausgeschlossen. Man weiß von den früheren Hochstartmethoden mittels Gummiseil oder Umlenkrollen, daß anschließende Thermikflüge äußerst selten waren, während man mit der heutigen Schleppmethode in gut der Hälfte aller Fälle Anschluß findet.

Der Langsamflug hat noch weitere Vorteile: Das Modell kann enger kurven, wodurch es auch kleine Blasen in niedriger Höhe ausfliegen kann. Die Kreise haben dabei Durchmesser von oft nur 30 m bis zu etwa 50 m. Dagegen weiß man von den schnell fliegenden Großsegelflugzeugen, daß sie Kreise mit mehreren hundert Metern Durchmesser ausfliegen müssen und daß daher ihre ,,Thermikhöhe" sehr groß ist.

Thermikgierige Modelle

Unter ,,Thermikgierigkeit" versteht man ein Flugverhalten, bei dem ein Modell sozusagen von selber Thermik sucht und Abwind vermeidet.

Ein thermikgieriges Modell muß natürlich zunächst einmal thermikverträglich sein: Es darf nicht schon durch eine kleine Versetzungsböe aus einer Thermikblase herausgedrückt werden. Gefährdet sind hier Modelle mit zu schwacher V-Form, dann mit zu geringer Kursstabilität und allgemein natürlich durch zu großes Trägheitsmoment. Es ist verständlich, daß ein Modell mit zu schwacher V-Form leicht seitlich wegslipt, noch dazu, wenn der Seitenflächenausgleich vollkommen fehlt. Der Seitenflächenausgleich verhilft Hangmodellen zu einer größeren Eigenkursstabilität. Er sollte aber auch bei Thermikmodellen nicht ganz fehlen. Früher begnügte man sich damit, das Seitenleitwerk sehr klein auszubilden. Neuerdings geht man dazu über, auch eine zusätzliche Seitenfläche vorne anzubringen.

Von den zahlreichen Methoden, ein Modell durch verschiedene Asymmetrien wie Unterschiede in der Profilierung, in der Gewichtsverteilung oder in den Halbspannweiten etc. thermikgieriger zu machen, hat sich eine Art durchgesetzt, nämlich die unterschiedliche Anstellung der Flügelhälften, wobei die kurveninnere die „herabgezogene" Hälfte ist, also die mit dem größeren Anstellwinkel.

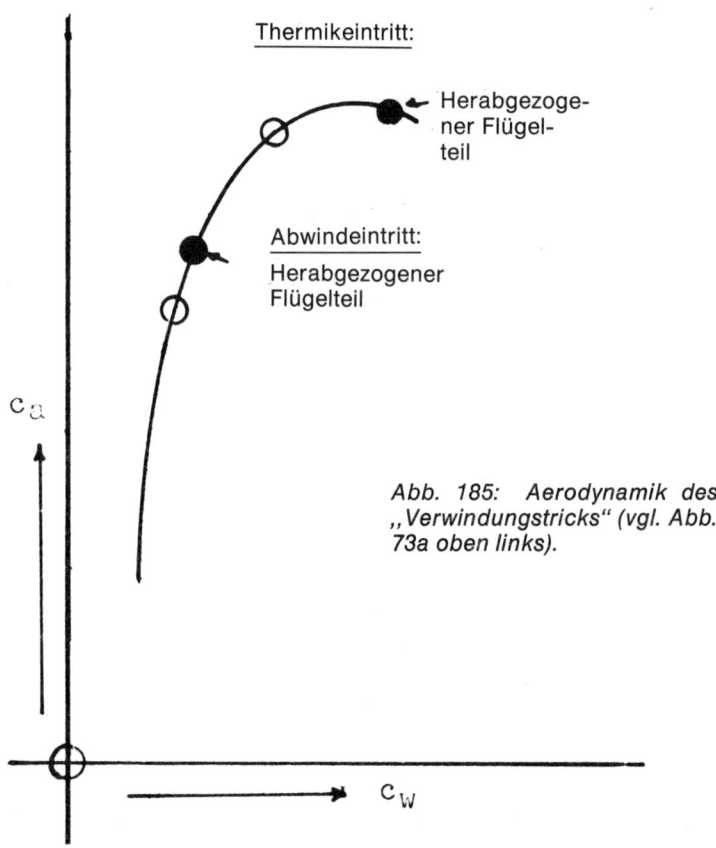

Abb. 185: Aerodynamik des „Verwindungstricks" (vgl. Abb. 73a oben links).

Beim Anschneiden einer Thermikblase vergrößert sich in der Übergangsphase der Gesamtanstellwinkel. Dabei wird der Widerstand auf der kurveninneren Seite ungleich größer als auf der äußeren, und das Modell dreht eng in die Blase ein.

Der umgekehrte Effekt tritt ein, wenn das Modell ein Abwindfeld anfliegt: Der Gesamtanstellwinkel wird zunächst etwas kleiner, die „herabgezogene" Seite verliert an Widerstand und gewinnt vielleicht sogar an Auftrieb. Die Folge ist, daß das Modell zu kurven aufhört und gerade durch den Abwind fliegt.

Die genannte Einstellung hat auch noch den Vorteil, daß das Modell sicherer im Kreisflug ist und weniger zum Spiralsturz neigt. Deshalb kann auch der Schwerpunkt etwas weiter zurückverlegt werden, d. h. die EWD braucht nicht zu stark erhöht werden. – Man sollte also die Kurve nach der Seite einstellen, in die das Modell von Natur aus schon „fällt". Wir haben beim Hochstart mit Anfängermodellen schon darüber gesprochen.

Was hier über die Wirkung von Verzügen an Modellen gesagt wurde, ist an sich schon vom Großflugzeug her bekannt, wenn auch nicht vom Thermikflug. Schon die Gebrüder *Wright* hatten die Erfahrung gemacht, daß bei Flächenverwindung die herabgezogene Seite keinen Auftriebszuwachs, sondern nur mehr Widerstand ergab, der das Flugzeug nach dieser Seite herumzog. Auch Piloten mußten mit dieser Tatsache Bekanntschaft machen, und beim Landen, also beim Flug mit hohem Anstellwinkel, rutschten sie bei Querruderausschlag nach der herabgezogenen Seite ab.

Der Verwindungstrick soll nun das über die Rotationswirkung von Thermikblasen Gesagte nicht entkräften. Er hilft gegen Versetzungsböen und auch für das Aufsuchen neuer Blasen, wenn sich die zuerst angeschnittene in Wohlgefallen aufgelöst hat.

Abschließend sei gesagt, daß bei den meisten Modellen gar kein Verwindungstrick nötig ist – irgendeine Verwindung ist schon ungewollt ins Modell eingebaut, und man braucht diesen Baufehler nur in einen Flugvorteil umzumünzen. – Neuerdings werden statt Verwindungen auch verschiedene Profile in den Außenteilen verwendet: Auf der Kurveninnenseite stärker gewölbte als auf der Außenseite. Es soll gut funktionieren. Nicht vergessen: Thermikempfindlichkeit gibt es nur bei geringem Trägheitsmoment. Daher: Flügelenden leicht, Rumpfende leicht, Höhenleitwerk leicht!

Segelflugmodell AS-A2/4 'Expertenschreck'
von Arthur Schäffler

Spannweite 2310 mm
Flügelfläche 29,7 dm²
Leitwerkfläche 4,0 dm²

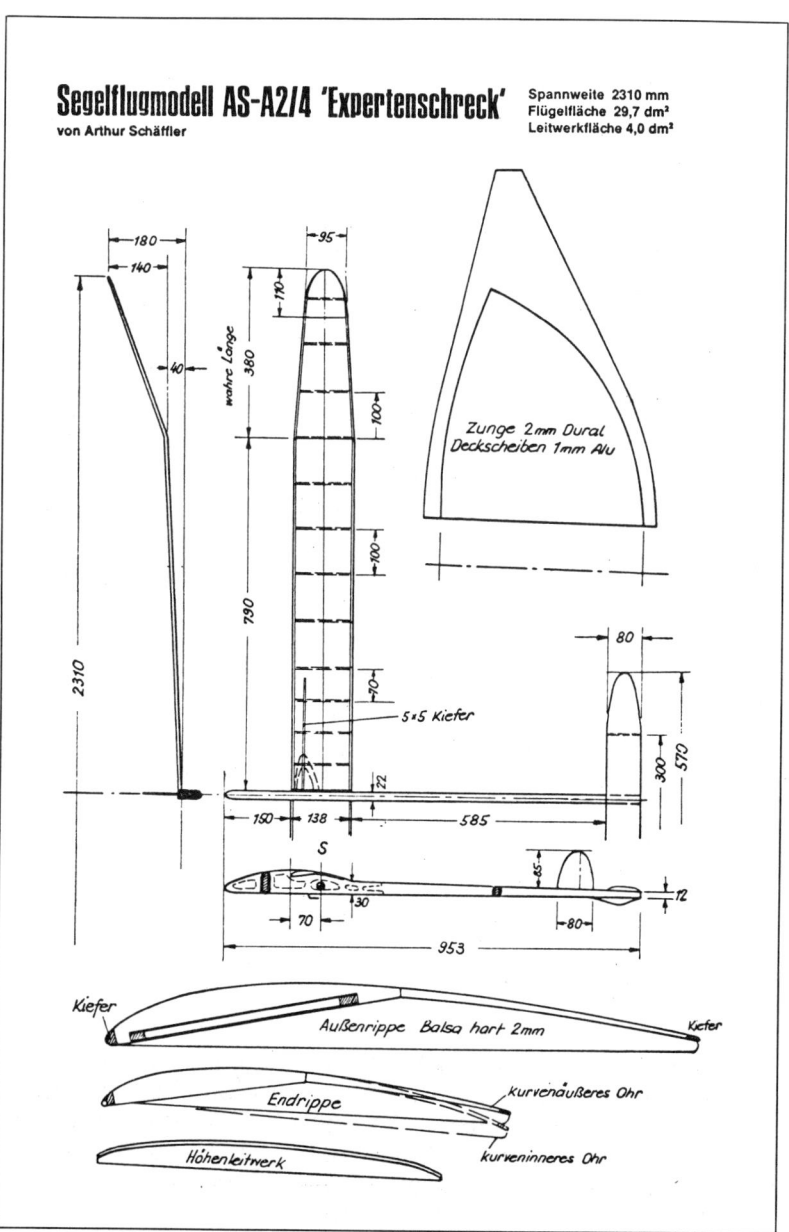

Konstanter Aufwind am Hang – Ortung überflüssig

Wer in erreichbarer Nähe einen Hang hat, der sollte zuerst dort den Segelflug üben. Es genügen dazu kleine Hügel. Der Vorteil des Hangaufwindes ist seine Konstanz: Sobald Wind weht, gibt es auch Aufwind an Hängen.
Freilich ist diese Tatsache unter Neulingen des Modellflugs kaum bekannt. Sehr häufig sieht man zum Beispiel Anfänger, die ihr Modell mit Rückenwind den Hang hinunterflitzen lassen. Wir haben lange Zeit über dieses merkwürdige Phänomen nachgedacht und fanden schließlich in Gesprächen des Rätsels Lösung:
Ein Neuling sieht beim Handstart in der Ebene, daß das Modell gegen den Wind nur schwer vorankommt, aber mit Rückenwind eine bedeutende Strecke zurücklegt und dazu noch ein klein bißchen länger fliegt. Dies hängt mit der sogenannten *Windrückenwirkung* zusammen, weil die Windgeschwindigkeit dem Boden zu abnimmt und der Rückenwind sich dann soviel wie in Gegenwind verwandelt.

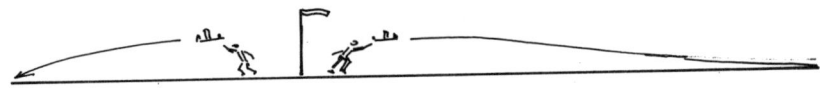

Abb. 186:   *Flugbahnen bei Gegen- und Rückenwind.*

Wie dem auch sei, das zähe Vorankommen gegen den Wind verführt zum Trugschluß, daß man ein Modell am Hang mit Rückenwind starten müsse. Was geschieht? Das Modell torkelt in den sogenannten „Leewirbeln" der Hangrückseite zu Boden, und unser Sportsfreund kehrt dem Hang für immer den Rücken zu – wortwörtlich genommen.

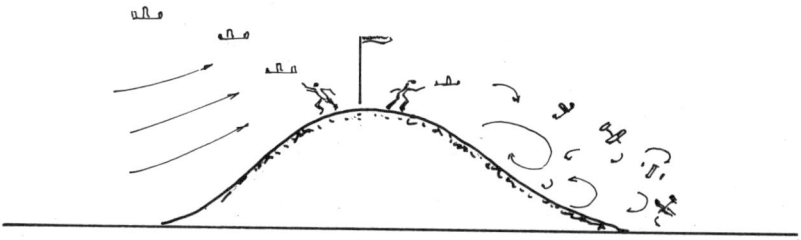

Abb. 187: Modellverhalten an Luv- und Leeseite eines Hanges.

Einige Naturtalente werden jedoch auf der dem Wind zugewandten Seite starten, der sogenannten „Luvseite". Das Modell kommt zwar etwas langsam voran, beginnt aber zu steigen: Der erste Segelflug! Das Modell muß allerdings kursstabil sein: Dies ist der Fall, wenn es vorne eine zusätzliche Seitenfläche hat. Beim seitlichen Slipen nach einer Böe ändert dann das Modell nur wenig seine Richtung.

Gelingt nun ein längerer Geradeausflug, so merkt man, wie die Flugbahn des Modells umgekehrt wie das Hangprofil verläuft: Wo der Hang steil ist, steigt das Modell stärker, wo er flach ist, steigt es weniger. Der Aufwind ist also um so stärker, je steiler das Gefälle ist.

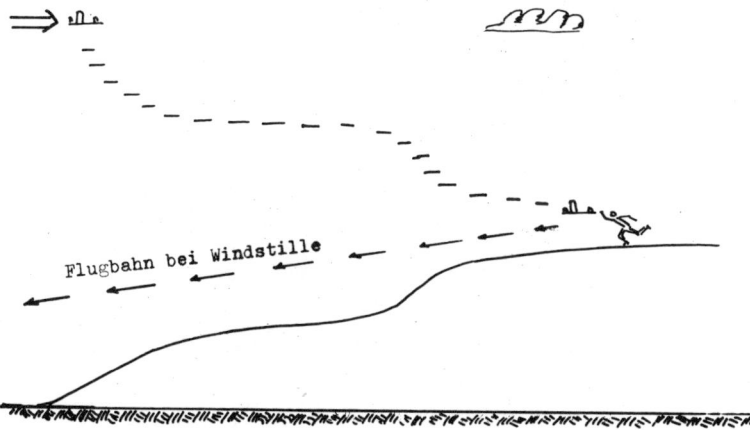

Abb. 188: Flugbahn bei Aufwind als Spiegelbild der Hangkontur.

275

Oben: So sollte ein Hanggelände sein: seitlich gestreckt, flach auslaufend, wenig Hindernisse – und so sollte auch das Wetter sein: halbe Sonne mit Quellbewölkung.
Unten: Eine Hangdüse = zwei Richtungen für eine Seite!

Oben: Künstlicher Adler der Berge.
Unten: Fliegen in den Bergen, oft Fliegen unter den Wolken.

Freilich wird unser Freund auch mit kursstabilen Modellen keine zu lange Segelflüge erzielen. Das Modell wird in der Regel einen weiten Bogen beschreiben und wieder zum Hang beidrehen. Mit einer Selbst- oder Fernsteuerung kann er jedoch heutzutage Flüge von enormer Dauer erleben, und fast von noch größerem Interesse ist die Höhe, die man über einem Hang herausholen kann; denn gerade bei selbstgesteuerten Modellen hängt davon wieder die Flugdauer ab.

Wovon hängt die erreichbare Höhe ab?

Natürlich einmal vom Hanggefälle, dann von der Wind- und damit auch Aufwindstärke. Doch ganz entscheidend ist hierbei die seitliche Streckung des Hanges:
An spitzen und runden Hängen weicht der Wind seitlich aus, und nur ein Teil wird nach oben gedrängt. Am besten sind daher Hänge, die in einer breiten Front zum Wind stehen.

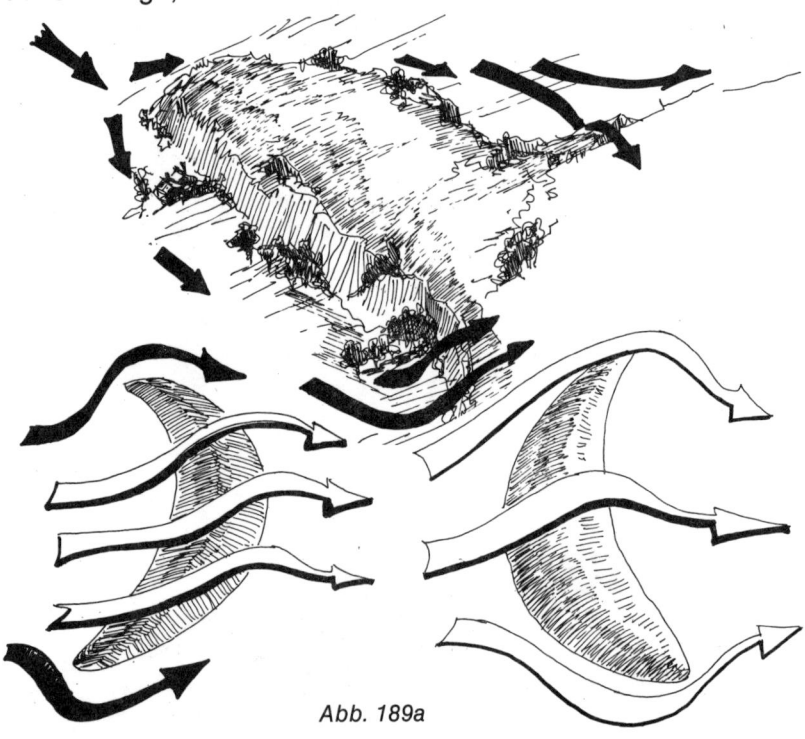

Abb. 189a

Abb. 189a: Hangströmungen – unten links: Guter Aufwind am „Düsenhang" – unten rechts: Strömungsablenkung an zurückgebogenen Hängen – oben: Parallelströmung ohne Aufwind.   Zeichnung: A. Schandel

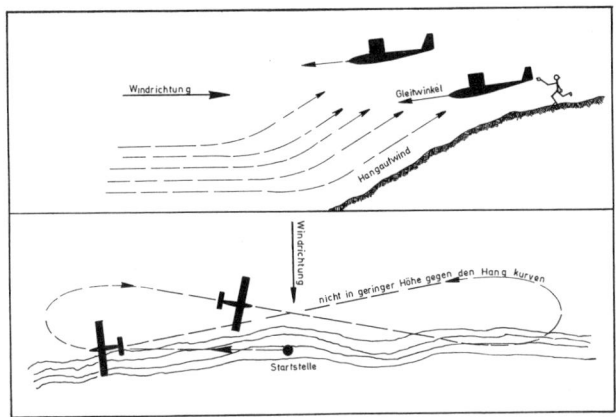

Abb. 189b: RC-Fliegen am Hang mit Darstellung der erforderlichen Kurventechnik.

Natürlich kann der Wind auch von der Seite kommen. Oft aber wird er dabei an Einbuchtungen günstig abgelenkt, so daß man fast Frontalwind hat, während er draußen im Vorgelände parallel zur Hangachse weht!

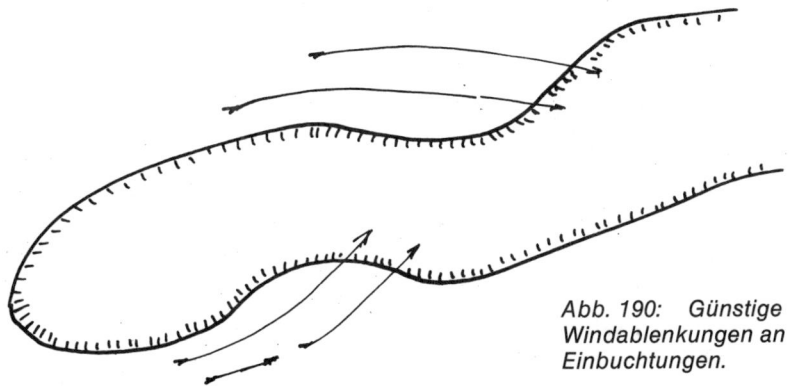

Abb. 190: Günstige Windablenkungen an Einbuchtungen.

279

Von der Hand weg in die Thermik – am Hang!

Im Gegensatz zur Ebene kann man am Hang direkt ein Modell mit der Hand in die Thermik starten – der Hangaufwind schlägt die Brücke zum thermischen Aufwind, der hier viel stärker als in der Ebene ausgeprägt sein kann.

Die Thermik kann an einem Hügel den Aufwind so verstärken, daß man Höhen wie sonst im reinen Hangaufwind eines Berges erreicht.

Wird am Boden Warmluft herangeführt, so wird diese am Hang gehoben, und wenn sie hier in eine kühlere Umgebungsluft gelangt, dann steigt die Warmluft wie eine Thermikblase nach oben und verstärkt den Hangaufwind. Hat die vor dem Hang erwärmte Luftschicht eine gewaltige horizontale Ausdehnung und wird sie am Hang abgeschält, dann gibt es ein fast konstantes Ablösungsfeld, das sich in große Höhen erstreckt.

Die Regel sind jedoch mehr Einzelablösungen am Hang selbst, besonders wenn die Luvseite der Sonne zugewandt ist.

Gewitzte Modellflieger nützen sogar thermische Ablösungen

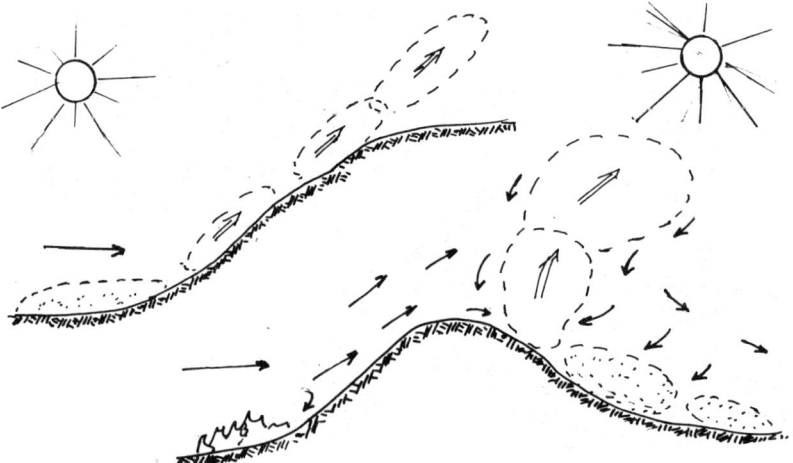

Abb. 191:   Luv- und Leethermik am Hang.

auf der Leeseite aus: Ist diese der Sonne zugewandt, dann kann sich die Luft an dieser windgeschützten Seite erwärmen und löst sich in gewissen Abständen vom Boden ab. Bei leichterem Wind kann sich die Luft länger sammeln, und es gibt dann größere Ablösungen. Wettbewerbsflieger vor allem warten, bis sich am Boden Gräser, Sträucher oder Fahnen zu bewegen anfangen – ein Zeichen für eine einsetzende Ablösung. Kreisende Modelle beginnen dann in ihr zu steigen, trotz des offensichtlichen Rückenwindes oben an der Hangkante.

Die Leethermik eines vorgelagerten Hanges läßt sich oft an der folgenden Bodenerhebung ausnützen. Bei starkem Wind gelangen uns sogar mit selbstgesteuerten Modellen lange Flüge mit großen Startüberhöhungen. Die Luft mußte sich hier in unzähligen kleinen Bläschen ablösen und den Hangaufwind des nachfolgenden Hügels verstärken.

Es gibt jedoch auch thermische Abwinde: Wenn eine Kaltluftschicht am Boden lagert, aus der der Hang herausragt, dann kommt die Kaltluft nicht hoch, da sie ja schwerer als die darüber liegende, wärmere Luft ist. Man nennt das eine stabile Luftschichtung im Gegensatz zur labilen bzw. instabilen, wo wärmere Luft am Boden lagert und in die darüberliegende kühlere aufsteigen möchte, wie wir gleich eingangs eine Wetterlage am Hang beschrieben. – Bei der stabilen Luftschich-

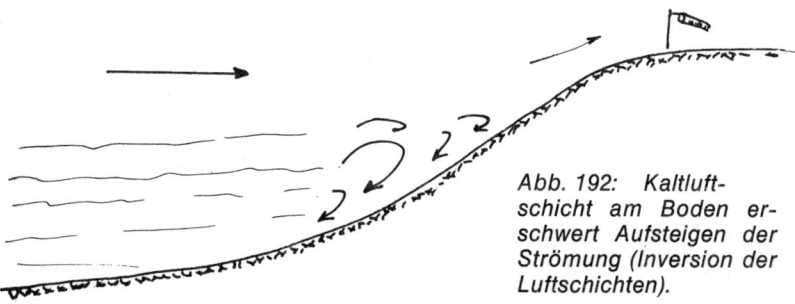

Abb. 192: Kaltluftschicht am Boden erschwert Aufsteigen der Strömung (Inversion der Luftschichten).

tung mit der Kaltluft am Boden, gibt es am Hang konstanten Abwind oder nur geringen Aufwind am Kamm, während es bei labiler Luftschichtung fast konstanten thermischen Aufwind am Hang geben kann.

Einzelne thermische Abwindfelder gibt es auch neben thermischen Aufwindgebieten. Wo Einzelablösungen vorkommen, gibt es auch Abwind. Der Wind fällt dann schräg von oben auf den Hang ein, und Modelle saufen trotz Gegenwindes ab. Diese thermischen Abwinde verraten sich eigentlich nur durch etwas absinkende Temperaturen. Hier gelten die gleichen Regel wie in der Ebene, auch was sonst die Thermikortung anbelangt. Wichtig ist auch die Regel, daß man im Wolkenschatten selten thermische Ablösungen findet – ähnlich wie in der Ebene.

Der große Unterschied zur Thermikauslösung in der Ebene ist die vertikale Verlagerung von Warm- und Kaltluftschichten und damit die Auslösung von thermischen Auf- oder Abwärtsbewegungen. Dazu kommt die unterschiedliche Erwärmung der Luv- und Leeseite je nach Sonneneinstrahlung, dies im Verein mit Strömungsbeschleunigung und -verzögerung oder gar Stillstand der Strömung an windgeschützten Seiten.

Standsegler über dem Wettbewerbsgelände in der Schwäbischen Alb.

Raumsparender Modellflug:

Modelle steuern sich selber gegen den Wind – am Steuer sitzt der Nordpol

Warum Hangflug mit selbstgesteuerten Modellen?

Laien nehmen an, eine Selbststeuerung hätte die Aufgabe, ein Modell von einer Hanghöhe aus in die Ebene hinunterzubringen, worauf es mühsam zurückgeholt werden müßte. Früher wäre allerdings so ein Flug als Sensation betrachtet worden, weil ein Modell von Natur aus nicht längere Zeit geradeaus fliegt. Doch heute legt man auf Streckenflüge keinen Wert mehr.

Was soll dann die Zielsetzung bei selbstgesteuerten Modellen wie z. B. bei den Magnetseglern sein? Ganz einfach:
Magnetsegler sollen bei der kürzest möglichen Flugstrecke eine möglichst lange Zeit fliegen!
Dies ist ein hochgestecktes Ziel: Wie soll ein Modell bei einer kurzen Flugstrecke lange fliegen können? Das hängt von den Modelleigenschaften ab, und zwar hauptsächlich von der Anpassung an die Windgeschwindigkeit. Durch Anstellwinkeltrimmung und Ballastzugabe kann man die Modellgeschwindigkeit so einstellen, daß sie die des Windes geringfügig übertrifft. Es wird sich dann ganz langsam gegen den Wind vorschieben, höhersteigen, in den Bereich größerer Geschwindigkeit kommen und dort vielleicht sogar stehen bleiben – ein unübertrefflich majestätisches Bild! Der Laie ahnt natürlich nicht, wieviel an Modellaerodynamik bei so einem Flug zur Anwendung kommt: Es ist fast die gesamte Modellaerodynamik!

Abb. 193: Formen des Magnetsegelns – links: „Standsegeln" – rechts: programmierte Rückkehr ins Startgebiet.

Magnetfliegen ist im Sinne eines raumsparenden Modellflugs. Man braucht nur kleine Hänge, an denen sich Zeiten von mehr als fünf Minuten erzielen lassen, und die Rückholarbeit ist gerade soviel, wie sie der Forderung nach einer gesunden körperlichen Bewegung entspricht. Die Flugzeiten sind in der Regel länger als die Rückholzeiten, man kann deshalb zahllose Flüge hintereinander ausführen und der „Hangaktivität" buchstäblich freien Lauf lassen.

Der langsame Geradeausflug ist auch im Sinne der besten Sinkgeschwindigkeitsleistung. Die Sinkgeschwindigkeit hängt doch von der Fluggeschwindigkeit allgemein ab, und je niedriger diese gehalten werden kann, desto langsamer sinkt das Modell. Ein Magnetsegler fliegt immer mit der geringstmöglichen Sinkgeschwindigkeit.

Ist so ein Langsamflug nicht langweilig? RC-Flieger z. B. wollen schnelle Modelle, die nicht mühsam gegen den Wind ankämpfen müssen – und bei den Magnetseglern wird das Ankämpfen zu einer Kunst entwickelt, wobei jede Steuerbewegung eine natürliche Reaktion auf eine Störung ist und daher immer in Spannung hält!

Für Modellflieger, die an aerodynamischen und Stabilisationsproblemen interessiert sind, gibt es kaum ein dankbareres Exerzierfeld.

Aber bei schwachem Wind? Kehren die Modelle wieder zurück? Bei Flugvorführungen ist die erste Frage von Zuschauern: Kehren die Modelle auch wieder zurück? – oder zumindest: Kommen sie auch wieder herab? Nun, das Herabkom-

men an größeren Hängen kann mit Hilfe der „Thermikbremse" gelöst werden. Aber das Zurückkommen?
Nun, wer ein Spezial-Leichtwindmodell hat, wird auch bei schwachem Wind wenig Sorgen haben. Es wird wiederum „standsegeln". Nun leisten sich die meisten Modellflieger nicht gleich mehrere Modelle. Was tut man dann mit einem Normalmodell?
Die einfachste Art ist, den Geradeausflug zu unterbrechen, d. h. die Steuerung zu blockieren und auf Kurve einzustellen, was mit Zeitschalter oder auch mit einer Zündschnurauslösung geschehen kann. Im Laufe der Zeit wurden da mehrere Systeme ausgeklügelt, die alle recht praktisch und zuverlässig sind.
Ein reizvolles Problem ist hier die Koordination Geradeausflugzeit–Kurvenzeit, wenn das Modell den Flug wieder in Startplatznähe beenden soll. *Wenn das Modell schnell gegen den Wind vorankommt, dann muß die Geradeausflugzeit kurz und die Rückkurvenzeit lang sein.* Es ist dies eigentlich eine elementare, einfache Regel, mit der man in der Praxis gut auskommt. Wir haben aber eigens noch eine Formel entwickelt, mit der man das Verhältnis der einzelnen Flugphasen zueinander rechnerisch bestimmen kann. Weil die Gesamtflugzeit die ganze Geradeausflugzeit ausmachen kann, haben wir das Verhältnis auf die Gesamtflugzeit bezogen:

$$\frac{Gesamtflugzeit}{Geradeausflugzeit} = \frac{Modellgeschwindigkeit}{Windgeschwindigkeit}$$

Wir konnten mit Hilfe dieser Formel bei mehrwöchigen Modellflugurlauben am Monte Tomba (nördlich Verona) Hunderte von Flügen mit programmierter Rückkehr ins Startgebiet erleben, wobei das Modell in Flügen von 3 bis 5 min Dauer gewöhnlich im Umkreis von 50 bis 100 m landete. Nach einiger Zeit wandten wir die Formel rein gefühlsmäßig an. Die Modellgeschwindigkeit stellten wir mit einem Windmesser fest. Sie entsprach der Windgeschwindigkeit, bei der das Modell in niedriger Höhe über dem Hang stehen blieb.

Mehr über Magnetmodelle

Besonders Neulinge versuchen, in ihren Konstruktionen Ideen unterzubringen, die bereits andere verwirklichen wollten und damit keinen Erfolg hatten.

Steuerruder: In der Regel werden die *Ruderblätter* zu breit gemacht. Natürlich wären breite Blätter wirksamer, wenn auch die Steuerkraft des Magneten entsprechend wäre. Nun ist diese begrenzt: Die Richtkraft beträgt bei 30° Auslenkung etwa 0,5 g/cm. Mit dieser Kraft könnte das Modell nicht gesteuert werden, wenn das Ruderblatt zu breit oder auch aerodynamisch nicht durch das „Horn" ausgeglichen wäre. Die Erfahrung hat gezeigt, daß ein gut ausgeglichenes Ruderblatt bei einer Breite von 12 mm bei starkem Wind gerade noch wirksam ist. Wirkt aber ein Ruderblatt bei starkem Wind, dann ist es erst recht für schwachen geeignet.

Dann sollen die Ruderblätter nach der Hinterkante zu *spitz* verlaufen. Wir haben Ruderblätter ausprobiert, deren Dicke gleich blieb oder nach rückwärts sogar zunahm. Sie waren wesentlich schlechter als zugespitzte (s. Abb. 194).

Wir haben auch Versuche mit verschiedenen weiten Ruderspalten gemacht. Bei weiten Spalten verschlechtert sich die Leistung auffällig. Bei Großflugzeugen werden bekanntlich die Ruderspalte abgedeckt, und auch bei RC-Modellen hat man Leistungsverluste bis zu 30 % bei nicht abgedeckten Ruderspalten festgestellt.

Indes zeigen neuere Untersuchungen, daß man den Ruderspalt auch nicht übertrieben eng auszubilden braucht, wenn er weit am Profil zurückliegt, wie dies bei Ruderflächen von Magnetmodellen der Fall ist. Der Spalt braucht nicht enger als 0,5 mm zu sein, und bei dickeren Profilen kann man sogar noch etwas zugeben. Schlimm wirkt sich dagegen eine „Senke" aus, bei der die Strömung am Spalt einwärts geknickt würde.[35]

Flossenprofil: Es wurden hier zahlreiche Versuche gemacht. Besonders bekannt wurden die Messungen von Dipl.-Ing. *Max Moor*, Schweiz, bei denen ebene Paltten ein c_a von 0,49,

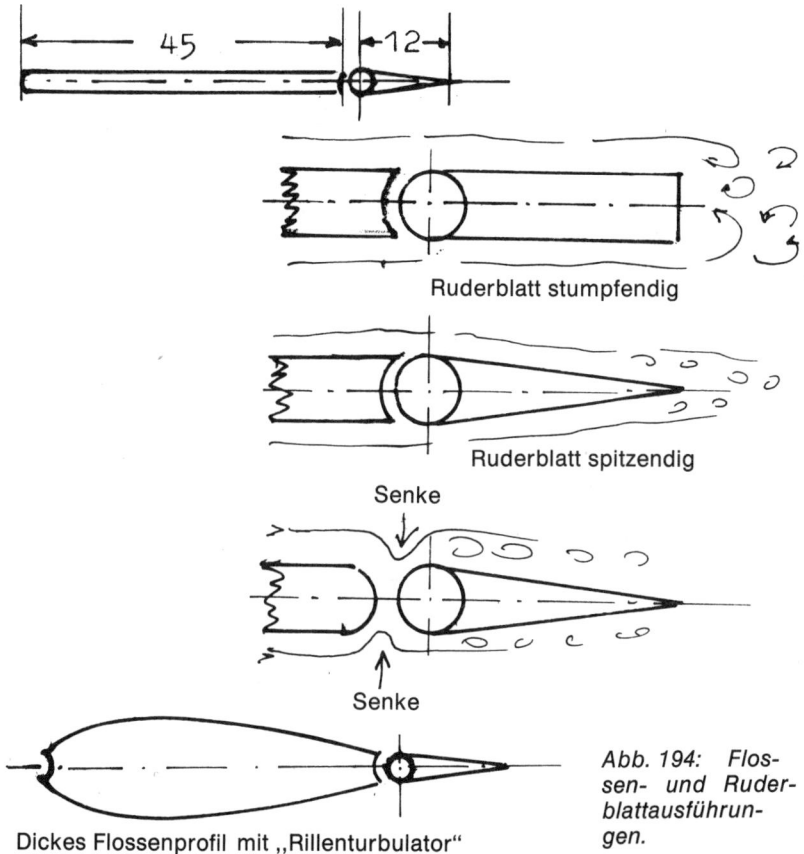

Abb. 194: Flossen- und Ruderblattausführungen.

dicke Profile mit einer Turbulenzrille an der Nase eines mit 0,63 erbrachte. Der Ruderblattausschlag war dabei 25°. Wir bevorzugen neuerdings ebene Platten von 3 mm Dicke, und zwar aus folgenden Gründen:
1. Sie sind sehr einfach herzustellen, und es läßt sich genau feststellen, ob sie in der Rumpflängsachse fluchten, indem man ein langes Lineal anlegt (vgl. Abb. 195b). Man darf diesen Punkt nicht unterschätzen: Bei Austausch mehrerer stärker profilierter Flossen an einem Modell stellte sich heraus, daß das Modell mit jeder Flosse immer einen anderen Kurs einschlug. Sie mußten alle neu gerichtet werden.

2. Man hat keine Re-Zahl-Probleme: Die ebene Platte wird beim kleinsten Auftrieb schon turbulent, auch wenn die Nase rund ist. Dies kommt durch die starke örtliche Beschleunigung bei einer Staupunktwanderung und die dabei entstehende „Saugspitze".

3. Gewicht und Luftwiderstand sind sehr gering. Bei einem vollsymmetrischen Profil müssen beide Seiten turbulent gemacht werden, wozu Widerstand aufgewendet werden muß.

Wir wissen noch zu wenig über die Wirkung bei *kleinen* Ausschlägen, nehmen aber an, daß diese bei flachen Profilen besser als bei dicken ist. Versuche mit RC-Modellen zeigten, daß bei Verwendung ebener Platten als Flossen die Steuerreaktionen gegenüber Vollprofilen härter und eckiger wurden, die Reaktion also schneller war – und das streben wir ja bei selbstgesteuerten Modellen an.

Die Steuerung selbst: Gottlob bieten mehrere Hersteller vorgefertigte Steuerungen an, sogar mit Hartplastik-Rumpfkopf, so daß man sich die Arbeit der Einpassung ersparen kann. Das untere Lager ist gefedert und damit stoß- und bruchsicher. An der Magnetfassung oben ist zum Teil ein Zahnrad angebracht, in das ein Stahlstift des Ruderblattes eingreift, damit sich die Einstellung des Magneten bei einer ungünstigen Landung nicht verändert. Das Raffinierteste ist zweifelsohne das Aluminiumgehäuse, das weniger eine Schutzfunktion hat, sondern ein zu starkes Pendeln des Magneten verhindert. Bei Magnetschwingungen entstehen nämlich in der Dose Wirbelströme, die bremsend wirken, also eine „Wirbelstrombremse"! Die Steuerbewegungen des Magneten werden aber keinesfalls beeinträchtigt.

Modell erbringt die Hauptleistung!

1. *Das Modell muß dahin fliegen, wohin es der Starter haben will* – d. h. es muß die Richtung fliegen, in der es eingestellt ist! Das ist keineswegs selbstverständlich, und wenn die Steuerung technisch noch so perfekt ist. Die Gegenkräfte sind in erster Linie Flügelverzüge, und ihrer Vorbeugung und Behandlung sind deshalb mehrere Kapitel gewidmet.

2. *Das Modell muß schnell auf Steuerungsausschläge reagieren*: Dazu verhilft ein geringes Trägheitsmoment. Verjüngte Flügelohren sind in dieser Hinsicht gut. Dann hat sich auch herausgestellt, daß Flügel mit doppelter und mehrfacher V-Form „wendefreudiger" sind als solche mit einfacher V-Form.
3. *Das Modell muß einen großen Windgeschwindigkeitsbereich überbrücken*: Dazu braucht es einmal ein besonderes Profil, das mit großem und kleinem Anstellwinkel fliegen kann, ohne dabei an Leistung zu verlieren. In Dutzenden von Profilversuchen stellten sich die „Habichtprofile" bei richtiger Turbulatorzuordnung als sehr günstig heraus. Dann muß das Modell in hohem Maße ballastverträglich sein: Wenn der Wind eine bestimmte Stärke erreicht, kann auch mit dem besten Profil ein bestimmter Anstellwinkel nicht unterschritten werden. Das Modell muß dann mit Blei im Schwerpunkt beladen werden, wobei es Ballast in Höhe des Eigengewichtes vertragen können soll.

Verzüge – Erzfeinde des Magnetseglers

Während man bei Thermikmodellen oft bewußt für eine Verwindung der Flügel sorgt oder auch eine bereits vorhandene beläßt, um das Modell thermikgieriger zu machen, muß man bei Magnetseglern alles tun, Verzüge zu beseitigen. Sie machen nämlich das Fliegen mit kursgesteuerten Modellen fragwürdig: Das Modell fliegt kaum in der eingestellten Richtung und unterliegt damit großer Verlustgefahr. Im Gegensatz zum kreisenden Thermikmodell wird ein auf Geradeauskurs gesteuertes Modell beim Anschneiden von Thermikblasen leicht seitlich weggedrängt, wenn der Tragflügel einen Verzug aufweist. Die Folge kann eine größere Kursversetzung und zum anderen auch mehr Flug im Abwind bedeuten. Natürlich erhöht sich auch der Widerstand bei Flügelverzügen, was bei Thermikmodellen durch besseres Aufwindverhalten ausgeglichen wird, bei Hangmodellen aber nur die Sinkgeschwindigkeit verschlechtert.

Lassen sich Verzüge durch das Seitenleitwerk ausgleichen?

Viele kompensieren nun Verzüge durch einen Klappenausschlag am Seitenleitwerk. Dies ist allerdings nur ein grober Notbehelf. Das Schlimme ist, daß diese Kompensation nur für einen bestimmten Anstellwinkelbereich gilt, und so begibt man sich in eine „Grauzone": Beim langsamen Flug nämlich dreht das Modell nach der stärker angestellten, also nach der herabgezogenen Seite, im schnellen aber nach der anderen, und man müßte je nach Geschwindigkeit auch den Seitensteuerausgleich ändern (vgl. Abb. 73, 126 u. 185).

Es bleibt also nichts anderes übrig, als das Modell schon zu Hause vor dem Flugeinsatz auf Verzüge zu kontrollieren.

Ermittlung von Verzügen durch Augenkontrolle oder: Welche Verzüge sind die schlimmsten?

Die kleinen, weil man sie nur schwer mit dem Auge kontrollieren kann und sich doch im Flug bemerkbar machen.

Besonders schwierig sind Verzüge an Skelettflügeln mit einfacher V-Form festzustellen: In der Regel sind solche Flügel leicht aufgebogen, bewirkt durch die Zugkraft der Bespannung an der Oberseite. Dann kommt hinzu, daß man den Flügel leicht verkantet sieht, wenn man nicht genau in Richtung der Rumpflängsachse anvisiert. Bei Knickflügeln mit geradem Mittelstück hat man es beim Innenflügel leichter.

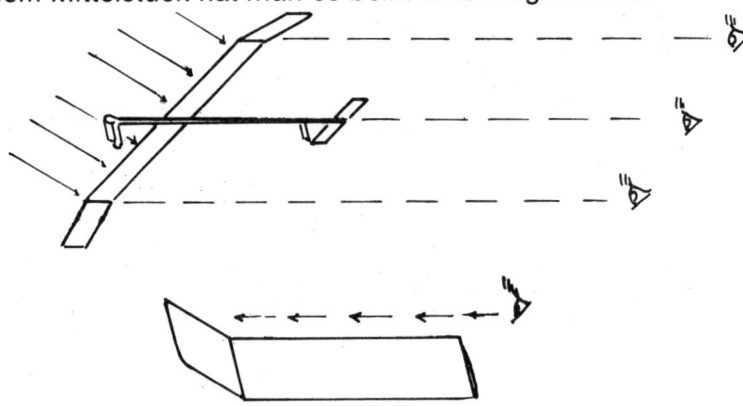

Abb. 195a: Verzugskontrolle durch Anvisieren der Flügelkanten – oben: Modell auf Rücken drehen, damit Licht auf die Unterseite fällt.

Für Flügel aller Art empfiehlt sich das Kontrollverfahren nach Abb. 195a. Dazu visiere man auch den geraden Verlauf von Nasen- und Endleiste in Spannweitenrichtung, dazu das Fluchten der Seitenflächen.

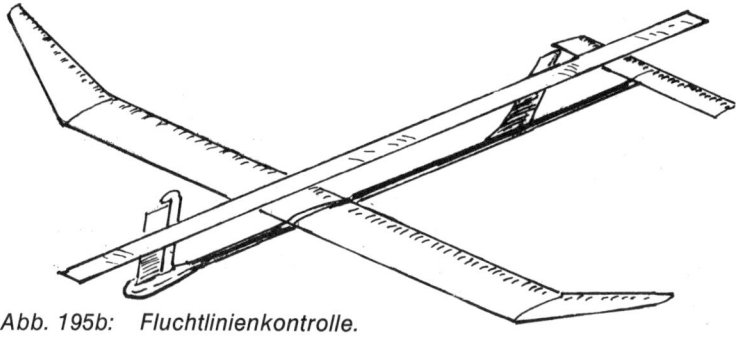

Abb. 195b: Fluchtlinienkontrolle.

Ermittlung von Verzügen aus dem Flugverhalten

Verzüge können sich schon bei einfachen Gleitflügen *auf einer ebenen Fläche* verraten:
Man läßt das Modell abwechselnd links und rechts im Winkel von 90° zur eingestellten Flugrichtung fliegen. Es muß dann von beiden Seiten gleichmäßig schnell in die eingestellte Richtung beidrehen. Bei Verzug dreht es nach der herabgezogenen Flügelseite rascher bei, nach der anderen oft überhaupt nicht.

Am Hang selbst beobachten wir, ob das Modell auch wirklich die eingestellte Richtung fliegt. Weicht es im Normalflug immer nach der gleichen Seite ab, dann hat der Flügel auf dieser Seite einen größeren Anstellwinkel, ist also mehr herabgezogen. Beim schnelleren Flug wird es nach der anderen Seite ziehen.

Wir können die zwei gegensinnigen Richtungsabweichungen in einem Start überprüfen, wenn wir das Modell pumpen lassen: Im Aufwärtsflug wird es *langsamer* und fliegt mit größerem Anstellwinkel, im Abwärtsflug wird es *schneller* und fliegt mit kleinerem Anstellwinkel. Wir können also die Kursabweichungen im *langsamen* und *schnellen* Flug innerhalb eines Starts überprüfen.

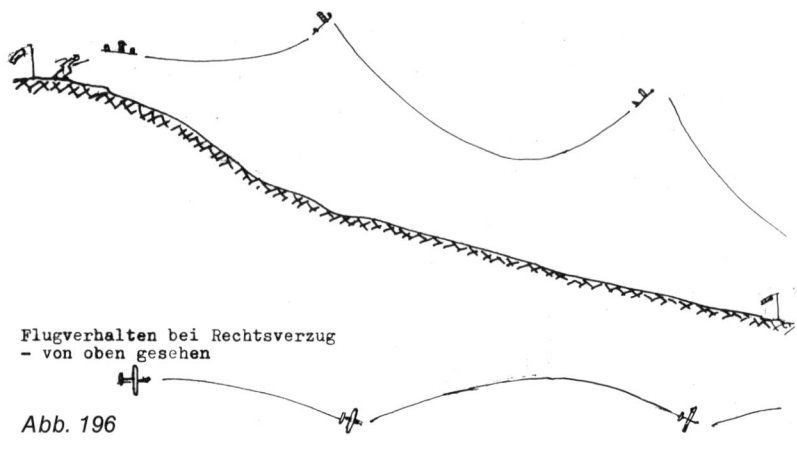

Flugverhalten bei Rechtsverzug
- von oben gesehen

Abb. 196

Beseitigung von Verzügen

Bespannte Flügel aller Art kann man mit dem Bügeleisen bearbeiten, wobei man die Temperatur nicht allzuhoch wählen soll. Bei Vollbalsaflügeln kann auch ein Bügeleisen helfen. Kehren aber die Verzüge wieder, sollte man „Antitorsionsschnitte" (siehe dort) anbringen.
Im Gelände selbst können wir bei außen angesetzten Knicken die Ohren verstellen, sofern die Verbindung elastisch ist. Sind die Flügelhälften an einer Zunge befestigt, dann können wir diese mit einer kräftigen Zange etwas verbiegen. Bei ausgesparten Zungen können wir das Verbiegen mit einem Hebel vornehmen.

Abb. 197:   Ausgesparte Alu-Zunge mit „Verzugskiller".

Raumsparende Segelflüge bei Wind

Zweierlei müssen wir beachten, wenn wir längere Zeiten bei nicht zu großer Flugstrecke erreichen wollen:
1. Genaue Einstellung auf die *Windrichtung*.
2. Passende Einstellung auf die *Windgeschwindigkeit*.

Bei der *Einstellung auf die Windrichtung* ist Voraussetzung, daß alle Verzüge behoben sind. Aber selbst dann können Fehleinstellungen vorkommen, wenn man Änderungen der Windrichtung nicht beachtet. Sehr dienlich ist eine im Vorgelände aufgestellte Fahne, die eine kommende Windänderung anzeigen kann. Steht die „Kontrollfahne" mit der am Startplatz in der Richtung gleich, dann kann man damit rechnen, daß sich in den ersten Flugminuten nichts ändert. Wir machten während eines mehrwöchigen Modellflugurlaubs am Monte Tomba in Norditalien an die tausend Segelflüge, wobei seit Verwendung der Kontrollfahne kaum mehr eine falsche Windrichtungsdiagnose mehr vorkam! Hat man keine Kontrollfahne, dann starte man am besten, wenn die Fahne am Startplatz eine unveränderte Windrichtung anzeigt. Eine geänderte ist meist nur von kurzer Dauer, führt aber leicht zu Fehleinstellungen.

Bei der *Einstellung auf die Windgeschwindigkeit* entscheidet der Zweck des Fluges. Bei Wettbewerbsflügen wird man ein sicheres Vorankommen gegen den Wind anstreben, da bei Rückwärtsschieben des Modells der Flug vorzeitig beendet sein kann. Bei reinen Lustflügen jedoch wird man nach Standflügen trachten. Diese erreicht man, wenn sich das Modell beim langsamen Gehen von selber aus der Hand löst. Beim Höhersteigen wird es dann noch langsamer, weil die Windgeschwindigkeit nach oben zunimmt, und es kommt zum Standsegelflug. Besonders günstig sind hierfür Hänge mit vorgelagerter Stufe, weil sich in der gekrümmten Strömung die EWD des Modells vergrößert, wodurch das Modell langsamer wird und auch im stärkeren Stufenaufwind noch bedeutend an Höhe gewinnt (s. Abb. 198 auf nächster Seite).

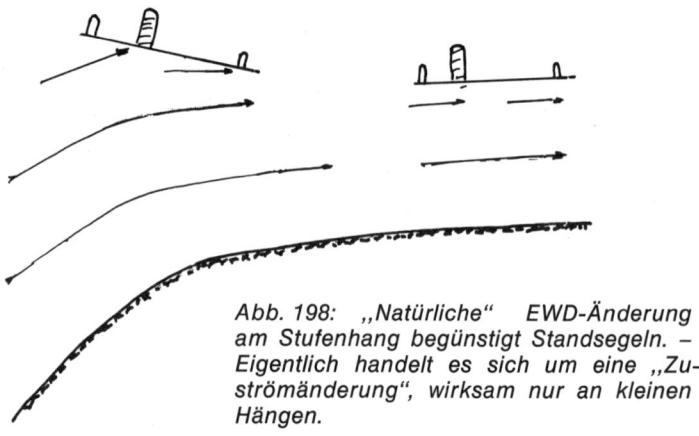

Abb. 198: „Natürliche" EWD-Änderung am Stufenhang begünstigt Standsegeln. – Eigentlich handelt es sich um eine „Zuströmänderung", wirksam nur an kleinen Hängen.

Wie erreicht man die „Standflugtrimmung"? Zunächst ist Voraussetzung, daß die Windgeschwindigkeit etwa der des Modells entspricht oder sogar größer ist. Mit einer Einstellschraube am Höhenleitwerksende kann man den Anstellwinkel des Modells verändern. Schraubt man die Hinterkante höher, fliegt das Modell mit größerem Anstellwinkel – und umgekehrt. Das Modell muß freilich dabei trimmunempfindlich sein, was in erster Linie von der Profilauswahl abhängt. Weht der Wind stärker, fügt man Ballast *im* Schwerpunkt bei. Schwere Modelle bleiben dann länger oben!
Eine Sondertechnik ist die „*Standflugverzögerung*": Diese ist möglich durch eine einfache Einstellwinkelsteuerung am Höhenleitwerk, die auch mit Zündschnur ausgelöst werden kann. Das Modell fliegt dabei zuerst schnell mit kleiner EWD und damit auch sicherer durch die Turbulenzzone am Startplatz, schaltet dann auf größere EWD um und stoppt den Vorwärtsflug. Es beginnt zu steigen und schiebt oft sogar rückwärts auf den Startplatz zu, schaltet also gewissermaßen den „Rückwärtsgang" ein. – Das Modell muß dabei sicher auf den Langsamflug getrimmt sein. Ein trimmunempfindliches Modell ist hier wieder vorteilhaft.

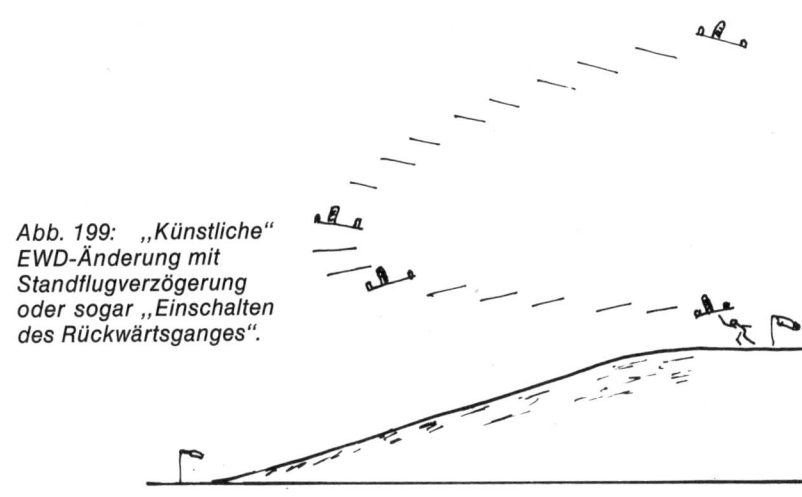

Abb. 199: „Künstliche" EWD-Änderung mit Standflugverzögerung oder sogar „Einschalten des Rückwärtsganges".

Raumsparen durch programmierte Kurvenflüge

Wir haben eingangs schon auf die Möglichkeit hingewiesen, ein Modell bei leichterem Wind nach einer bestimmten Geradeausflugzeit wieder kreisend ins Startgebiet zurückkehren zu lassen. Warum ein Modell vom Hangfuß unten wieder hinauf zur Startstelle bringen, wenn es sich sozusagen selber zurückholen kann? Die Zeit, die für die Herstellung einer Kurvenautomatik verwendet wird, macht sich draußen im Gelände vielfach bezahlt. Wer in feinmechanischen Arbeiten geschickt ist, wird so eine Automatik mit dem Zeitschalter für das Auslösen der Thermikbremse koppeln. Wir haben aber auch einfache „Zündschnurautomatiken" entwickelt, bei der man mit einer einzigen Zündschnur sowohl die Kurvenautomatik als auch später die Thermikbremse auslösen kann.

Zugleich wird dabei die EWD im Kurvenflug geändert, damit das Modell flach kreist. Was noch wichtig ist: Im Sackflug mit der Thermikbremse wird das Ruder automatisch freigegeben, und das Modell schwebt langsam gegen den Wind herunter. Ist dagegen das Ruder im Sackflug blockiert, wird das Modell, sich drehend, vom Wind abgetrieben, was nach Thermikflügen in großen Höhen eine bedeutende Versetzung sein kann.

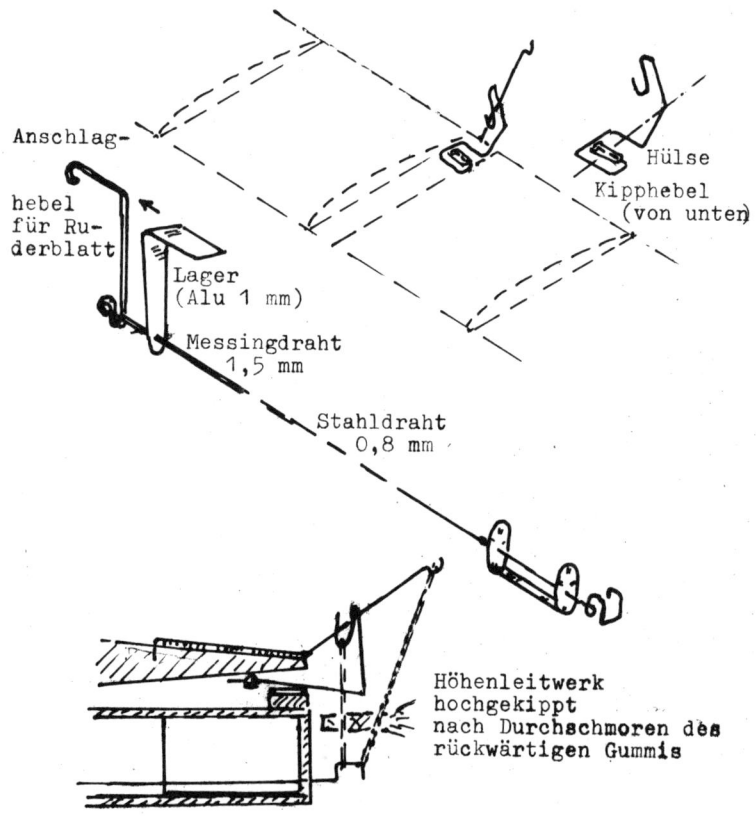

Abb. 200: *Kurven- und EWD-Automatik kombiniert mit Thermikbremse, brauchbar für Standflugverzögerung und Kurvenflug.*

Leichtwindsegler mit starker einfacher V-Form, rückwärtsgesteuert.

Für windschwache Wetterlagen: Leichtwindsegler!

Der versierte Hangflieger legt sich für schwachen Wind eigene Segler zu, die minimale Aufwinde noch ausnützen. Solche Wetterlagen treten oft im Herbst und Winter ein, also sozusagen in der Hauptsaison des Hangfliegers, weil ja während der Wachstumszeit kaum ein Gelände frei ist.
Für Leichtwindsegler eignen sich besonders Modelle mit ,,Rückwärtsübertragung" der Steuerkraft, weil dabei der Rumpf kürzer und damit leichter gebaut werden kann. Der Steuermagnet ist dabei ganz vorne an der Rumpfspitze angebracht, aber die Richtkraft wird mit einer Schubstange aus Balsa auf das rückwärtige Seitenleitwerk übertragen.

Der Tragflügel ist in leichtester Skelettbauweise erstellt, und die Bespannung besteht aus einer ,,Silberfolie".
Spezial-Leichtwindsegler haben eine Flächenbelastung von 6 bis 8 g/dm² und eine Sinkgeschwindigkeit von unter 25 cm/sec. Das Fliegen mit ihnen bereitet einen außerordentlich hohen ästhetischen Genuß, und wenn man sie noch mit einer Kurvenautomatik versieht, dann kann man wirklich nicht mehr raumsparender fliegen und noch dazu auch thermische Aufwinde auskreisen!

Man kann sich natürlich auch bei windschwachem Wetter mit Hochstartmodellen beschäftigen – eine Alternative zum Hangflug.

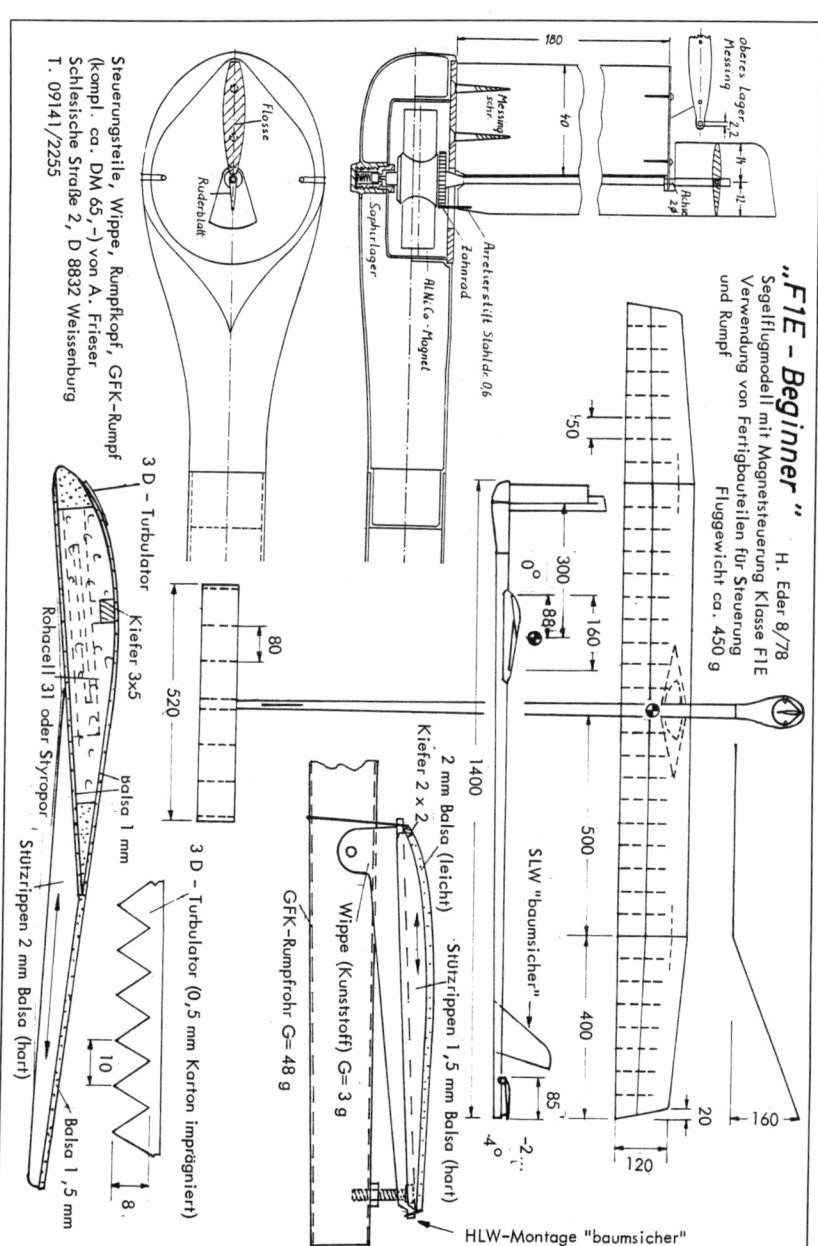

Magnetmodell „F1E* – Beginner"

von Dr.-Ing. *Heinz Eder*

Konstruktion: Zum Aufbau des Modells, das besonders für den Magnetflugneuling gedacht ist, werden käufliche Fertigbauteile für Steuerung und Rumpf verwendet. Die Details ergaben sich aus den Erfahrungen „rauher" Wettbewerbseinsätze. Besonders hervorzuheben ist die „baumsichere" Bauweise: Bei einer ungewollten Baumlandung fallen die Tragflächen (Zungenbefestigung aus 1,5-mm-Dural) sowie das Höhenleitwerk (Gummibefestigung auf Kunststoffwippe) ab und der Rumpf kommt herunter (kein Verhaken des schrägen Seitenleitwerks). Flügel und Höhenleitwerk besitzen sogenannte „Habichtprofile", die sich aus der experimentellen Entwicklung als besonders „überziehfest" ergaben. Dadurch wird dynamisches Segeln bei geringsten Hangaufwinden möglich.

Tragflächen: Die Tragfläche besitzt eine modifizierte Standardbauweise mit beplanktem Rohacellkern, der zur Erhöhung der Torsionssteife noch eine Außenhaut aus 25-g/m²-Glasseide erhält. Eine sehr steife und verzugsfreie Bauweise ist Grundvoraussetzung für den kurstreuen Flug am Hang. Die Schleifvorrichtung für das Profilsandwich zeigt nachstehendes Bild.

---

* F1E = internationale Klassenbezeichnung für selbstgesteuerte Hangmodelle.

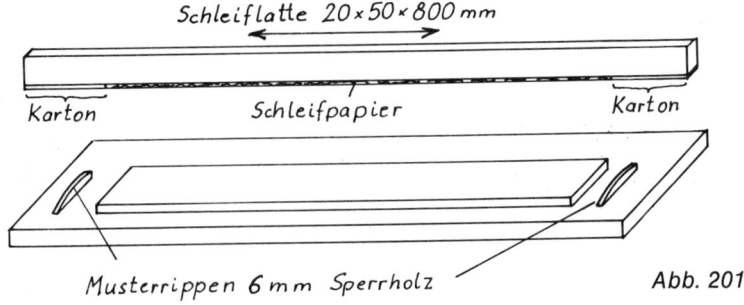

Abb. 201

Die Beplankung wird mit unverdünntem Kontaktkleber aufgebracht. Die Tragflügelohren sind an den Mittelteil durch je einen 2-mm-Stahldraht in Alu-Hülsen angesteckt. Die Hülsen werden direkt mit dem Holm verbunden und das Ohr mit Tesabandstreifen zusätzlich fixiert.

Höhenleitwerk: Es besteht aus einer gewölbten Platte aus sehr leichtem 2-mm-Balsa und 8 Formrippen aus 1,5-mm-Balsa (hart). Die Eintrittskante wird durch 2-mm-Kiefer geschützt. Das Baugewicht sollte nach 3 Anstrichen (1 × Porenfüller, 2 × Zaponlack) 12 g nicht überschreiten.

Einfliegen: Der Schwerpunkt wird bei 55 % der Tragflügeltiefe festgelegt und darf nicht mehr verändert werden. Die Fluggeschwindigkeit wird mit Hilfe der HLW-Trimmschraube eingestellt. Bei Windgeschwindigkeiten über 8 m/sec wird zusätzliches Blei unter den Schwerpunkt gehängt.

Das Modell ,,F1E-Beginner".

Fragen zur Aufwindentstehung und zur Aufwindausnutzung

1. Was versteht man unter „Bodenthermik", was unter „Höhenthermik"?
2. Warum wirkt sich die Bodenthermik erst in der Höhe aus?
3. Warum ist eine Höhe von 30 bis 50 m gerade für die Ausbildung der ersten Blasen günstig?
4. Wie gehen die einzelnen Phasen der Ablösung vor sich?
5. Warum kann eine abgeschnürte Blase weiter steigen und wachsen?
6. Warum bleibt ein Modell normalerweise in einer Thermikblase?
7. Wie können sich bei Wind Thermikablösungen verlagern?
8. Was versteht man unter „Umkehrthermik"?
9. Was ist leichter, feuchte oder trockene Luft? Welche kann demzufolge Aufwindblasen bilden?
10. Wie entsteht „Höhenthermik"?
11. Welche zwei Sammelnamen für Wolken gibt es?
12. Welche Rolle spielen die Wolken für den Modellflieger am Boden?
13. Woher kommen die Wolken?
14. Was hält die Wolken in der Höhe?
15. Wieso bestimmen Feuchtigkeit und Temperatur die Wolken- und Nebelbildung?
16. Warum gibt es Nebel hauptsächlich morgens und abends, Wolken aber tagsüber?
17. Was geschieht in Wirklichkeit, wenn man sagt, daß der Nebel steigt oder fällt?
18. Welche Möglichkeiten gibt es, Ablösungen am Boden zu orten?

19. Welche Phase der Ablösung zeigt eine Temperaturerhöhung am Boden an? Wann erfolgt die Ablösung endgültig?
20. Wie ändert sich die Windströmung am Boden bei einer Ablösung? Warum?
21. Wie kann man Thermikblasen in der Höhe ausfindig machen?
22. Durch welche Tricks wird versucht, ein Modell thermikgieriger zu machen?
23. Welche Vorteile bietet der Hangaufwind?
24. Welche Voraussetzungen sind für die Bildung einer „Luv-" und einer „Leethermik" am Hang günstig?
25. Bei welcher Luftschichtung wird der Hangaufwind geschwächt?
26. Was ist der Sinn des „Magnetsegelns"?
27. Wie kann beim „Magnetsegeln" Raum gespart werden?
28. Was kann die Wirkung der „Steuerflächen" – also von Flosse und Ruderblatt – beeinträchtigen?
29. Welche Vorteile haben ebene Platten gegenüber Flossen?
30. Welche Folgen haben Verzüge für das Flugverhalten bei verschiedenen Anstellwinkeln?
31. Wie ermittelt man Verzüge
    a) durch Augenkontrolle
    b) aus dem Flugverhalten?
32. Wie kontrolliert man die Windrichtung in einem größeren Bereich?
33. Wie trimmt man das Modell auf verschiedene Windgeschwindigkeiten?
34. Nach welcher Formel kann man ein Zurückkurven zum Startplatz programmieren?

Sie bleiben damit länger oben!
Raum- und gewichtsparende RC-Anlagen,
aber:

RC-Leichtwindsegler mit schweren Problemen?

Es hat den Anschein, als ob die Entwicklung immer mehr zum schnellen Segler ginge, der nur mehr durch die Luft flitzt. Man behauptet, ein Modell müsse rasch gegen den Wind vorankommen und nicht mühsam dagegen ankämpfen, weil sonst die Steuerbarkeit darunter leide; dann drehe es sich auch um das rasche Durchfliegen von aufwindarmen Zonen, was ja auch im Großsegelflug zu hohen Reisegeschwindigkeiten führte. Es sei dahingestellt, ob es sich im Modellflug immer um natürliche Zwänge handelt. Oft sind es Wettbewerbs- und Rekordzwänge. Bei Wettbewerben sollen z. B. zwei Pylone bzw. Wendemarken möglichst oft umflogen werden, d. h. es soll eine große Strecke in möglichst kurzer Zeit geflogen werden, oder man stellt Geschwindigkeitsrekorde in starken Gebirgsaufwinden auf, wobei man zur Erhöhung der Flächenbelastung Wasserballast im Tragflügel unterbringt.

Nun gibt es RC-Anlagen von sehr geringem Gewicht. Welchen Sinn sollen sie haben, wenn man sie in „Fliegende Festungen" einbaut, die Flächenbelastung künstlich erhöht und den Rumpfquerschnitt möglichst groß ausbildet oder noch eine überdimensionale Kabinenhaube aufsetzt, um der Vorbildgetreue zu genügen? Die große Chance für Leichtwindsegler wäre mit den raum- und gewichtsparenden RC-Anlagen gekommen.

Was für RC-Leichtwindsegler spricht, ist die Möglichkeit der Ausnutzung schwacher Aufwinde am Hang und in der Thermik. Es ist Tatsache, daß man an flachen Hängen kaum einen RC-Segler antrifft. Nicht daß es an Geländeversuchen fehlte:

Erprobungsflüge zeigen aber ein klägliches Resultat, und man kehrt diesen Hängen den Rücken. Nun sind aber diese Gelände in der Überzahl und wären meist leicht zu erreichen. Es fehlt nur am Modell, das die schwachen Aufwinde auch ausnützen kann. Wir haben früher mit unseren Einachs-Leichtwindseglern Dauerflüge an kleinen Hügeln erzielt – mit Dreiachssteuerung geht das nicht mehr. Worin liegt hier der Fortschritt?

Natürlich sind RC-Leichtwindsegler in erster Linie für Hangflug geeignet, wo das Modell immer gegen den Wind gewendet wird. Im Hochstart muß es dagegen mit der Thermik ziehen, und die Rückholung kann dann zu einem Problem werden. Man müßte ein Leichtwindmodell nur bei sehr schwacher Luftbewegung im Hochstart einsetzen, und hier ist ohnehin die stärkste thermische Aktivität zu erwarten. Ein Plus für Leichtwindsegler besteht darin, daß sie im Laufhochstart auf „Thermikhöhe" gebracht werden können, wobei der Thermikkontakt über die Hochstartleine festgestellt werden kann.

Im übrigen: Leichtwindsegler können auch mit schnelleren Flügeln ausgestattet werden. Daher verzichtet man auf Querruder, was Bauzeit sparen hilft, die für einen zweiten Flügel gut verwendet werden kann.

Nebenbei: Die amerikanische Schule bevorzugt Leichtwindsegler. Das Modell „Paragon" ist ein typischer Vertreter. Es hat Knickflügel und ein Profil mit Turbulenzholmen. Die Flächenbelastung ist 20 g/dm² und kann mit Ballast auf 30 g/dm² erhöht werden (FMT 11/1978).

RC-Leichtwindsegler „Paragon"

A 2 + RC = ?

Erfahrungsbericht über ein leichtes Segelflugmodell mit Zweiachssteuerung

von *Hanspeter Gfell*

Die Statistik der gemessenen Windgeschwindigkeiten und die Erfahrungen beim Einsatz von RC-Segelflugmodellen an den zahlreichen, aber meist bescheidenen Hängen der nördlichen Bodenseeregion lassen vermuten, daß ein sehr leichtes RC-Segelflugmodell mit einer Sinkgeschwindigkeit von etwa 30 cm/sec sehr gute Chancen hätte. Der nun einjährige Einsatz des „Federle" hat dise Annahme eindrücklich bestätigt. Das nur 2,14 m große und 0,475 kg schwere Modell fand oft die Bedingungen, bei denen es konventionellen RC-Seglern überlegen ist. Jedoch wurde auch ein Einsatz bei 8-m/sec-Wind gut überstanden. Trotz einiger Fälle von Fremdstörungen ist das Modell nie abgestürzt. Auch eine mehrmonatige Fahrt im Auto kreuz und quer durch Europa hat das leichte Modell in seinem Wellpappeköcher ohne Schaden hinter sich gebracht.
Kleine Leichtwindsegler nach Art des „Federle" zeigen generell folgende Eigenschaften.

Positiv:
1. Gute Ausnutzung auch kleiner Aufwinde. Sehr niedrige Fluggeschwindigkeit und gute Gleitzahl bei hohem Anstellwinkel ermöglichen langsames Durchfliegen der Aufwindfelder, enges Kreisen mit wenig Schräglage und enormen Höhengewinn.
2. Die vorzügliche Eigenstabilität sichert stets ein hohes Leistungsniveau. Kein Wegschmieren in Kurven; Höhenverlust beim symmetrischen „stall" nur ca. 2 Meter.

3. In allen Flugphasen leicht zu steuern. Der Pilot kann sich auf das Aufwindsuchen konzentrieren.
4. Bruchfest durch geringe Masse und niedrige Geschwindigkeit.
5. Wenig Bauaufwand.
6. Sehr leicht zu transportieren.

Negativ:

1. Das kleinere Modell hat engere Sichtbarkeitsgrenzen. Die guten Leistungen lassen es oft diese Grenzen erreichen.
2. Schlechte Penetration, kein dynamisches Fliegen möglich. Bei guten Aufwinden machen deshalb schnelle Modelle mehr Spaß.
3. Leichtbauerfahrung unerläßlich.

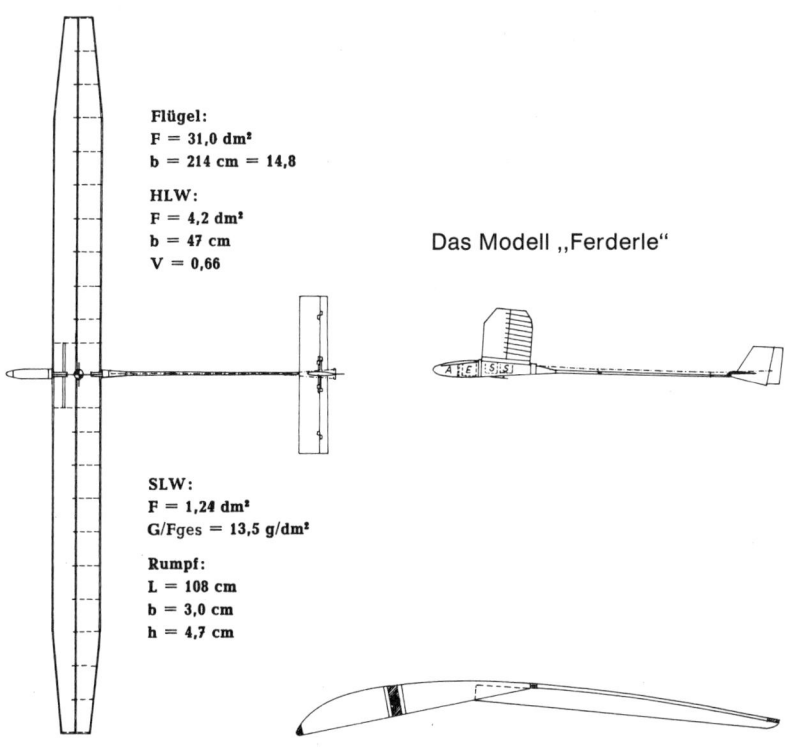

Flügel:
$F = 31,0 \text{ dm}^2$
$b = 214 \text{ cm} = 14,8$

HLW:
$F = 4,2 \text{ dm}^2$
$b = 47 \text{ cm}$
$V = 0,66$

Das Modell „Ferderle"

SLW:
$F = 1,24 \text{ dm}^2$
$G/F_{ges} = 13,5 \text{ g/dm}^2$

Rumpf:
$L = 108 \text{ cm}$
$b = 3,0 \text{ cm}$
$h = 4,7 \text{ cm}$

Erläuterungen zum Modell: Das „Federle" ist ein A-2-Modell mit einem robusten Flügel in Standardbauweise nach *E. Jedelsky*. Besonders sorgfältige Holzauswahl ist hierbei entscheidend. Mit Hilfe einer Fräs- und Schleifmaschine kann dieser Flügel sehr schnell gebaut werden. Das Höhenleitwerk ist aus Rohacell-71 gefräst, das Seitenleitwerk ist ein Styropor/Balsa-Sandwich. Flügel und Höhenleitwerk sind mit mehrfarbigem Japico-Modellspan 21 g/m² überzogen. Die Rumpfkeule besteht aus einem Balsakern und einer kräftigen GFK-Ummantelung. Der Flügelanschluß mit Tesabandringen hat sich bewährt. Der Leitwerkträger, ein Phenolharz-Hohlglas-Rohling (Angelrute), nimmt die Antenne auf. Nach Auswirkungen der Elastizität dieses Stabes auf den Flug wurde vergeblich gesucht.

Die Elemente der RC-Anlage passen mit Preßsitz in die gefrästen Aussparungen. Die Flansche der Micro-IC-Servos wurden abgeschliffen. Die Ruderbetätigung durch offenliegende vorgereckte Radioskalenschnüre arbeitet sehr präzise. Beim Transport und daheim werden Flügel und Höhenleitwerk durch Formteile vor Verzug geschützt.

Gewichtsaufstellung:

Flügel mit Stift		225 G
Höhenleitwerk		15 g
Seitenleitwerk	70 g	10 g
Rumpfkeule		32 g
Leitwerksträger		13 g
Akku DKZ 225		65 g
Empfänger	Multiplex 180 g	45 g
2 Micro-IC-Servos		70 g
Fluggewicht		475 g

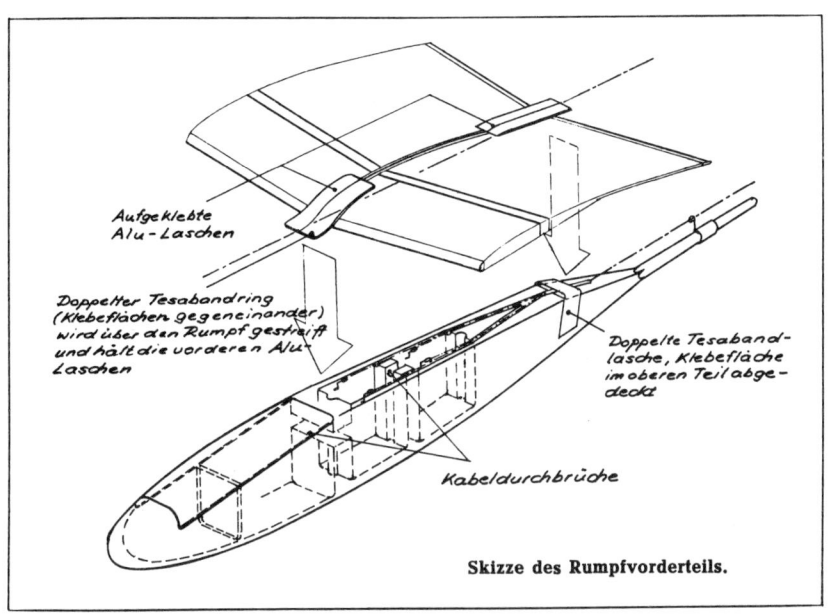

Skizze des Rumpfvorderteils.

A 2-Freiflugmodell „Saper" (WM-Sieger in Schweden) mit modifiziertem Rumpf zur Aufnahme der Fernsteuerung für Seiten- und Höhenruder.

Warum A 2 plus RC?

Absturzsicherheit bei Funkstörungen plus Leistung: A-2-Leistungsmodelle ferngesteuert

von Dr.-Ing. *Heinz Eder*

Leistungsfliegen heißt Fliegen mit geringstmöglicher Sinkgeschwindigkeit. Diese Aufgabenstellung entspringt vorwiegend dem Freiflug, wo z. B. aus 50 m Höhe eine möglichst hohe Gleitflugzeit erreicht werden soll. A-2-Leistungssegler erreichen bei einer Flächenbelastung von 12 g/dm² eine Sinkgeschwindigkeit um 30 cm/sec, was einer Flugzeit von 160–170 Sekunden aus dieser Höhe entspricht (reine Leistung bei Windstille, ohne Aufwindeinfluß).

Die Entwicklung bei RC-Segelflugmodellen konnte wegen der hohen Steuerungs- und Modellgewichte mit den im Freiflug erreichten Sinkleistungen nicht Schritt halten. Neuerdings werden auf dem Markt jedoch Micro-RC-Anlagen angeboten, deren Einbaugewicht sich einschließlich Stromquelle und 2 Servos auf etwa 150 g beläuft. Dadurch wird es interessant, Leistungssegler der A-2-Klasse fernzusteuern.

Welche Vorzüge bieten RC-Leistungssegler?

1. Überlegenheit bei schwachen Aufwindverhältnissen am Hang und in der Ebene gegenüber „RC-Bombern". Enormer Höhengewinn.
2. Dynamische Stabilitätseigenschaften gleich gut wie beim A-2-Modell. Dynamisches Segeln möglich. Höchste Steigzahl des Profils kann dadurch ausgeflogen werden.
3. Absturzsicherheit bei Funkstörungen durch aerodynamisch richtige Kopplung von Seiten- und Höhenruder. Zielgenaues und gefahrloses Landen durch Thermikbremse.

4. Gegenüber Großmodellen geringer Materialeinsatz fördert Freude am schöpferischen Experimentieren.

Konstruktive Auslegung

Die Auslegung des Modells ,,Synoptikus" erfolgte als Leichtwindsegler, d. h. für Windgeschwindigkeiten unter 5–6 m/sec. Mit einer zusätzlichen Tragfläche, die ein Schnellflugprofil besitzt, kann man jedoch Windgeschwindigkeiten bis 10 m/sec meistern.
Durch die hervorragende Längsstabilität eines A-2-Modells ist es möglich, Seiten- und Höhenfunktion so zu koppeln, daß das Modell unabhängig vom Kurvenradius immer mit bester Sinkgeschwindigkeit fliegt. Darin ist ein wesentlicher Vorteil gegenüber der getrennten Seiten-/Höhensteuerfunktion zu sehen: Beim üblichen RC-Fliegen kann der Pilot die Sinkleistung im Kurvenflug nur gefühlsmäßig ,,frei Auge" kontrollieren, was praktisch immer zu Leistungseinbußen führt. Nach der Theorie des ,,circular airflow", die das Buch an anderer Stelle abhandelt, verringert sich im Kurvenflug die effektive Einstellwinkeldifferenz zwischen Tragflügel und Höhenleitwerk. Um den ursprünglichen Trimmungszustand zu erhalten, muß also zusätzlich in der Kurve Höhenruder gegeben werden. Als möglicher Lösungsvorschlag für eine Einachssteuerung können Höhen- und Seitenleitwerk als T-Leitwerk ausgebildet werden.

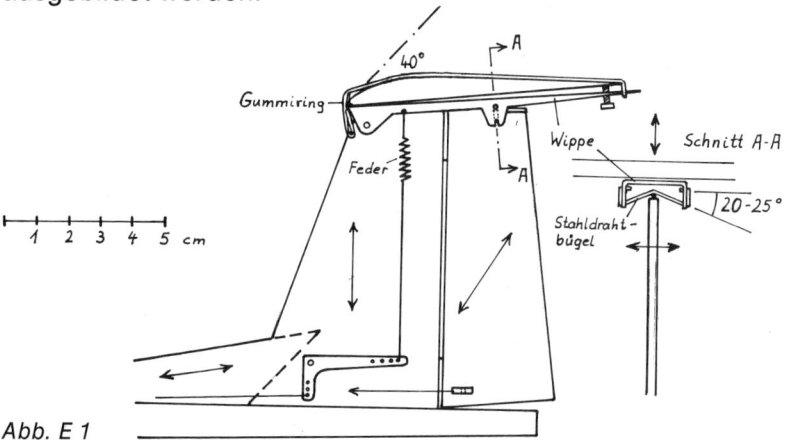

Abb. E 1

Das HLW wird mit Gummiringen auf eine Wippe gespannt, die – wie bei einer Thermikblase üblich – um einen Winkel von etwa 40° nach vorne klappen kann (siehe Abb. E 1).

Rumpf mit Einbau der Steuerung

Die Formgebung des Rumpfes folgt den Strömungsverhältnissen am Tragflügel: Vor dem Tragflügel wird die Strömung hochgesaugt und hinter ihm nach unten gelenkt. Diesem erweiterten Strömungsprofil paßt sich der Rumpf an. Vgl. Abb. 88.

Der Einbau der Steuerung ist problemlos. Die Rumpfkeule aus Balsa-Sperrholzverbund, die bei leichtem HLW und Leitwerksträger sehr kurz gehalten werden kann, nimmt die RC-Anlage auf (siehe Abb. E 2).

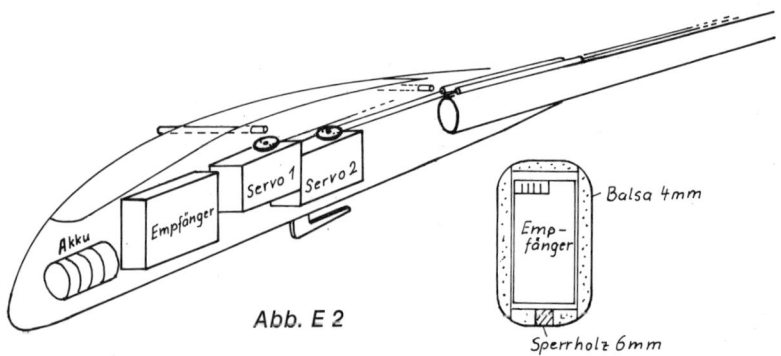

Abb. E 2

Der erforderliche Rumpfquerschnitt richtet sich nach den Abmessungen der Steuerungsteile. Der Leitwerksträger besteht aus einer Angelrute (Gewicht 25–30 g). Das T-Seitenleitwerk wird aus 3-mm-Balsa hergestellt und mit Glasseide (25 g/m²) mittels Porenfüller festigkeitserhöhend beschichtet. Auf den Leitwerkträger wird es mittels einer UHU-plus-endfest/Nylongewebe-Verbindung aufgesetzt. Die Kraftübertragung für Seitenruder und Thermikbremse erfolgt mit Stahllitze (Fesselfluglleine).

Höhenleitwerk
Leichtbauweise ist hier, wie auch beim Seitenleitwerk und Leitwerkträger, ganz wesentlich. Das Modell wird dies durch hervorragende dynamische Längsstabilität (Schwingungsdämpfung) danken.
Durch Auswahl von leichtem Balsaholz (spez. Gewicht 0,1) für Nasen- und Endleiste sowie Bespannen mit Rettungsfolie, kann man ein Baugewicht unter 10 g erreichen. Die Folie wird aufgebügelt, nachdem das Gerippe mit verdünntem Pattex eingestrichen wurde und dieses voll getrocknet ist (Heißsiegelkleber-Effekt).
Durch den Seil- und Federzug der Thermikbremsenbetätigung wird die Wippe an die Auflagefläche gedrückt. Die Thermikbremse ist rückholbar ausgeführt, so daß der Sackflug gegebenenfalls unterbrochen und der Normalflug fortgesetzt werden kann. Die Thermikbremse bietet die Möglichkeit einer zielgenauen und bruchsicheren Landung und holt das Modell ohne Spiralsturz sicher „aus den Wolken".
Die EWD-Steuerung erfolgt durch einen V-förmigen Stahldrahtbügel, mit dem das HLW auf dem beweglichen Seitenruderblatt aufliegt. Bei Ausschlag des Seitenruders wird die Wippe gegen die Federkraft angehoben und die Einstellwinkeldifferenz dadurch erhöht. Zur Verringerung der Gleitreibung ist das Seitenruderblatt an der Auflagestelle mit einem Stahldrahtsteg versehen.
Die Schräge des V-förmigen Drahtbügels bestimmt, um welchen Betrag das HLW in Abhängigkeit vom Seitenruderausschlag angehoben wird. Zur genauen Bestimmung sind Flugversuche notwendig. Als Richtwert kann beim „Synoptikus" eine Schräge von 20° angenommen werden. Bei einem Kurvenradius von ~ 5 m erreicht man dadurch einen zusätzlichen Kippwinkel des HLW von etwa 5°.
Es hat sich als zweckmäßig erwiesen, die Schräge zusätzlich etwas zu vergrößern. Man erreicht dadurch nämlich folgendes: Trimmt man das Modell im Kurvenflug bei etwa 10 m Kurvenradius auf geringste Sinkgeschwindigkeit (Meßflüge mit Stoppuhr sind unerläßlich), so wird es im Geradeausflug etwas schneller – etwa mit bestem Gleitwinkel – fliegen. Thermikblasen lassen sich dadurch schnell anfliegen, während

man in der Blase ausgehungert kurvt (Philosophie des Strekkenflugs). Auch das Rückholen gegen den Wind wird erleichtert. Beim Einfliegen des Modells wird der Schwerpunkt bei 50 % der Tragflügeltiefe festgelegt und nicht mehr verändert – alle erforderlichen Trimmungen erfolgen durch die Trimmschraube an der HLW-Wippe bzw. durch Veränderung der V-Form des Drahtbügels.

Tragflügel mit Torsionskasten

Der Aufbau des Tragflügels kann in Rippenbauweise, aber auch in Standard- oder Vollbalsabauweise erfolgen.
Für den „Synoptikus" wurde eine neue Torsionskasten-Bauweise mit dem Profil B-7406-f gewählt, das bei ausreichender Stabilität hervorragendes Abreißverhalten – besonders in Verbindung mit einem 3-D-Turbulator – besitzt (siehe Abb. E 3).

Abb. E 3

B-7406-f

%Tiefe	0	1,25	2,5	5	7,5	10	15	20	25	30	40	50	60	70	80	90	95	100
oben	0,9	2,95	3,95	5,6	6,6	7,4	8,55	9,2	9,55	9,65	9,3	8,6	7,7	6,65	5,4	3,95	2,9	0,5
unten	0,9	0,1	0,1	0,45	0,8	1	1,5	1,95	2,4	2,8	3,4	3,8	3,75	3,4	2,65	1,6	0,9	0

Profile, bei denen die Unterseite bis etwa 40 % gerade verläuft, sind für diese Bauweise besonders geeignet. Der Torsionskasten wird getrennt auf einer ebenen Unterlage zusammengebaut. Erst dann werden Endfahnen und Endleisten angesetzt.
Der Bau gliedert sich in folgende Abschnitte:

1. Balsabrettchen von 1 mm auf Baubrett auflegen, Rohacell-Brettchen (Rohacell 31 mit 0,03 g/cm³) mit Kontaktkleber (verdünnt) aufleimen. Nasenleiste und Kastenholme mit Epoxyd-Kleber ansetzen (siehe Abb. E 4).

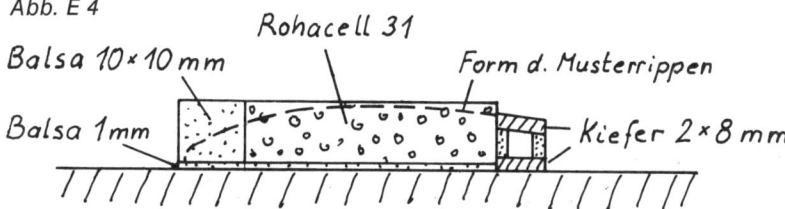

Abb. E 4

2. Mittels gerader Schleiflatten (20 × 50 × 800 mm) Profil einschleifen. Musterrippen aus 5-mm-Sperrholz durch Kartonstreifen auf der Schleiflatte „schonen". Doppelklebebänder halten den Kasten dabei auf dem Baubrett (siehe nochmals Abb. 201).
3. Torsionskasten beplanken mit 1-mm-Balsa (Kontaktkleber verdünnt, evtl. aus Spraydose) (siehe Abb. E 6).

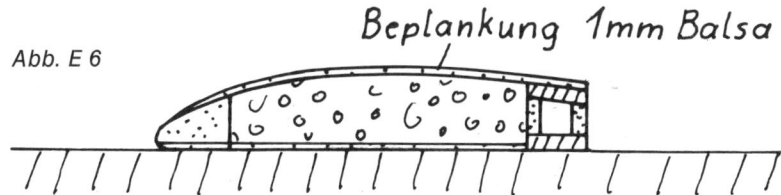

Abb. E 6

4. Endfahnen und Endleisten ansetzen (siehe Abb. E 7).

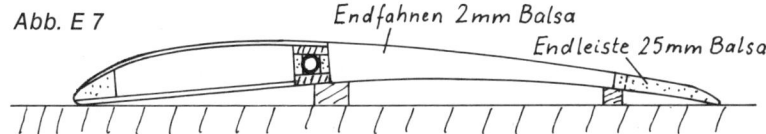

Abb. E 7

5. Bespannung mit Papier oder Folie. 3-D-Turbulator aufleimen (aus 0,5-mm-Karton imprägniert mit Zaponlack).

Die Verbindung der beiden Tragflächenhälften erfolgt durch einen 4-mm-Stahldraht, der in Messinghülsen geführt wird. Die Befestigung auf dem Rumpf erfolgt konventionell mit Gummiringen.

Zusammenfassung

A-2-Modelle mit Micro-RC-Anlagen ausgerüstet, besitzen hervorstechende Flugeigenschaften hinsichtlich der Sinkgeschwindigkeit und des langsamen Thermikfliegens. Die Koppelung von Seiten- und Höhenruder nach den Gesetzen des „circular airflow" bringt Leistungsvorteile, da das Modell unabhängig vom Kurvenradius immer die richtige Trimmung besitzt (siehe Abb. E 8).

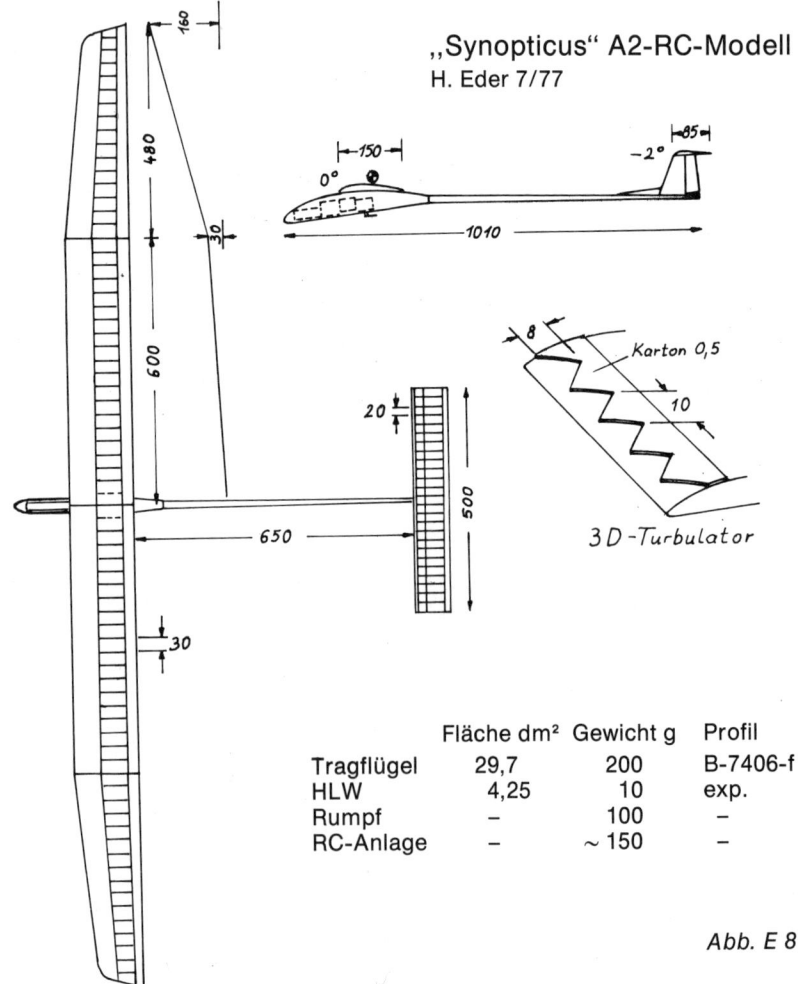

	Fläche dm²	Gewicht g	Profil
Tragflügel	29,7	200	B-7406-f
HLW	4,25	10	exp.
Rumpf	–	100	–
RC-Anlage	–	~150	–

Abb. E 8

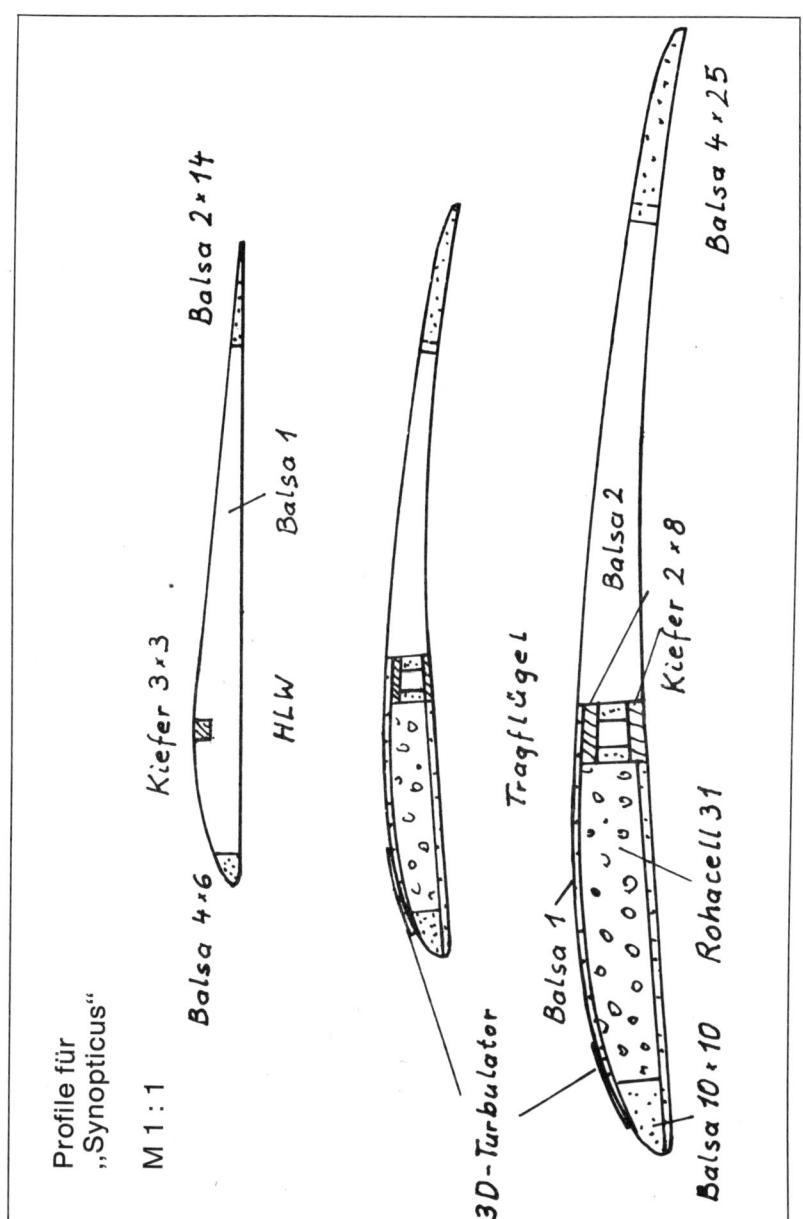

Literaturverzeichnis

([1]) „Aerodynamik des Flugmodells", von F. W. Schmitz, Verlag Walter Zuerl
([2]) „Strömungsformen", von Asher H. Shapiro, Verlag Kurt Desch, München–Wien–Basel
([3]) „Anatomie und Flugbiologie der Vögel", von Karl Herzog, Gustav-Fischer-Verlag, Stuttgart
([4]) „Modellflug-Profile", von Dipl.-Ing. Horst Räbel, Pöring (Eigenverlag)
([5]) MTB 1 (Modell-Technik-Berater): Eppler-Profile
([6]) „Flügelprofile", von Hansheiri Thomann, Aero-Revue 5/1959
([7]) „Russisches Modellflug-Profil für Segelflugmodelle der Klassen A 1 und A 2", FMT 7/1973
([8]) „Ergebnisse von Windkanalmessungen an Modellflugprofilen", Aero-Revue 12/1977
([9]) „Airfoil Turbulators", von Fred Pearce, Model Aeronautic Yearbook von Frank Zaic 1959–1961
([10]) „Die Entwicklung von A-1-Hochleistungs-Modellen", von Arthur Schäffler, Mechanikus 1967
([11]) „Aerodynamische Probleme des Flugmodells", Vortragsmanuskript von A. Schäffler an der TU München
([12]) „A Relationship between Basic Airfoil Parameters/Aspect Ratio and Rate of Sink of Nordic A 2-Gliders", von P. J. Allnut und K. R. Kaczonowski, Aeromodeller Annual 1970/71
([13]) „Some Aspects of Airfoil Geometry and selected experiments I and II", von Don Monson, West Saint Paul, Minnesota
([14]) „Zur Sinkgeschwindigkeit", von E. Jedelsky, FMT 10/1966
([15]) „Bemerkungen zum induzierten Widerstand", von Johann Ployer, FMT 9, 10, 11/1971
([16]) „Flügelstreckung und Re-Zahl", von Dipl.-Ing. E. Kneer, FMT 8/1970
([17]) „Optimierung der Parameter eines Segelflugmodells mit dem Profil Gö 785", von Dr. Vladimir Kupcick
([18]) „Optimierung der Flügelstreckung eines ferngesteuerten Segelflugmodells", von W. Thies, FMT 6/1974
([19]) „Pro und contra tragendes Höhenleitwerk", von P. Jochen, FMT 7, 8/1974
([20]) „Tragendes oder nichttragendes Höhenleitwerk", von P. Beuermann, Mechanikus 61/Seite 12 ff.
([21]) „Wie erreiche ich eine gute Längsstabilität?", Mechanikus 1, 2/1958
([22]) „Was ist Balsa", Mechanikus 7/1958
([23]) „Standardbauelemente für RC-Flugmodelle", von E. Jedelsky, FMT 3, 7/1972
([24]) „Über die offene Standardbauweise", von E. Jedelsky, FMT 5, 6, 7, 9, 10/19
([25]) „Segelflugpraxis Standard-Airfish", von E. Jedelsky, FMT 9/1973
([26]) „Etwas über Thermik", von Werner Funke, Modellflug 6/1938

[27] „Mit dem Wetter segelfliegen", von Manfred Kreipl, Motor-Verlag, Stuttgart
[28] „The Soaring Flight of Birds", von Clarence D. Cone jr., American Scientist, März 1962
[29] „Electronics Thermal Detection", von Roger Schroeder, in: Model-Aeronautic-Year-Book 1964–1965 von Franc Zaic
[30] „Experimentelle Untersuchungen über den Segelflug der Vögel", von Professor Idrac, Paris, Oldenburg-Verlag
[31] „Alte Beobachtungen an segelnden Vögeln", Thermik, April 1952
[32] „Modellfluglexikon", von W. Thies, Verlag für Technik und Handwerk, Baden-Baden
[33] „Aerodynamika modernich leteckých modelu", von Miroslav Musil, Naše Vojsko, Prag
[34] „A-2-Wettbewerbs-Modelle", von Dieter Siebenmann, „Aero-Revue" 1, 2, 3, 5, 8, 9/1975 u. 1/1976
[35] „Royal Aeronautikal Society Data Sheet Controls", 01.01.04

Zum Sachregister

Die „*Profilsehne*" wurde bei uns immer als Profil-Unterseitentangente genommen, nur bei symmetrischen Profilen stellte man sie der Profilmittellinie gleich.

S_1 = Profilsehne als Mittelliniensehne
S_2 = Profilsehne als Unterseitentangente

An sich wäre es zweckmäßiger, als Profilsehne die Mittelliniensehne zu nehmen, was auch in einzelnen Ländern schon geschieht. Man hat dann nicht zweierlei Bezugslinien für symmetrische und unsymmetrische Profile und gewinnt eine klare Aussage über die Höhe der Ober- und auch Unterseitenwölbung.

Einstellwinkel – Anstellwinkel – Zuströmwinkel

Der Einstellwinkel wird vom Erbauer geometrisch festgelegt. Statt Anstellwinkel geht man jetzt zu dem Begriff Zuströmwinkel über, weil damit nicht nur Genaueres über die Anstellung des Modells zur Strömung ausgesagt wird, sondern auch Ablenkungen der Strömung – z. B. vor dem Höhenleitwerk – besser erfaßt werden.

Sachregister

A
Abendthermik 246
Ablöseblase 103 ff.
Abwind hinter Flügel 138, 171
Abszisse 86
Achsen 125, 156
Achsensymmetrische Verleimung 47, 80, 206
Aerodynamik 14 ff., 84 ff.
Ähnlichkeitsgesetz 20
Anstellwinkel 27, 31, 131
Anströmrichtung 186
Anti-Torsions-Schnitte 209
Auftriebsbeiwert c_a 87
Auftriebsentstehung 15
Auftriebsgradient 166, 189
Auftriebsverluste durch V-Form 178

B
Bahngeschwindigkeit 90
Baldachin 171
Balsaholz 72 ff.
Baumgerechte Modelle 229 ff.
Bernoulli 15, 16
Beplankung 315
Bespannung 128, 225
Bestgleitzahl 129 ff.
Beststeigzahl 129 ff.
Biegemoment 215
Biegespannung 215
Biegeteile 72
Bodenthermik 236
Böe 179, 180
Brettholm 218
Brownsche Molekularbewegung 254

C
Circular Airflow 185
Computer-Profile 125 ff.
Costrubo-Bauweise 60 ff.

D
Dämpfung von Schwingungen 173
Dreiecks-Streifen 48
Dreiecks-Turbulatoren 24, 48, 96, 98 ff.
Druckanstieg 21, 92 ff.
Druckausgleich 135, 172
Druckbeanspruchung 213 ff.
Druckfestigkeit 214
Druckmittelpunkt 164
Druckprobe 213
Druckpunktwanderung 161 ff.
Druckverteilungen 110, 112, 114, 117, 118
Druckwiderstand 86
Dynamische Stabilität 173

E
Ebene Platte 105, 169
Eigenstabilität 157 ff.
Einfliegen 42, 69, 173, 289 ff., 301, 313
Einstellwinkeldifferenz (EWD) 41, 54, 158 ff.
Einstellwinkel-Steuerung 296
Ellipsenflügel 144 ff.
Endfahne 193
Entrainment 238, 250
Eppler-Profile 111
Eulen-Turbulator 96 f.

F
Fafnirknick 175
Ferngesteuerte Modelle 92, 125, 128, 154, 156, 178, 185, 193 ff., 234, 304 ff.
Festigkeit 198, 211
Flachholm 218
Flächenbelastung 85
Flamingoprofil 210, 221
Flosse 287
Flugbahn 89
Flugleistung 84 ff.
Fluggeschwindigkeit 90
Flugzeit 90
Flugstabilität 156 ff.
Flugstrecke 84
Flügelumriß 142 ff.
Flügelschränkung 176
Flügelstreckung 140
Flügelzunge 226 ff.
Formwiderstand 86
Freiflug 269, 270

G
Geodätische Bauweise 223 f.
Gesamtauftrieb 152
Gesamtflächeninhalt 91
Gesamtwiderstand 132
Gewicht, ungleiches 184
Gewölbte Platte 169
Gleichgewicht 162, 184
Gleitflug 84
Gleitgeschwindigkeit 90
Gleitzahl 84 f.
Glimmschnur 56
Golfbälle 102
Grenzschicht 19, 22, 92 ff.

H
Habicht-Profil 117 f.
Hama-Turbulator 24, 48, 96, 98 ff.
Hangaufwind 234, 274 ff.
Haufenwolke 249 ff.
Hinterkantenablösung 105
Hochachse 156
Hochstart 49 ff.
Hochstartausrüstung 55
Höhenleitwerk 168 ff.
Höhenleitwerkswippe 232
Höhenthermik 248
Holmanordnungen 217 ff.
Horizontalgeschwindigkeit 89
Horn 65

I
Induzierter Widerstand 86, 135 ff.
Interferenzwiderstand 132 f.

K
Kaltluftfront 248
Kiefernverstärkungen 81
Kleben mit Hitze-Reaktivierung 226
Knickbeanspruchung 213 f.
Knicke 40, 177, 228
Knickprobe 213
Konkavprofil 26 f., 32
Kopflastigkeit 42
Kreisschlepp 265 f.
Kumulus 249 ff.
Kursstabilität 176 ff.
Kurvenstabilität 185 ff.
Kurvensteuerung 51 ff.

L
Laminarprofil 92 ff.
Laminare Strömung 22, 95
Längsachse 156
Längsstabilität 158 ff.
Laufhochstart 50
Leeseite 275
Leethermik 245
Leewirbel 32, 274 f.
Leichtwindsegler 211, 298, 304

Leistung 84 ff.
Luvseite 17, 225
Luvthermik 245

M
Magneteinstellung 66
Magnetmodell 58
Magnetsteuerung 64 f., 283 ff.
Mittellinie 25, 120, 163
Mittellinienwölbung 120, 163
Modellpolare 88
Modellwiderstand 85 f.
Momentenbeiwert c_m 164 ff.
Monson, Dr. 115

N
Nasenradius 109, 116, 124
Nasenturbulenz 30
Nebelentstehung 254
Neutrallinie 219
Neutralpunkt 174
Non-Grain 73 ff.
Nurflügel 23, 142

O
Oberflächenversiegelung 207
Oberseitenwölbung 25, 108
Ordinate 86

P
Pfeilung 149 ff.
Polardiagramm 86 ff.
Profilachse 25
Profilgleitzahl 27
Profilmittellinie 25
Profilsehne 319
Profiltiefe 25
Profilwölbung 26, 108

Q
Quarter-grain 73 ff.
Querstabilität 174

Querruder 157
Querkraftübertragung 220

R
Radialschnitt 73
Randbogen 154 f.
Randspannung 216
Randwiderstand 86, 135 ff.
Randwirbel 86, 135 ff.
Rauhigkeit 102
Rechteckflügel 143, 148
Reibungswiderstand 19
Relative Luftfeuchtigkeit 256
Reynolds'sche Zahl 20
Richtungsstabilität 182
Rippenblock 39
Rotationsmechanismus der Thermik 241 ff.
Ruderblatt 287
Ruderspalt 287

S
Sandpapierfeile 39
Saugspitze 105
Saugspitzenprofile 115
Schichtwolken 249
Schmitz, F. W. 22, 105 f., 142
Schrägrippen 223 f.
Schränkung 176
Schwanzlastigkeit 42
Schwerpunkt 173
Schwingungsdämpfung 173
Seitenleitwerk 41
Senke am Ruder 287
Silberfolie 285
Sinkgeschwindigkeit 84, 90
Skelettflügel 128
Sogseite 15, 21, 28
Spannweite 135 ff.
Spiegelschnitt 73 ff.
Spiralsturz 53 f., 185 ff.
Spitze Profilnase 30, 101, 116
Stahlbandbefestigung 203

Standardbauweise 193 ff.
Statik 198, 211 ff.
Statische Stabilität 173
Staupunkt 29 f.
Steifteile 72
Stolperleiste 23 f.
Störkanten 101, 115
Streckung 135 ff., 199
Stufenhang 294
Stützrippen 38, 193
Sturzflug 168

T
Tangentenschnitt 205
Tangentialschnitt 73 f.
Temperatur bei Verarbeitung 82
Temperatur in der Thermik 238, 258
Temperaturgradient 239
Thermikausnutzung 234 ff., 270, 280
Thermikbremse 54
Thermikentstehung 234 ff.
Thermikgierigkeit 270
Thermikortung 257 ff.
T-Leitwerk 171
Torsion 153 ff., 211
Tragendes Höhenleitwerk 168 ff., 202
Trägheit der Luft 18 ff.
Trapezflügel 142
Trägheitsmoment 158, 172
Trimmung 31, 42 f., 185 ff., 313
Turbulenz und Turbulatoren 22 ff., 95

U
Umkehrthermik 246
Umschlagwirbel 105 ff.
Unterschneiden 161
Unwucht des Magneten 65

V
V-Formen 175 ff.
Verwindungstrick 272
Verzüge 52, 289
Verzugskurve 52
Vogelprofil 32
Vorspanndraht 23 ff.

W
Wettbewerbsklassen 91
Wetterkunde 134 ff., 257 ff.
Widerstand 85
Widerstandsbeiwert c_w 87
Widerstandsmoment 215
Windfahnenwirkung 181
Windhose 259
Windrückenwirkung 274
Winglets 152
Winkler, Horst 50
Wirbelring in der Thermik 241
Wirbelzöpfe 25
Wolkenaufwind 249 ff.
Wolkenschatten 251
Wölbung des Profils 25
Wölbungsrücklage 32, 94, 163
Wölbungsvorlage 32, 163
Wortmann-Profile 114, 126 f.
Wurfgleiter 68 ff.

Z
Zähigkeit der Luft 18 ff.
Zaic, Frank 185, 190
Zugfestigkeit 214
Zugprobe 213
Zündschnur 56
Zungenbefestigung 226 ff.
Zungenkasten 227, 231
Zuströmwinkel 133

microprop variomodul professional

Ein System mit 59 Möglichkeiten!

Vollprogrammierbar. 7 Funktionen. Schneller Wechsel der Frequenzbereiche durch steckbare FM-HF-Module für den Sender und HF-Module für den Empfänger. Alle 59 verfügbaren Frequenzen können ohne Abstimmung der Anlage eingesetzt werden (Inland: 27,35 und 40 MHz-Band, Export: 32,53 und 72 MHz-Band). Servolaufrichtungsumschaltung und Servowegeinstellung im Sender. Ruderwegverkürzung für alle 4 Steuerknüppelfunktionen während des Fluges schaltbar. Eine Diagnoseverbindung ermöglicht Funktionsproben ohne Senderabstrahlung. Sendermeßinstrument mit Doppelskala zur Messung der abgestrahlten HF-Leistung und der Spannung des Senderakkus;

bei Diagnoseverbindung wird die Spannung des Empfängerakkus angezeigt.

Systembeschreibung mit Bedienungs- und Einbauhinweisen gegen eine Schutzgebühr von 3,50 DM erhältlich.

**microprop
von Brand-Elektronik,
Technik und Qualität**

Brand-Elektronik GmbH
Postfach 72
D 4923 Extertal 1
Telefon 0 52 62 – 30 51/*

Hat das lange gedauert bis ich kapierte, Modelle bauen mit Schley-Epoxy ist doch etwas ganz anderes. Heute mache ich fast alle meine Verklebungen mit dem 5-Minuten-Epoxykleber vom Schley. Das Zeug ist einfach Klasse! Nach 5 Minuten kann ich schon wieder weiterarbeiten. Es klebt auf allen Materialien und löst auch kein Styropor an.

Meine Styroporflügel baue ich neuerdings auch selber. Beim Schley da wurde mir genau gesagt, wie ich an die Sache ranzugehen habe. Bei dem gibt's keine Betriebsgeheimnisse. Das ist nicht nur ein alter Modellflieger, sondern auch ein richtiger Kumpel, der einem hilft, wenn man nicht mehr weiter weiß.

Obwohl ich schon ziemlich lange fliege, baute ich nur immer Baukastenmodelle. Jetzt habe ich es kapiert, auch die Epoxyrümpfe mache ich mir selber. (Übrigens, der Schley war der Erste, der einem zeigte, wie man so etwas selber macht). Der Schley hat ein fantastisches Epoxyharz für den Rumpfbau. Stinkt nicht, ist fast wasserklar und kinderleicht zu verarbeiten.

Beim Schley, da gibt's kostenlose Informationen, in denen klipp und klar zu lesen ist, wie man Styroporflügel richtig selber repariert, wie man sich Styroporflügel selber baut, wie man sich eine Form baut und dann seine eigenen Epoxyrümpfe selber baut. Übrigens: das ist spottbillig.

Beim Schley, da bin ich gut bedient. Der gibt mir seine Erfahrungen kostenlos weiter, der hat'nen tollen Katalog mit vielen interessanten Sachen. (Natürlich hat der noch mehr als nur Epoxyharz!) Auch der Katalog ist kostenlos! Ehrlich, kein Nepp bei dem.

Freiflieger, auch für Euch haben wir noch das richtige Material, um Wettbewerbe zu gewinnen.

Wer aber trotzdem keine Zeit zum Bauen hat, für den gibt's beim Schley auch super-sauber gebaute Segler.

'Nen tollen 2-Komponenten-Lack hat der auch. Das Zeug ist'ne Klasse für sich, er wird von keinerlei Chemikalien zerstört.

Am besten, Du forderst noch heute die kostenlosen Unterlagen und den Katalog vom Schley an.

Richard Schley Flugmodellbau · Epoxyd- + Fiberglastechnik
Kniestraße 18 · 3000 Hannover 1 · Telefon 0511/71 53 87

SIMPROP ELECTRONIC

Fernsteuerungen in modernster Technik:
SSM Contest mit Frequenz-Wechselmodulen

Modelle vom einfachen Segler bis
zum Modell des Weltmeisters

Zubehör alles, was Modellbauer brauchen,
vom Spinner bis zum Scale-Rad

Ein ausführlicher
Prospekt ist
im Fachhandel
erhältlich.

SIMPROP ELECTRONIC 4834 HARSEWINKEL, OSTHEIDE 7, WESTERN GERMANY